港澳青年內地創業

企業案例 ／ 創業者故事 ／ 政府政策

港澳青年內地創業

企業案例 ∕ 創業者故事 ∕ 政府政策

張光南 主編

副主編

羅順均 尤成德
譚穎梅
閻妍

商務印書館

港澳青年內地創業——企業案例·創業者故事·政府政策

主　　　編：張光南
副 主 編：羅順均　尤成德　譚穎　梅琳　闔妍
責任編輯：李震東
封面設計：張　毅
出　　　版：商務印書館 (香港) 有限公司
　　　　　　香港筲箕灣耀興道 3 號東匯廣場 8 樓
　　　　　　http://www.commercialpress.com.hk
發　　　行：香港聯合書刊物流有限公司
　　　　　　香港新界大埔汀麗路 36 號中華商務印刷大廈 3 字樓
印　　　刷：美雅印刷製本有限公司
　　　　　　九龍觀塘榮業街 6 號海濱工業大廈 4 樓 A 室
版　　　次：2019 年 7 月第 1 版第 1 次印刷
　　　　　　©2019 商務印書館 (香港) 有限公司
　　　　　　ISBN 978 962 07 6621 3
　　　　　　Printed in Hong Kong
　　　　　　本書中文簡體版由中國社會科學出版社出版。

主編簡介

張光南 Guangnan Zhang
教授、博導、所長

中山大學粵港澳發展研究院
穗港澳區域發展研究所
美國哥倫比亞大學訪問學者（2012－2013）
香港科技大學兼任教授（2017－）
日本早稻田大學訪問研究員（2007－2008）
日本貿易振興機構 JETRO 顧問（2011－）
中國（廣東）自由貿易試驗區橫琴新區專家委員（2015－）
中央電視台 CCTV、新華社、《南方日報》、香港《文匯報》、
《澳門日報》特約評論專家

主持科研項目

國家自然科學基金、教育部人文社會科學研究、廣東省人民政府重大決策諮詢項目、香港特別行政區政府決策諮詢、澳門特別行政區政府決策諮詢等。

承擔幹部培訓

為中央人民政府、廣東省政府、港澳機構、中聯辦、共青團、廣東省海事局、廣州市政府、珠海市政府、東莞市政府等承擔幹部培訓和講座任務。

榮獲表彰獎項

榮獲中央辦公廳、廣東省政府、港澳機構、中聯辦、共青團、廣州市、珠海市、東莞市等政府書面表彰。榮獲國家自然科學基金結題績效評估優秀、中共中央宣傳部「講好中國故事」特約專家、廣東省委組織部「青年文化英才」計劃、廣東省哲學社會科學優秀成果獎、廣東省高等學校「千百十

工程」培養對象、霍英東教育基金會高等院校青年教師獎、笹川良一優秀青年教育基金優秀論文一等獎、著作榮獲「中國社會科學出版社十大好書」。

發表學術論文

Injury Prevention (SSCI/SCI)、*Accident Analysis & Prevention (SSCI)*、*Transportation Research Part F：Traffic Psychology and Behaviour (SSCI)*、*European Journal of Law and Economics (SSCI)*、*Journal of Safety Research (SSCI)*、《經濟研究》、《管理世界》、《經濟學季刊》、《統計研究》、《世界經濟》、《新華文摘》摘編、《財經》、《文匯報》、《澳門日報》、《南方日報》等。

聯繫方式

電子郵箱：sysuzgn@gmail.com

通訊地址：廣州新港西路 135 號中山大學
　　　　　港澳珠江三角洲研究中心

郵　　編：510275

序　言

　　青年是國家發展的希望，創業則是推動經濟社會發展的重要途徑。在全球經濟格局深度調整、國際競爭日趨激烈的背景下，香港和澳門的傳統發展模式也面臨嚴峻挑戰，亟待注入新的活力和動力。在中國「大眾創業，萬眾創新」的機遇下，研究港澳青年內地創業顯得尤為迫切和重要。

　　十九大報告明確指出，「香港、澳門發展同內地發展緊密相連。要支持香港、澳門融入國家發展大局，以粵港澳大灣區建設、粵港澳合作、泛珠三角區域合作等為重點，全面推進內地同香港、澳門互利合作，制定完善便利香港、澳門居民在內地發展的政策措施」。通過便利的政策措施，解決港澳青年在內地創業過程中面臨的配套問題，將促進政策、人才、資本等紅利進一步融合，港澳青年在中國內地創業將迎來新的機遇以及越來越便利開放的創業環境。

　　在「改革開放」初期，港澳企業家掀起了第一次到內地的「創業潮」。他們依靠自身在製造業、金融和服務等方面的先進經驗，充分利用內地廉價的土地和豐富的人力資源等優勢，有效承接國際產業轉移的重要機遇，為港澳和內地的經濟增長與社會發展做出了重要貢獻。時移世易，今日之中國已成為世界第二大經濟體、世界第一大製造大國和貨物貿易大國。中國產品正逐步由「中國製造」向「中國創造」轉型，交通基礎設施日趨完善，互聯網經濟迅猛發展並逐步顛覆和重塑原有的傳統經濟模式，戰略性新興產業逐步興起，中國經濟發展模式進入「新常態」。與改革開放初期相比，當前內地的創業環境已發生了翻天覆地的變化，港澳地區創業者面臨許多前所未有的新

機遇與新挑戰。而相較於老一輩港澳企業家，當代港澳青年的創業模式和路徑呈現出許多新的特性。因此，針對港澳青年內地創業，本書從企業案例、創業者故事和政府政策三個維度進行分析。

第一部分：企業發展案例‧創業者故事

本書主要調研對象是由香港或澳門青年創辦的創業企業，這些創業公司遍及祖國各地，分佈在不同行業，處於不同創業發展階段。研究人員通過對目標企業實地調研和深入訪談，記錄其青年創始人在內地創業的故事；同時對這些企業的創業歷程進行梳理，從創業機會識別、創業資源獲取、創業商業模式、創業團隊組建以及企業文化建設等方面進行分析，研究港澳青年內地創業的成功經驗和風險，以提升企業的持續競爭優勢，提高創業的成功概率，在創業的道路上走得更遠，並探索對其他創業者的啟示，以供其他港澳青年創業者借鑒參考。此外，在調研中，訪談了相關創業者對於港澳地區與內地創業環境、港澳青年與內地青年在創業上的差異，以及他們對港澳與內地政府在青年創業上的政策建議。

第二部分：創業政策支持‧政府管理創新

這部分從中央政府、廣東省政府、港澳政府及相關社會組織、廣州、深圳、珠海等城市和南沙、前海蛇口、橫琴三大自貿區對港澳青年在內地創業的政策進行比較分析。立體式、多方位地研究政府在促進港澳青年在內地創業方面的政策支持。

因此，本書分享和推廣港澳青年創業經驗與發展經驗，幫助港澳青年創業者更加了解內地市場，同時為政府制定和落實創業政策提供參考。

本書各部分負責人如下：

全書統籌者為張光南，編輯優化團隊包括羅順均、尤成德、譚穎、梅琳、閻妍、孔德淇、易可欣、彭敏靜、蔡彬怡、林婷、房西子。

在本書寫作過程中，為更好呈現港澳青年內地創業的企業案例和創業者故事，歸納內地和港澳政府的創業支持措施，多方收集資料，多次修改完善。但由於能力和精力所限，難免存在疏漏和錯誤，望讀者指正。創新創業永無止境，本書從企業案例、創業者故事、政府政策三個維度，與讀者共同助力港澳青年內地創業。

目　錄

第一部分　企業發展案例・創業者故事

第二部分　創業政策支持・政府管理創新

附　錄

第一部分

企業發展案例・創業者故事

引　言

近年來，許多港澳青年赴內地創業，這些創業者積累了豐富的創業經驗，也遇到了許多新問題。為總結其成功的規律，尋找存在的不足，探討對其他創業者的啟示，本部分選取 22 家典型的香港和澳門企業，通過實地調研和深入訪談，刻劃出各具特色的創業企業案例。

這些企業在地域和行業上分佈廣泛，遍及廣州、深圳、珠海和上海等地，分佈在製造、物流、金融、互聯網、新能源和電子商務等行業。這些企業處於不同的創業階段，創始人的背景和經歷也迥異。多維度、多層次的港澳青年內地創業案例信息參見表 1。

表 1　22 個案例：港澳青年內地創業企業信息

案例	所屬行業	企業/組織名稱	企業註冊地	創業時間*	創始人	關鍵詞
1	新能源	香港依威能源集團	上海	2010	陳振雄 曾偉華	創投資源；港澳本地人加盟；社會資本
2	設備租賃行業	廣州志桂設備租賃有限公司	廣州	2015	郝桂良	子承父業；吃苦耐勞；連鎖模式
3	LED 製造	廣東晶科電子股份有限公司	廣州	2006	肖國偉	技術跨產業應用；精英創業；海峽兩岸暨香港、澳門資源整合
4	現代餐飲	深圳冰室餐飲管理有限公司	深圳	2015	黃鴻科	資源積累；獨特的商業模式；傳統與現代融合
5	虛擬現實（VR）	廣州慧玥文化傳播有限公司	廣州	2016	楊騰	虛擬現實（VR）；VR＋傳統行業；定位
6	電子商務／新媒體運營	臻昇傳媒集團有限公司	廣州	2014	蔡承浩 蔡潔霞	中小企業；跨境；微信營銷；新媒體

續表

案例	所屬行業	企業/組織名稱	企業註冊地	創業時間*	創始人	關鍵詞
7	國際物流；平台建設	駿高國際貨運（中國）有限公司廣州分公司；「一帶一路」發展聯會	廣州	2006 2015	戴景峰	國家大勢趨向性創業；國際自來熟；「一帶一路」發展聯會
8	電子商務	廣州匯諾信息諮詢有限公司	廣州	2008	陳耀文	賽馬精神；草根創業；B2B2C 商業模式
9	新能源汽車租賃	立刻出行	北京	2017	蔡振佳	新能源汽車；兩地差異；經驗學習
10	互聯網金融	北京錢方銀通科技有限公司	北京	2012	李英豪	二次創業；本土化複製；差異化；槓桿借力；創新治理
11	互聯網	深圳市很有蜂格網絡科技有限公司	深圳	2015	吳宏恩	互聯網＋；傢具租賃；單一大市場；用戶痛點
12	辦公服務	上海帷迦科技有限公司	上海	2015	何善恒	分享經濟；「一帶一路」；放眼世界；開放創新
13	電子商務	無極科技有限公司	廣州	2017	孔繁揚	創業激情；跨境電商；共享團隊
14	互聯網＋教育	明匯經貿有限公司	廣州	2014	列家誠	「互聯網＋」；南沙創業；社會企業
15	建築諮詢服務	中富建博有限公司	深圳	2002	李國華	測量師；綜合諮詢；專業服務；建築科技
16	網絡安全	深圳市前海雲端容災信息技術有限公司	深圳	2016	李德豪	雲端容災；大數據；自動演練
17	互聯網	深圳市瓏大科技有限公司	深圳	2016	蔡汶羲	計算機；電子商務；動畫
18	風電	豐善綠色科技（深圳）有限公司	深圳	2017	黎高旺	風力發電；垂直軸；綠色能源
19	電子商務	珠海橫琴跨境説網絡科技有限公司	珠海	2015	周運賢 方華	地緣優勢；青年創業谷；創新商業模式
20	服務業	中華月子集團（澳門）	澳門	2017	孫永高 鄭嘉虹 甘達政	月子；二孩政策；創新
21	兒童遊樂	澳門寶奇科技發展有限公司	上海	2017	施力祺	商場；兒童遊樂；二孩政策
22	機器人	安信通科技（澳門）有限公司	澳門	2015	韓子天	身份識別；機器人；天機 1 號

注：*部分企業出現公司名稱變更、或公司總部位置變更、或創業者當前所在企業並非最初創業企業等情況，此處以創業公司註冊時間為準。

香港、澳門地理位置優越，同時作為國際化的城市，無論是創業機會識別和創業資源整合，還是創業團隊管理，港澳青年都可借助其國際化特質作為跳板，連接海峽兩岸暨香港、澳門，連接全球，整合全球資源。本部分分析港澳青年內地創業歷程，講述創業者的精彩故事，研究其創業機會、創業資源、創業團隊、創業模式、創業績效和創業文化等。第一，通過系統梳理港澳創業者的創業歷程，總結其在內地創業的典型特徵和創業中的重要影響因素。第二，通過對受訪港澳青年的創業經驗進行分析總結，為其他創業者提供啟示和借鑒。第三，通過對在內地創業的港澳青年的創業故事進行研究，為相關政府部門的決策提供政策參考。

通過對這些港澳青年的創業故事進行分析和總結，研究發現了當代港澳青年與老一輩港澳企業家到內地創業的「變」與「不變」。「變」分為外部和內部兩個方面：外部主要是面臨的創業環境，內部主要包括創業者的特徵、創業模式、創業心態等。

在創業環境方面，中國內地已經成為世界第二大經濟體，一些發達城市的經濟發展、消費水平和交通基礎實施等方面已經接近乃至超過港澳，互聯網經濟和高新技術產業迅速發展，領先於港澳。中國經濟發展已經進入新常態，社會主要矛盾已經轉化為人民日益增長的美好生活需要和不平衡不充分的發展之間的矛盾。

在巨變的新環境下，相比於老一輩港澳創業者，當代港澳青年在內部方面體現了創業特徵由「低」到「高」、創業模式由「輸入」到「輸出」、創業心態由「俯視」到「平視」乃至「仰視」的典型變化。

第一，創業特徵由「低」到「高」的轉變，即許多傳統的港澳企業家在改革開放初期到內地創業時，具有學歷偏低，主要從事「三來一補」或傳統貿易等價值鏈低端及低科技含量的產業，提供的產品或服務價值偏低等「四低」特徵；而當代港澳青年則具有「四高」特徵：普遍具有大學及以上的高學歷、從事的產業多數具有高科技含量、位於價值鏈高端、提供的產品或服務具有高附加值。

第二，創業模式由「輸入」到逐步「輸出」的轉變，即由原來的港澳向內地在技術、資金、商業模式和管理經驗等方面的經驗「輸入」，到如今中國

內地在取得了巨大的發展和進步之後，逐步轉向港澳地區「輸出」經驗或模式。這在互聯網領域的創業中表現得尤其突出，特別以移動支付、網紅經濟為典型代表。

第三，創業心態由「俯視」到「平視」乃至「仰視」的典型變化。改革開放初期，部分港澳商人到內地創業時，不可避免地帶有發達地區到落後地區投資的優越者「俯視」心態，許多港澳青年在接受訪談時也承認了這點，而且認為目前有一些對內地缺乏了解的港澳人士依然如此看待內地；隨着對內地有更加清楚和客觀的了解認識後，當代港澳青年開始逐步客觀地看待中國內地的一切，甚至對內地在高科技、互聯網經濟、高鐵建設等方面逐步產生欽佩心態。

對此，許多港澳青年對後來創業者提出「多了解、多交流、多學習、多合作」的「四多」建議，即要全方位地深入了解祖國內地的各方面情況。祖國內地幅員遼闊，各地區的經濟社會發展不平衡，在市場特性、產業特徵和風俗習慣等方面都存在很大差異，只有深入各地去充分了解才能有客觀的認識，避免以偏概全；要多熟悉內地在供給側改革、創新驅動發展戰略、「一帶一路」倡議、京津冀協同發展、雄安新區建設、粵港澳大灣區建設等方面的新動態，從中識別出創業的機會；要積極參與各種考察和交流活動，與內地各界多進行相互交流、相互學習，特別是經常參加各種創新創業和商業運營的培訓學習，掌握內地在法律、稅務、人力資源管理、市場營銷和商業模式等方面的具體知識；在創業過程中，要多與內地的相關企業和團隊合作，減少因為不熟悉內地市場的嘗試成本和創業風險。

當代港澳青年內地創業的「不變」，主要體現在兩個方面：一是繼續發揮港澳的國際化優勢，使港澳成為內地與海外的連接橋樑，有效整合各種國際和內地資源，實現「立足港澳，依託內地，連接中外，面向世界，整合全球」；二是港澳青年要傳承和重塑老一輩港澳人頑強拼搏、自強不息和吃苦耐勞的創業和敬業精神，這是港澳當年經濟發展的動力，需要當代港澳青年繼續保持並發揚光大。

讓我們一起領略創業者的精彩故事，體驗創業者的非凡歷程，感悟創業管理的真諦！

香港篇

第一章 依威能源：創投資源加速 充電樁拓展

公司名稱：香港依威能源集團

創始人：　陳振雄、曾偉華

創業時間：2010 年

所處行業：新能源行業

關鍵詞：　創投資源，港澳本地人加盟，社會資本

訪談時間：2017 年

一　創業者故事：創業路上的「互補」 共鳴者

（一）兩個創客的惺惺相惜

一個謙和溫煦的君子，一個熱情幹練的江湖客，兩個性情迥異的創客相遇，似乎擦出了別樣的火花。

陳振雄就讀於香港中文大學的電子工程系，曾偉華是他的同學兼逸夫書院的舍友。回憶起彼此的交集，他們對母校心存感念。作為一所國際化的學校，香港中文大學除了讀書氛圍濃厚，還給學生提供大量的比賽機會和交流

項目，這些都極大開闊了他們的眼界。學校的創業鼓勵計劃更成為他們研發創新的土壤。在校期間，曾偉華曾自行研發「虛擬鼠標」，並且獲得香港多項科技比賽冠軍。在那之後，陳振雄成了他的強勢戰友。他們在 1000 多名競爭者之中脫穎而出，榮獲第七屆和第八屆國家挑戰杯一等獎。這種知己情誼一直持續到下一個項目，他們共同參與了一個為期一年半的短期性生化柴油精煉系統的創業項目，並取得極大的成功。這也為他們帶來了第一桶金。

在別人眼中，陳振雄是一個不折不扣的謙謙君子，溫和而有禮，樂於聽取別人的意見，幾乎看不到他發脾氣，和曾偉華直爽的性格剛好形成互補。

在獲得電子工程本科學位之後，陳振雄繼續攻讀哲學碩士學位。與此同時，他和曾偉華在電動汽車充電領域開啟了一段新的探索之旅。

（二）捕捉機遇，充電樁事業香港起步

香港是一個社會多元化的國際化城市，對新鮮事物包容程度較高，人們可以第一時間接觸到國際最前沿的商業和技術資訊。與此同時，寸土寸金的香港也面臨着交通擁擠的痼疾。電控技術的新能源汽車早年興起於北美和歐洲，這項發明給香港帶來了新的出口。

2009 年，香港政府開始引入電動車。香港的油費極高，是內地的 3.5 倍，使得新能源汽車成為燃油車的替代品，電動車應用比較廣泛。曾偉華和陳振雄看準機遇，在 2010 年創立了香港依威能源集團，開始為香港地區的新能源汽車用戶提供充電服務。熱情幹練的曾偉華負責業務拓展，溫文爾雅的陳振雄則負責監督公司營運，二人合作無間。充電設施的發展，帶動了香港新能源汽車的發展。因此，香港電動車由 2010 年的不足 100 輛，猛增至 2016 年 4 月約 5300 輛。依威能源在香港的充電站已遍佈政府機構、大型商場、私人企業等。

但是在香港，給新能源充電的業務主要是由八達通公司承接，通過直接刷卡的形式進行付費，必須用它的讀卡器，而 EV Power 的樁沒有自帶讀卡器。依威能源只能做「銷售式」的發展模式，只需要建設充電樁，然後接入八達通

系統即可，無須自行運營。所以曾偉華和陳振雄也在尋求一個新的發展方向。

（三）依託創投資源，內地市場迅速佈局

伴隨着經濟發展，內地污染日益惡化，尤其是北方地區，政府開始提倡綠色出行理念。2014 年，內地政府大力推動新能源汽車發展，逐步形成圍繞「汽車製造—充電站建設—充電車位規劃」全產業鏈的支持政策。那時候，內地新能源市場才剛剛起步。面對內地沒有高度壟斷的市場，兩個香港青年懷着興奮的心情，有志於打開充電樁運營的市場，在內地進行獨立運營。

雖然依威能源在香港已經是行業的龍頭，但內地市場巨大、複雜，就像一隻沒有方向感和動力支撐的扁舟，在內地這片浩瀚的大海搖曳。只憑自身在香港積累的經驗和技術，自然是無法快速在內地發展，正當他們愁於如何拓展業務，開闢新的發展路線時，一個已是商界鉅子的香港中文大學校友，正好也對內地新能源的發展抱着美好的願景，於是向他們拋出橄欖枝。在他的幫助下，依威能源在 2014 年 9 月進入內地市場，並且擁有了一個提供資金、資源的強大後盾。

分眾傳媒是國內最大的社區媒體運營商，它在中國的滲透率達到 70%，這為依威能源進入小區提供了非常重要的物業資源，基本上全部對依威能源開放。作為分眾傳媒江南春的合夥人，這位校友將其在內地的分眾傳媒的物業關係資源導入到依威能源。他不僅給予天使輪投資的資金支持，還幫助他們將依威能源業務範圍拓展到內地市場。對於依威能源來說，就像沙漠中注入一股清泉，就像扁舟找到了航線和動力。隨後，依威能源通過分眾傳媒的物業關係，開啟業務拓展並且快速發展，僅僅用了一年半的時間，就簽下 3000 個小區項目，並在一線城市進行商業模式複製。

進入內地以後，曾偉華的一個直觀感受是，比起香港，內地市場有更多的融資平台，從天使基金到首次公開募股，對拓展市場佔有率都十分重要。只要你有好的商業賣點，就能吸引到投資者。

（四）港籍本地人加盟

一個從港澳到內地的創業故事似乎看起來那麼順利。其實，背後所遇到的困難並不少。作為港澳青年，兩個創始人第一次進入內地市場，同時面臨着政府政策不熟悉、商業資源不熟悉以及文化差異等問題。

進入內地之後，團隊成員主要還是香港人，陳振雄和曾偉華並沒有意識到可能出現的文化差異問題，也沒有意識到內地與香港的行情差異。在分眾傳媒入股以後，分眾傳媒首先派遣了一個副總過來當負責人，過程中與香港團隊產生了衝突。這時候，他們才開始意識到內地與香港在人文溝通方面的差異。在工作中，陳振雄貫徹香港人的工作方式。對於初創公司而言，陳振雄希望給予同事更大的自由度，並沒有過於注重績效管理，管理相對寬鬆。也因此，在人力資源管理方面，依威能源並不適應本地人的工作習慣和風格。那時候，他們剛好認識了一個在內地多年的香港人——陳樂基。他們盛情邀請了這樣一位港籍本地人加盟依威能源，以應對內地人才招聘和管理過程中的問題。

陳樂基作為依威能源的輔助者，在內地擁有很多社會資本，同時熟知內地市場規則。他熟知內地資源該如何運用，很快便開拓了廣州和深圳的了公司。他到深圳尋求當地發改委的支持，1月份在廣州登記依威能源廣州市的子公司，3月份便邀請了廣州市委書記進行考察指導。陳樂基積極爭取政府官員拜訪，充分利用政府支持，提高企業在本地的知名度，迅速將戰略版圖拓展到其他城市。為了更好地融入內地市場，陳振雄和曾偉華也在不斷學習內地的執行規則。

（五）提升用戶體驗，推動行業發展

作為香港最大充電服務供應商的依威能源，經過近三年的創業，已經成為國內知名的充電設備運營商，服務於本地80%以上的客戶。截至2016年6月，依威能源集團已在北京、上海（總部）、廣州、深圳、杭州、成都、香港和澳門建成充電站1500多個，充電樁6000多個。依威能源集團提供

最全面、最專業的充電解決方案，客戶已經覆蓋到恆基、地鐵、恆隆、新鴻基、萬科等眾多合作夥伴。同時，依威能源獲得了各項榮譽。其中，2012年榮獲信息通信技術最佳環保獎，這是由香港特別行政區政府資訊科技總監辦公室頒發的最具代表意義的獎項。2016年，依威能源榮獲由Mediazone頒發的「香港最具價值服務大獎2016：最具信譽電動車充電服務」。

　　未來，依威能源在充電解決方案上，將更着重考慮提高用戶體驗，廣泛應用物聯網的智慧體系。用戶可以隨時隨地檢測充電樁狀態，通過電力分配技術確保車輛足夠電量，自動尋找負載量最適合的充電點，從而能有效地利用公共的資源，發揮依威能源的技術優勢，真正服務於電動汽車用戶。2017年開始，依威能源把目標轉向了前端市場[1]，將會聯合不同品牌的電動汽車生產商去大力推廣新能源汽車行業，並且提升民眾體驗和認知。

二　企業案例分析：社會資本治理最大化

（一）差異化使團隊更具力量

　　依威能源兩個創始人都是技術黨，在香港中文大學就已經合作過多個項目，而他們之間互補的技能和個性就是最佳的黏合劑，也是一個優秀團隊1+1>2的非簡單疊加。熱情幹練的曾偉華作為「大局思考者」，負責業務拓展；而性格溫和的陳振雄則監督公司營運，注重細節，保證一切根據安排正常運行。他們深知這種互補的好處，就是能以多角度看待問題。差異不僅僅讓團隊更加緊密，而且更能了解團隊缺乏怎樣的人才。所以在後期，當依威能源出現了人力資源矛盾——團隊缺乏精通兩地文化的人時，便引入了港

---

[1]　〈依威能源陳總：站的高，方知市場有多大〉，2016年12月1日（http://www.sohu.com/a/120406119_157592）。

籍本地人的加盟，從而更好地在內地進行運營。通過多次比賽和交流計劃，使得他們具有國際化的視野、善於捕捉商業機會，同時又善於引進項目落實進程中所需要相關的專業人才。所以無論是做哪個新領域，總能吸引到相應的人才加入團隊，遊刃有餘。

（二）自有與外在資源的整合

對於自有資源來說，依威能源已經在香港囊括技術、品牌資源，這都有助於依威能源打開內地市場。作為香港最早進入新能源充電樁領域的企業，在技術方面，通過技術合作和自主研發，依威能源具備一定的充電設備生產能力。依威能源在香港科技園有一定的名氣，大小的商場是它的固定合作夥伴，同時它還是政府指定唯一的企業，明顯佔據香港龍頭老大的地位。依威能源成為香港新能源的一張品牌，公司更是香港中文大學產業園的明星企業。

但是內地市場環境的複雜性給他們帶來了新挑戰，包括對政府政策不熟悉、商業資源不熟悉以及文化差異等問題。依威能源除了運用優勢資源，還需要取長補短。在行業資源方面，依威能源借助香港中文大學校友會的社會資源，成功對接分眾傳媒的資金支持和物業資源。在人力資源方面，依威能源完全不適應本地人的工作習慣和風格，通過邀請港籍本地人加盟依威能源，應對內地人才招聘和管理過程中的問題。同時，依威能源利用政府資源，積極爭取政府官員拜訪，比如邀請天河區區長到企業指導工作，從而提高企業在本地的知名度。

（三）社會資本治理的最大化利用

對於一個企業來說，單單靠技術的工匠精神，對於業務的開展並不是全然有利。基於信任關係網絡在內地市場發展過程中獲取稀缺資源，從而使得公司以更低的交易成本更快地獲取資源。香港中文大學校友會作為分眾傳媒江南春的合夥人，不僅給予依威能源天使輪投資的資金支持，還將分眾傳媒

的物業關係資源導入到依威能源，幫助他們在內地市場拓展業務。分眾傳媒是國內最大的社區媒體運營商，它在中國的滲透率達到 70%，這為依威能源進入小區提供了非常重要的物業資源。依威能源通過分眾傳媒的物業關係僅用一年半的時間就簽了 3000 個小區項目，並且進行一線城市的商業模式複製。由此可見，個人資本能夠轉化成為社會資本，而充分利用資本市場能夠降低市場開拓成本，促進企業快速發展。作為一個政策主導型行業的企業，依威能源必須熟悉政府政策和利用制度資本。所以依威能源應積極爭取政府官員拜訪指導。

僅僅依靠社會資本並不科學，這類資源總有枯竭的一天。做好自己的產品和服務，提高針對消費者的服務水平，仍然是最核心的部分。沒有物質基礎，上層建築多好，都是徒勞，也終將會被競爭對手擊敗。但社會資本仍然具有不可忽視的作用。

三　啟示：尋求本地人加盟

（一）尋求本地人的加盟，對結構性衝突起一定的緩衝作用

要進入內地市場，需要加強對內地商業環境的了解，否則很難創業，尤其是政府政策相依性行業。所以，港澳青年在創業前需要充分了解內地商業環境，可以通過同時熟知內地和港澳的人才，如港籍本地人或者本地香港人，對接內地資源。比如，依威能源的創始人常年在香港，企業產生對內地政府政策不熟悉、商業資源不熟悉以及文化差異等問題，使得在後期依威能源跟分眾傳媒產了結構性矛盾，團隊明顯缺乏精通兩岸文化的人，所以尋求港籍本地人陳樂基的加盟。而他的加盟恰恰緩解了這些問題和矛盾，使得依威能更好地在內地進行運營。

（二）充分利用社會資本，注重商業模式創新

基於信任關係網絡在內地市場發展過程中獲取稀缺資源，從而使得公司以更低的交易成本更快地獲取資源。依威能源充分利用的是社會層面的資本：分眾傳媒的資金和物業資源，除此以外，多次官員考察、政府層面的社會資本也給依威能源帶來了知名度。縱使豐富的資源在短期能夠帶來直接效益，但依威能源缺乏一個創新性的商業模式，這樣的發展是不可持續的。因此，港澳青年理應注重根基——商業模式的創新，同時利用社會資本的累積加速企業的發展。

四　案例大事記梳理

2010 年，香港依威能源集團成立；

2014 年，上海依威能源科技有限公司成立；

2015 年，深圳依威保華能源科技有限公司成立；

2015 年 11 月，EV POWER 的「E 充站」APP 植入 IES 快允設備，連接 E 充站充電網絡；

2015 年 12 月，上海首次正式亮相，成功建立了 800 個充電站；

2016 年 1 月，與 BMW（寶馬）共同推出針對 BMW 私人電動車用戶充電項目；

2016 年 3 月，與首汽租車、e 享天開達成合作，由 EV POWER 為租賃車輛提供安全可靠且便捷的充電服務；

2016 年 3 月，EV POWER 深圳入圍深圳新能源汽車充電設施運營商備案名單；

2016 年 3 月，北京的首次正式亮相；

2016 年 4 月，E 充站 APP 即將支持掃描二維碼充電，推出掃描二維碼充電服務功能，並支持多種途徑在線支付；最新產品「多槍充電棒」亮相僑

商展區；

2016 年 5 月，與 BMW（寶馬）在「2016 CES Asia 亞洲電子消費展」上宣佈達成「即時充電 TM」（Charge Now）項目戰略合作，擴展至全國，包括北京、上海、廣州、深圳、杭州和成都；

2016 年 7 月，EV POWER 依威能源榮獲 2016 中國電動汽車充電椿「十佳龍頭企業」和「解決方案創新獎」。

第二章　志桂設備：「傳統」設備租賃行業裏的「創新」先鋒

公司名稱：廣州志桂設備租賃有限公司

創始人：　郝桂良

創業時間：2015 年

所處行業：設備租賃行業

關鍵詞：　子承父業，吃苦耐勞，連鎖模式

訪談時間：2017 年

一　創業者故事：子承父業，創新發展

（一）子承父業，深入基層多方歷練

2010 年，郝桂良從美國加州州立大學國際商務專業畢業。他沒有像多數商科出身的香港年輕人一樣，選擇到銀行等金融機構或大型跨國公司成為一名「高端上檔次」的辦公室白領，而是毅然進入父親一手創辦的家族企業，在香港和澳門地區從事「低端不起眼」的建築工程設備的租售工作。

由父親創辦的志成（香港）集團，於 1984 年成立，經過 30 多年的發展，已成為香港工程機械租賃行業的優質服務企業，主要業務包括發電機、空壓

機和高空作業車等工程機械設備的租賃及銷售。集團總部位於香港元朗屏山，擁有佔地超過 10 萬平方尺的現代化工商中心 —— 志成中心。志成集團在香港和澳門主要參與大型市政設施的建設和改造工作，服務過的項目包括香港迪士尼樂園、西九龍快線、香港國際機場、廣深港高速鐵路香港段等，為港澳的工程建設及繁榮發展做出了積極貢獻。

在自家的企業裏，郝桂良並不是高高在上的「太子爺」，而是主動到一線部門，從最基礎的技術員和銷售員做起。面對工程機械設備的技術問題，商科出身、缺乏相關專業基礎的郝桂良一方面虛心向公司裏富有經驗的老師傅請教，另一方面自己勤奮鑽研機械設備的專業書籍以及設備廠家的操作說明書。「功夫不負有心人」，經過一段時間的努力，郝桂良很快成為精通工程機械設備的技術能手，能夠及時有效地處理作業現場出現的各種技術問題。

在積累技術經驗的同時，郝桂良深入市場一線，拜訪用戶，傾聽用戶訴求，了解行業的市場特性及運營規律。此時，香港志成集團在廣州、北京、上海和成都陸續與內地當地企業成立了合資公司。郝桂良開始接觸內地的業務，輾轉祖國各地開拓和維護市場，及時跟進各個工程項目的現場管理，並在公司的技術、銷售和行政管理等多個崗位進行鍛煉，協助父親處理和協調各種公司事務，積累了較為豐富的企業運營管理的經驗。

（二）立足廣州，胸懷祖國，獨立拓展內地市場

志成集團自 2004 年就通過合資的方式進入內地市場，但隨着公司業務的日益壯大和發展，與內地的合作股東在經營理念和思路上產生了越來越多的分歧。為此，郝桂良的父親決定解散合資公司，終止在內地的業務，集中精力做好港澳市場。然而，郝桂良這時候卻看到了內地市場蓬勃發展的趨勢，決定留在內地，自主創業。汲取了父親在內地採取合資方式導致糾紛不斷的前車之鑒，郝桂良採用獨資經營的方式，於 2015 年成立了廣州志桂設備租賃有限公司，繼續從事發電機、空壓機、高空作業車等工程機械設備的

租賃及銷售。公司還代理了日本 AIRMAN 公司 [主要產品：空壓機（風機）和發電機] 以及美國 JLG 公司 [主要產品：高空作業車（升降台）] 的產品。

多方考察之後，他決定把公司總部設置在廣州南沙。為此，他在南沙東涌鎮出資購置了 10000 平方米的土地，建立了志成中心，作為辦公場所和工程機械設備的倉儲基地。目前，郝桂良已在南沙買房，正式「扎根」南沙，家人也隨之往返於香港和南沙兩地。

「我們家的籍貫就在廣州天河區東圃鎮，我父親 17 歲中學畢業後才去的香港。他從打工做起，一步步創辦了屬於自己的企業。小時候，父親逢年過節會帶我們回廣州，從小便結下了鄉情，因此選擇在廣州創業有天然的親切感。」郝桂良說。

而郝桂良最終把公司落址南沙，一是因為工程租賃設備行業對交通位置要求較高，南沙離廣州南站不遠，交通便利；二是因為南沙恰好位於粵港澳大灣區的地理幾何中心，往返於香港和內地都很方便，未來隨着大灣區的發展還將具有更大的潛力；三是因為南沙是自由貿易試驗區，未來將成為高水平對外開放的門戶樞紐，能在政策和商務運營方面給企業帶來諸多好處。

在南沙的志成中心的會議室和郝桂良辦公室分別掛着一幅巨大的中國地圖。郝桂良希望通過這一方式不斷提醒自己和同事們要放眼整個中國，而不是僅僅盯住眼前的市場。相比於香港，中國內地幅員遼闊，市場潛力巨大。儘管公司的業務屬於傳統的設備租賃業，但隨着內地各個地區基礎設施和市政建設的持續推進，將會產生大量的市場需求。郝桂良對此深有體會：小時候從香港回廣州，坐的是麵包車，後來是火車，再後來是動車，現在是高鐵，祖國內地的發展日新月異。他希望充分依託內地的廣袤市場，抓住機遇，開拓業務。「如果我選擇留在香港，日子也能過得不錯，甚至比來內地更舒服，但基本就是固定在香港那麼大的圈子。來到內地之後，每天都感受到蓬勃發展的氛圍，以及廣闊的市場空間。特別是對於工程機械設備租賃行業，企業用戶主要是機場、地鐵、高架橋和大型展館等基建和市政項目，這些在香港目前已經基本趨於飽和，但內地卻到處都在建設，需求巨大，催生了龐大的

市場。對於二十幾歲的我而言，未來還很長，因此希望能夠跳出香港，在內地的發展中做出一番更大的事業，也讓自己的人生更精彩。」

（三）保障品質，用心服務，業務穩健發展

相對於競爭對手，郝桂良認為公司目前的主要優勢是設備質量高、故障率低，能夠提供專業和優質的服務。許多同行為了節約成本，喜歡去採購國產的設備或二手設備。而志桂設備基本都是採購的進口一手設備，為的就是嚴把設備質量的源頭關，追求產品的高效能和高品質化。

近年來，陸續有國外的工程設備廠家在國內建立工廠，志桂也開始選擇在國內採購部分設備，但仍然非常關注設備的質量水平。設備的後續維護運營和保養也是控制設備故障率的重要環節，郝桂良充分發揮志成集團擁有的管理經驗優勢，並沿襲了香港志成經過多年摸索確立的規範化管理體系，在廣州志桂設備建立了標準化的設備維護管理制度，對設備的使用和維護、零配件的維修和保養都進行嚴格規範的管理，使公司的設備故障控制水平明顯優於競爭對手，為提供高品質的服務提供堅實的保障。

在服務方面，郝桂良強調「專業」和「用心」。工程機械設備租賃是公司業務的重點，也需要較為專業的方案設計和維修服務。因此，志桂設備依託香港志成積累的專業經驗，結合內地各個項目的實際情況，努力提供儘可能專業的解決方案。同時，積極在內地培養專業的技術團隊，不斷加強對他們進行機械及維修技術的培訓，確保能夠做好現場設備的維護，及時處理各種設備故障。志桂一方面可以為客戶提供設備外包服務，協助客戶達到工程招標的設備要求，解決工程設備供應的全面要求；另一方面，可提供設備供應方案優化服務，依據工程需要，為客戶做出從工程應用、技術服務、財務核算等方面最優化及最合理的設備使用方案；可以通過採取租賃、融資租賃和銷售等多種合作形式來最大限度地滿足客戶的工程及財務成本的控制需求。除了專業，作為服務行業，是否用心也非常關鍵。要真誠對待客戶的各種需求，想客戶之所想，急客戶之所急，提高客戶的生產效率，降低客戶的生

產成本，不斷提高客戶的滿意度，與客戶建立可以信賴的長遠業務關係。志桂公司以「用戶利益第一」為服務宗旨，為用戶提供及時、快捷和方便的供應服務，保證每一台設備 24 小時專業工程師隨工服務，所有設備都達到國際一流的質量標準。例如，在 2017 年 8 月，珠海遭遇史上最強的颱風「天鴿」，各種市政設施破壞嚴重，災後的恢復和救援需要租賃志桂的設備。此時很多交通仍處於中斷狀態，運載設備很不方便，但志桂公司仍然在第一時間趕到現場，滿足客戶需要，提供及時的服務。

憑藉高品質的產品和服務，志桂已經在珠三角的工程設備租賃行業佔有一定的市場份額，品牌影響力不斷擴大。公司的設備數量已經從剛成立時的 2 台設備，增加到 200 多台。郝桂良希望公司成為珠三角地區工程機械租賃行業的設備儲備最多、機械質量最好、服務最優的企業。目前，公司還緊隨國家推進京津冀協同發展戰略的步伐，成立了天津分公司，將業務拓展至華北市場。

（四）借鑒歐美巨頭經驗，打造租賃設備的連鎖模式

儘管志桂設備租賃成立以來，已經取得了快速發展，但郝桂良的目標遠不止於此，他希望借鑒國際上的設備租賃巨頭「聯合租賃」（United Rentals）和「Ashtead Group」的經營模式，成為大中華區的設備租賃行業領頭羊。

聯合租賃是北美最大的設備租賃公司，成立於 1997 年，總部位於美國康涅狄格州，出租的設備種類有 3300 多種，設備總價值 92 億美元，涵蓋從重型機械到普通家用工具等，主要用戶包括製造業企業（叉車、裝載機等）、建築企業（挖掘機、機械手等）、政府事業單位（高空作業平台、升降機、水泵等）和個人（電鑽等各種家用工具）等，經營範圍遍及美國、加拿大和墨西哥，擁有近 900 家分店，全職僱員 12500 人，年營業額約 60 億美元。另外一家英國設備租賃公司 Ashtead Group 總部位於倫敦，成立於 1947 年，同樣提供各式各樣的設備租賃服務，經營網絡遍佈英國和美國，以及加拿大的小部分地區，2016 年公司收入為 22 億英鎊。

　　曾在美國學習生活的郝桂良，租賃使用過 United Rentals 的設備，他切身感受到美國社會對各種大小設備租賃的龐大需求，以及成熟的設備租賃連鎖模式帶來的便利性。但目前在中國，設備租賃行業才剛起步，規模小，品類和服務也不完善。他相信，隨着國內城市市政建設的持續推進和個人生活品質的不斷提升，出租各類大小型設備將非常有市場。郝桂良的目標是打造中國設備租賃行業的「麥當勞」和「肯德基」，營業網點和門店遍佈全國各地，為有需求的企業和個人提供高效便捷的服務。

　　打造設備租賃行業的連鎖模式，無論是對企業的庫存管理還是運營系統，都提出了較高的要求。郝桂良希望通過自己的努力，引入先進的 ERP 信息管理系統和移動支付等，提升志桂的信息化水平，提高內部的管理效率的同時，給客戶帶來更好的體驗。目前國內的工程設備租賃行業，從業的老闆和人員整體文化素質都不高，像郝桂良這樣科班出身、美國留學回來的大學生更是鳳毛麟角。因此，郝桂良希望發揮自己的優勢，將新的科技和互聯網手段運用到工程機械設備租賃業，用新思維來經營老行業。他表示，目前行業裏很多同行在企業運營方面仍然延續傳統做法，採用手工記錄的方式；許多企業在跟客戶結算時即使金額較大仍採取收現金的方式，這些都顯然與這個時代脫節。因此，志桂設備計劃在下一階段，充分利用各種高科技和移動互聯工具，在企業運營、設備管理和結算支付等環節進行調整與變革，不斷創新經營模式，為工程機械設備租賃這個古老的服務行業注入新的活力。

（五）吃苦耐勞，做合法合規的人性化企業

　　在一般人眼裏，郝桂良可以算是「富二代」了，完全具有養尊處優的本錢，但他本人卻一直「吃苦耐勞」。由於工程機械設備作業的現場多數都是在戶外的工地上，工作環境經常是日曬雨淋，因此更需要吃苦精神。郝桂良當年大學畢業後到父親的公司實習時，都是到一線的作業現場，跟技術師傅一起幹活，從而逐步了解和熟悉各種設備的效能，也掌握了第一手的現場管理經驗，以及市場需求情況。他說，父親從小就教育他要學會吃苦，不能養

尊處優，只有多吃苦耐勞，才能鍛煉意志力，做出一番事業。現在自己既然在父親原來的行業和平台的基礎上進行自主創業，更要努力拼搏做出成績，不能成為敗家子。他認為，現在很多香港年輕人都缺乏以前父輩們的吃苦精神，只希望找一份穩定的工作。因此，如果要讓香港經濟變得更有活力，就需要重塑拼搏和吃苦耐勞的創業精神。對於那些選擇到內地創業的香港青年，郝桂良也強調這種刻苦拼搏的品質。此外，郝桂良希望他們能夠入鄉隨俗，主動融入內地的環境；而且要放低姿態，虛心和誠懇地向當地羣眾學習，不要有部分香港人那種面對內地人的優越感。

郝桂良希望自己的員工在工作上也能夠吃苦耐勞，但目前這樣的員工卻越來越稀缺，這也是公司在內地創業中遇到的一個主要瓶頸。目前公司的主要人員需求是技術工人，但卻很難招到合適的人，人員流動率較大。公司的業務涉及的機器設備維修經常需要在戶外工作，在作業現場時經常需要加班，對員工的意志力和職業素養都有較高要求。但是，有些員工缺乏職業道德和吃苦精神，在加班工資不算低的情況下，仍然不願意加班。郝桂良認為，隨着整個社會生活品質的提高，許多家庭從小就寵溺自己的小孩，在這樣環境卜長大的小孩工作以後往往不願意吃苦。由於父輩已經積累了一定的經濟基礎和自小嬌生慣養，許多年輕人往往不願意從事較為艱苦的工種。再加上互聯網時代產生了許多新生事物，很多年輕人更趨向從事新興行業。對於傳統的工程設備租賃行業，工作環境相對艱苦，又需要學習一定的專業技術，對年輕人就更缺乏吸引力了。因此，如何建立一支穩定、專業的技術團隊是郝桂良創業後面臨的一個重要問題。

儘管希望員工具備吃苦耐勞的品質，但郝桂良在具體的管理上卻表現得非常人性化。國內很多同行的老闆是文化程度不高的「包工頭」出身，香港出生長大、具有美國留學背景的年輕的郝桂良認為，自己一定要儘可能尊重員工、尊重人性。志桂設備租賃在南沙的員工都是包吃包住，公司提供宿舍，有單人間也有雙人間；公司有員工食堂，辦公室和倉庫都給員工提供各種免費飲料。公司嚴格遵守《勞動合同法》，員工實行輪休制，超過正常上

班時間的都支付加班工資，年底有雙薪。在工程機械設備租賃行業，許多老闆和主管經常斥責員工，但郝桂良從不這樣做。碰到問題時候，他總是努力去積極溝通，跟員工擺事實、講道理。習慣了香港和美國快節奏生活的他，剛到南沙東涌創業的時候，非常不適應許多員工的悠閒和慢節奏狀態，以及一些員工在業務操作上的低效率。郝桂良儘管心裏着急，但仍然耐心地去培養和帶動員工們的進步和變化。他說：「儘管我是老闆，別人是打工的，但其實大家都是人，在人格上是平等的，需要相互尊重。我對員工的要求很簡單，就是每個人努力把自己的工作做好，不要做對組織不利的事情。工程設備租賃行業儘管是個傳統行業，但在中國市場還有很大的發展空間。我們希望通過努力，給這個行業帶來新的變化。希望越來越多有夢想的人加入我們。」

此外，在工程設備的進口方面，由於各個地方的海關、商檢等部門對政策的執行還存在一定偏差，有時候會導致志桂公司在產品交付方面存在延遲，影響業務開展。郝桂良持有的是香港身份證，在內地開設公司網站和微信公眾號時，經常遇到因沒有內地的身份證號碼而被拒絕實名認證等問題。對此，郝桂良感到極不方便，但仍然積極配合相關部門的要求，按照正常的法律法規辦事，並通過適當的渠道進行反映，希望為香港青年在內地創業帶來更多便利。

目前，郝桂良還擔任廣州市青年聯合會會員和廣東自由貿易區南沙片區法院陪審員。他表示，在企業運營上，將以一家「合法合規的人性化企業」為標準，致力於成為一家享譽大中華地區的工程設備租賃及銷售供應商，積極參與城市和基建發展，致力於保護和改善環境，與客戶一起創建優質的生活環境。

二　企業案例分析：抓住內地建設發展機遇

（一）把握內地建設發展機遇，實現成功創業

近年來，為進一步完善基礎設施網絡和城市人居環境，我國交通運輸和城市市政基礎設施投入力度持續加大，各項建設與改造穩步推進。未來，隨着「一帶一路」建設、京津冀協同發展、長江經濟帶發展和新型城鎮化建設的推進，以及智慧城市、海綿城市等建設的陸續開展，對工程機械設備將產生越來越多的需求，為設備租賃行業在祖國內地的創業提供了良好的機遇。創業因機會而存在，優秀的創業者總是善於識別機會、把握機會，並整合資源乘勢而上，儘快抓住機會。郝桂良感知到了內地基建行業所蘊含的巨大需求和商業機會，利用在香港志成集團各個崗位鍛煉出來的技術、市場和管理經驗，扎根內地，積極開拓，努力為客戶提供高品質的設備租賃及銷售服務。郝桂良通過自己的拼搏，逐漸在珠三角站穩腳跟，並陸續將業務拓展到天津和中西部等地，實現了創業的良好開局。

（二）典型傳統行業，充分人性化管理

工程機械設備租賃是一個古老的傳統行業，從業人員整體素質不高，許多老闆是建築業的「包工頭」出身，對員工頗為苛刻，總是儘量去「節約」成本、「減少」開支。但是，年輕的郝桂良卻不贊同業內一些同行對待員工的慣常做法，而是充分尊重員工、尊重人性。公司嚴格遵守《勞動合同法》規定，儘量給員工提供舒適的工作和生活環境，用心傾聽員工的意見，特別注重新生代員工的訴求，積極做好溝通，營造人性化的管理氛圍。

早期的科學管理原理側重將員工視為「經濟人」，注重勞動生產率的提高，忽視人的情感需求；制定嚴格的工作制度，強調物質激勵，對怠工者採取嚴厲的懲罰措施。然而，後來行為科學的發展逐漸使管理者認識到，員工是「社會人」，領導者不僅要關心生產任務，還要關注員工的心理需求，創

造寬鬆和諧的工作氛圍，培養員工的歸屬感，調動員工的主動性和創造性，逐步滿足其社交、自尊乃至自我實現的需要。郝桂良在工程現場的生產管理上吸收科學管理理論的精髓，努力提高生產效率，為客戶降低成本；在員工管理上則採納行為科學的觀點，關心和尊重員工，實現人本管理，致力於使公司成為一家「合法合規的人性化企業」。

（三）傳承家族管理經驗，做好品質管控和優質服務

子承父業的郝桂良不是簡單地繼承父親的「財富」，滿足於只是成為一名「富二代」，而是到父親企業裏的各個基層崗位進行學習和磨練，積累了技術、市場和管理運營等方面的豐富經驗，為成為一名「青出於藍而勝於藍」的「創二代」奠定了堅實的基礎。家族企業事業的代際傳承是現代企業治理中的一個難題，家族的財富、權力和地位等比較容易繼承，但上一輩辛苦打拼建立的管理經驗、領導能力和企業家精神等，卻經常難以有效傳承，影響了許多企業永續經營夢想的實現。郝桂良不僅繼承了父親的事業和吃苦耐勞的創業精神，而且在自己新創的企業裏傳承了香港志成的規範化管理體系、設備品質管控制度和優質服務的理念，努力為客戶提供高品質的產品和服務，在市場中取得競爭優勢。一般而言，企業的核心能力無法一蹴而就，通常需要經過長期的探索和累積。可是，郝桂良通過對父親多年經驗的直接傳承，在一定程度上節省了前期的試錯和學習成本，促進了創業的順利起步和核心能力的構建。

三　啟示：務實地創新

（一）勿以善「小」而不為，勿以業「低」而不創

當前，許多年輕人大學畢業後在擇業時，通常喜歡選擇穩定、體面、舒服的工作，如那些「高端大氣上檔次」的政府公務員、金融行業、跨國公司

白領等；那些選擇自主創業的也都習慣於追逐時代的風口，選擇高科技、互聯網、人工智能等熱門行業。但是，香港「太子爺」出身、留學美國的郝桂良卻與多數同齡人「背道而馳」，自願選擇到工作條件較差、整體文化素質不高的工程機械租賃行業，從最基礎的設備維修、客戶服務等工作做起，並在積累經驗之後選擇到內地自主創業。郝桂良沒有因為自己是留學回來的「少東家」而高高在上，而是深入一線「接地氣」，虛心向有經驗的師傅請教和學習，從細節做起，不斷鑽研，終於成為設備維護和管理的專業人士。工程機械租賃行業是一個傳統而古老的行業，沒有多少高新科技含量或熱門的噱頭，沒有房地產或互聯網行業的瘋狂，也沒有資本的追逐，但郝桂良看到了祖國內地在基礎設施和市政建設方面蓬勃發展的機遇，沉下心來，一步一步、扎扎實實地進行創業，認真做好設備的採購，努力提高運營效率，為客戶提供周到的服務，闖出了自己的一片天地。

因此，港澳青年在創業的時候，不要盲目去追趕潮流，或者眼高手低，而應當立足自身實際情況，合理分析所處的外部環境特徵，識別出合適的創業機會，從小處着眼，從點滴做起，勿以善「小」而不為，勿以業「低」而不創，努力闖出一條契合自身實際、有特色的創業之路。

（二）主動作為，促進傳統行業的變革與創新

郝桂良投身於工程機械設備租賃這個傳統行業，在學習和傳承已有的經驗和做法之後，並沒有墨守成規，滿足於已有的運作模式，而是在理解和吸收行業已有優秀經驗的基礎上，考慮如何更好地進行變革和創新，為傳統產業注入新的活力。互聯網技術和商業模式的迅速發展，給許多傳統行業帶來了巨大的衝擊，也在顛覆和重塑既有的產業生態。郝桂良密切關注互聯網在供應鏈管理、移動支付和客戶服務等方面的最新進展，積極思考如何利用這些新興業態，讓互聯網與工程機械設備租賃行業深度融合，創造新的發展模式，用新思維來經營老行業。

在發達國家和地區，由於基礎設施建設減少帶來需求的逐漸放緩，工程

機械租賃往往被認為是傳統的「夕陽」行業。但是，在中國內地，許多交通基建和市政建設方興未艾，需求巨大，是一個充滿前景的「朝陽」行業。此外，很多時候並沒有所謂的夕陽行業，有的只是夕陽企業和夕陽的人。企業的競爭優勢不單單受到其所處行業的影響，更多地取決於其擁有的獨特資源和能力。因此，創業者無論處於甚麼行業，都必須着眼於企業資源的累積，並且因應環境變化，不斷推陳出新，構築動態能力，打造動態競爭優勢。在傳統行業的創業者，更應當主動擁抱變化，儘快調整和變革，使傳統產業煥發出新的生命力。

（三）借鑒發達國家經驗，打造中國本土商業模式

由於經濟發展和各項基礎設施建設階段的差異，發達國家的工程機械租賃行業比我們具有更加悠久的歷史，發展得更為成熟。而且，除了工程機械大型設備的租賃，在美國和歐洲等發達國家，還有許多個人或家用設備的大型租賃連鎖企業，給人們的居家生活帶來諸多便利。在美國學習和生活過的郝桂良早早就接觸了發達國家設備租賃行業的各種業態，並形成了自己的分析與判斷。回到國內創業後，郝桂良除了傳承父親的工程機械設備事業，也希望逐步拓展到家居設備領域，並利用祖國內地廣袤的地域和龐大的需求優勢，打造連鎖經營模式。這種由於國家或地區的「時間差」而產生的產品或服務的跨區流動，給許多發展中國家創業者帶來了創業機會。當然，由於中美兩國在生活習慣、消費觀念和人工成本等方面的差異，在美國流行和成功的商業模式能否適合中國本土市場，仍有待實踐的檢驗。但郝桂良的用心觀察和獨到分析無疑非常值得肯定與借鑒。許多港澳青年比國內年輕人更加熟悉歐美國家的情況，更具全球視野，因而更應當注意關注國外的各種領先業態，「處處留心皆機會」，思考如何移植國外的先進模式，結合中國具體實際進行本土化創新，成就自己的一番事業。

四　案例大事記梳理

1984 年，志成（香港）集團成立（郝桂良的父親創辦）；

2004 年，志成集團進入內地，先後在廣州、北京、上海和成都合作成立分公司；

2010 年，郝桂良畢業於加州州立大學國際商務專業；

2010 年，郝桂良進入志成集團工作；

2014 年，志成（香港）集團決定解散內地的各個分公司；

2015 年，郝桂良創辦廣州志桂設備租賃有限公司 [志成（香港）集團的全資子公司]；

2016 年，廣州志桂聯合 JIG 進行高空作業平台路演；

2017 年，廣州志桂設備租賃有限公司天津分公司成立。

第三章　晶科電子：工匠精神「智」造中國「芯」

公司名稱：廣東晶科電子股份有限公司

創始人：　肖國偉

創業時間：2006 年

所處行業：LED 製造業

關鍵詞：　技術跨產業應用，精英創業，海峽兩岸暨香港、
　　　　　澳門資源整合

訪談時間：2017 年

一　創業者故事：「千人」工匠

　　近十幾年來，LED 行業發展迅速，行業競爭較為激烈，難掩行業發展的瓶頸。國內 LED 企業主要集中在低端應用製造上，而附加值高、技術含量高的上游核心技術仍然被國外壟斷。面對這樣的窘境，增強自主創新能力，打造中國「芯」，成為 LED 行業的新出口。坐落在佔據獨特地理優勢的南沙，晶科電子 LED 產業基地環繞着「一個小時車程經濟圈」的下游客戶，在這片 35000 平方米的土地上孕育着一個致力於突破 LED 上游核心技術的「行業標杆企業」，其背後是一個頗具學者風範的「千人計劃」工匠 —— 肖國偉博士。

(一)「千人」工匠，彰顯精英風采

相比其他訪談者，他並不是土生土長的香港人。他畢業於西安交通大學，因品學兼優而榮獲過陝西省優秀畢業研究生稱號，2002 年獲得了香港科技大學電機及電子工程博士學位。他主攻半導體先進封裝、微電子製造工藝、光電半導體、半導體材料及可靠性分析等科研課題，踏踏實實地通過學習和研究掌握了 LED 技術的最新動態。

安迪格魯夫曾說過：只有偏執狂才能生存。而肖國偉就是這麼一個對技術抱有熱忱和執着的工匠。他的導師陳教授在英特爾公司帶領一個電腦 CPU 研發工作小組，在英特爾 CPU 裏面實現了倒裝的技術，解決了散熱和功率問題，後來陳教授回香港任教，肖國偉是他的第一屆學生。肖國偉第一時間考慮將倒裝技術用到 LED 的可能性，便開展了大功率 LED 倒裝焊接技術的研究，成功解決了傳統正裝難以實現高功率、散熱能力差的問題。

由於肖國偉的科技研究成果豐碩，他曾入選香港首期「優秀人才輸入計劃」，成為香港科技大學的高級研究員，還擔任過多項香港創新科技署科研項目的主要負責人。作為行業的領軍人物，肖國偉相繼成為廣東省重大科研項目負責人、國家 863 半導體照明項目專家組成員、廣東省科技廳半導體照明行業專家、廣州市經貿委戰略性新興產業專家，並擔任了國家半導體照明工程研發及產業聯盟理事、廣東省平板顯示與 LED 行業協會理事、SEMI 中國 LED 委員會首任副主席、深圳市 LED 產業聯合會副會長等多項職務。2012 年，肖國偉博士入選了中央「海外高層次人才引進計劃」中的「千人計劃」，並成為首批廣州市創新創業領軍人才「百人計劃」的入選者。在學術和研究中的勤勤懇懇和精英風采，同樣在他的創業過程中有所體現。[1]

1　〈用心打造中國「芯」(科學發展　譜寫華章・企業篇) —— 訪晶科電子 (廣州) 有限公司總裁肖國偉博士〉，《人民日報海外版》2012 年 11 月 3 日第 05 版 (http://paper.people.com.cn/rmrbhwb/html/2012-11/03/content_1135487.htm)。

（二）高校起步，實現技術產業化

科研成果只有轉化成生產力，才能實現其價值最大化。2003 年，肖國偉和香港科技大學幾位教授共同創辦了微晶先進光電子科技有限公司，他在心中畫了一個藍圖——「打造全球 LED 產業中最具核心競爭力的高科技民族品牌」。香港的國際化平台帶來了融資的便利，晶科電子是香港及國際投資基金「鼎暉投資集團有限公司」、廣東省粵科財政基金、國際 LED 龍頭企業「臺灣晶元光電股份有限公司」、中華南沙科技投資有限公司（霍英東基金會成員）、香港科技大學、香港晶門科技股份有限公司（香港上市企業）共同投資建立的粵港臺合資企業。這是當時內地所不可比擬的風投優勢。但是肖國偉清楚地知道，內地比香港在市場上有更大的優勢。

2006 年，晶科電子希望進一步擴大生產線，但是考慮到香港並沒有太多 LED 的下游客戶，同時只有內地有更加便利的原材料採購渠道，從上游原材料到下游客戶，香港的行業基礎都不足以支撐晶科進一步的發展。晶科電子決定進攻內地市場，當時其中的股東霍英東基金的南沙科技園有一整套設備實驗室，同時，南沙具有「一個小時車程經濟圈」優勢地理位置，並且分佈着眾多的下游客戶：中山有全球最大的照明市場，深圳和東莞集聚全國有七大電視機廠商的四大品牌以及手機廠商。綜合各類因素，董事會決定將晶科電子落地南沙，2006 年，晶科電子（廣州）有限公司成立。當時南沙還是一片荒蕪，由繁華都市搬到荒地的南沙，特別是 2008 年金融海嘯之後，工廠和研發機構由香港遷至廣州南沙，每個人都有一份忐忑和擔憂。讓肖國偉驚喜的是，許多當年的香港員工現在都適應了南沙的工作環境[2]，並且認為「兩地的結合才是香港高端製造業的發展出路」。

由於香港與內地在工作習慣和風格上有一定的差別，香港人融於當地團隊是一個難題，然而晶科電子卻沒有被這個問題所困擾。除了員工適應能力以外，肖國偉認為晶科電子構建了一個良好的企業文化和團隊文化。列點敍

2　〈晶科電子衝刺新三板〉，《南方日報》2015 年 10 月 21 日第 SD03 版。

述、邏輯清晰的他，讓我們感受到他的學者風範。「構建了一個企業文化，需要認可雙方的文化背景差異。本質上來講，即哪一些是文化背景不同，哪一些僅僅是生活習慣不同。低層問題我們可以通過企業的人文解決；更高層次的可能要通過真正企業的發展戰略安排。」

（三）定位高端，天生國際化

進入內地之前，肖國偉一直懷抱着同樣的初衷：「高價值，輕資產」，所以晶科電子致力於「芯片」的研發製造，整個產業鏈主要是上游。但是芯片投入產出比低，必須通過介入當時國內外發展形勢極好的封裝，從而對上游產生一個支撐作用，因此公司的企業戰略發展過渡到中游。2011年晶科電子開始逐步從芯片進入封裝，隨後從面對終端燈具企業、LED閃光燈市場，到佈局車燈市場、開發第三代半導體與光電領域，晶科電子逐漸形成規模化的LED中上游產業鏈製造企業。對於公司的定位，肖國偉始終有一個清晰的判斷和認識，就是「中高端」市場和「中上游」產業鏈。

定位清晰和技術積累，讓晶科電子在瞄準全球市場機會的時候，有能力在全球高端市場進行佈局。肖國偉博士稱：「如果晶科2009年沒有搬到南沙來，就不會有今天的晶科。如果我們完全只是面對中國內地的市場，也不會有今天的晶科。」隨着LED國際化應用和認可，行業市場慢慢地復甦，海外市場，尤其是歐美地區，對科技產品標準和規格超過國內市場的需求。全球高端LED市場發展得非常快，晶科的中高端的定位恰恰迎合了國際市場的需求，晶科的一些光源產品已被國際市場所認證和認可。晶科電子的銷售額國內市場佔比不到50%，近60%是直接出口。尤其是照明的90%面向海外市場。所以，面對LED整個行業出現萎縮的現狀，晶科電子反而出現了逆勢增長。

面對如今LED市場的激烈情況，肖國偉始終銘記自己的定位並保持着積極態度。「整個市場就是一個戰場，基本上殺得頭破血流，你得看哪個是你能吃的，有些人吃草，有些人吃肉，有些人吃雜食。要看你是一匹狼，還

是熊，還是一隻老虎。」即使知道通過發展下游形成全產業鏈，能夠讓晶科電子銷售額達到質的飛躍。為了更好地展開攻「芯」之戰，晶科電子仍然堅持自己的定位：絕不會進入到下游的運營端。晶科電子在每年的技術投入高達 3000 萬元，通過技術積累，「芯」打造中高端產品，攻破中上游市場。清晰的定位以及技術積累也給晶科電子帶來一個爆發性的增長，近三年發展十分迅速，達到接近 80% 以上的增長，2016 年銷售額達到 6 個億，產值 8—10 個億，而公司在 2014 年之前，只是 2 個億的銷售規模。

（四）借勢海峽兩岸暨香港、澳門，匯聚中華智慧

晶科電子充分依託中國內地以及海峽兩岸暨香港、澳門搭建起的強大的資金、技術平台和高效運行機制，整合了粵港臺風投基金、高科技產業與大學科研合作，從而形成自己獨特的「產學研」競爭優勢。肖國偉認為，海峽兩岸暨香港、澳門的資源整合使得晶科電子能夠站在國際化、產業化的高度上對戰略和技術貢獻進行判斷和評估。在資金方面，通過香港這個國際化平台，整合粵港澳風投資金。在產業方面，通過雙方合作互補，聯合推動國際市場。通過與臺灣晶元光電合作，解決整體全產業鏈的出口專利，從而提高晶科電子的整體競爭力。

解決資金和產業問題，肖國偉和他的團隊深知實現心中這一藍圖，必須首先攻克技術的難關，必須在技術上不斷地創新。肖國偉清楚地知道，僅僅依靠自有的研發能力產生的能量是不足夠的。於是，晶科電子借助外部資源，長期與香港科技大學、北京大學、臺灣大學、華南師範大學、西安交通大學等國內外科研機構保持緊密的合作，並且擁有了多項核心專利技術。晶科電子通過與高校研究合作，既可以將高校最新的技術「產業化」，也可以降低企業發展研究的試錯成本，使得晶科電子比競爭對手更快地進入市場。

借助自有技術運營團隊、產業和高校研究所的技術，晶科電子在這場攻「芯」之戰裏的持續創新過程中，有了更強的後盾。晶科電子加大了對大功率、高亮度 LED 芯片的攻關力度，一舉填補了國內大功率、高亮度、倒裝

焊 LED 芯片的空白。其中，大功率、高亮度倒裝焊 LED 芯片製造技術、基於 8 英寸硅集成電路技術的大功率 LED 芯片級光源技術、無金線封裝的晶片級白光大功率 LED 光源技術以及超大功率 LED 模組光源及白光封裝技術都達到了國際領先水平。2011 年，實現了無金線封裝的易系列一上市，便引起了市場的轟動，備受各方矚目。僅在當年，這一產品實現的銷售額就超過了 1 億元。肖國偉心懷國家，在他身上總能看到滿滿的社會責任感，他時刻追求革新，致力於打造智慧城市，2013 年採取 EMC 合同能源管理模式和物聯網智能控制系統進行 LED 路燈的改造工程，全資投入改造南沙區 10000 盞路燈，一年節省 660 萬元的電費，並且實現遠程開關燈、調光、遠程抄表、遠程故障警示、地圖實時顯示等智能控制。發展的不竭動力，來自於不斷的創新。創新不難，難的是能夠持續創新，不斷獲得可持續發展的動力，而這正是整合海峽兩岸暨香港、澳門資源的結果。

（五）穩紮穩打，必有迴響

「不忘初心，方得始終。」晶科電子始終以「積極，高效，誠信，創新」的企業精神踏踏實實地走好每一步，這些都讓晶科電子成為南沙區創新行業的標杆。從行業技術認定來說，通過標準光組件認定的企業有 10 家，晶科電子是最早一批標準規範制定者之一。目前，晶科電子具有國際領先的自主知識產權，在中國、美國、歐洲、日本等地獲得或申請 120 多項專利。同時，公司的發展得到行業界和社會公眾的充分肯定和好評。作為國家高新技術研究發展計劃（「863」計劃）、國家科技部「十二五」LED 支撐計劃項目、廣東省戰略新興產業重大項目的承擔單位、廣州市半導體照明重大項目單位以及廣東省首個 LED 照明光組件檢測聯合實驗室，晶科電子獲得作為 LED 產業鏈中上游的核心芯片和光源產品製造商一系列的獎項，如 2014 年廣東省科學技術獎二等獎、中國 LED 首創獎金獎、2014 阿拉丁神燈獎、第三屆 LED 行業風雲榜技術領軍企業獎、2014 最佳 LED 光源封裝技術創新獎、中國 LED 行業最具創新性品牌、2011 香港工商業獎、科技成就獎、國際知

名半導體機構 SEMICON 評選「中國 LED 產業獎」，等等。[3]

2016 年，晶科電子在新三板掛牌，即將在 2017 年進入創新層。晶科電子稱，接下來將進一步凝聚內地、臺灣、香港產學研界的各自優勢，實現粵港臺的風險基金、上市企業、高等院校，在新興高科技領域成功合作，並吸引產業鏈中更多的科技創新企業在珠三角聚集，發展具有自主知識產權的核心技術，把公司打造成粵港臺高科技合作的企業典範、LED 產業領域中的最具核心競爭力的高科技民族企業。

二　企業案例分析：海峽兩岸暨香港、澳門資源整合

（一）從 CPU 到 LED 的跨產業運用

同質性競爭、簡單商業模式升級或是抄襲類項目容易被複製，進入門檻相對較低，其前景將越發渺茫。創造比簡單的複製還難，技術類的創造更難被複製。在 LED 行業中，大都集中在低端生產和應用領域，我國的 LED 產業在核心技術和上游高端領域嚴重受制於國外專利壁壘的限制，特別是發達國家。掌握核心技術，是由中國製造升級為中國創造的關鍵所在。肖國偉將英特爾 CPU 實現的倒裝技術轉移到 LED 上，這種跨產業運用，使得肖國偉團隊掌握了領先全球的 LED 倒裝技術專利。這個技術跨越所形成的技術壁壘是 LED 行業中獨樹一幟的競爭力，由此他們創造了一個新的創業機會。

（二）天生國際化的高端定位，海峽兩岸暨香港、澳門格局觀

對於一個技術主導型的公司，必須首先攻克技術的難關，必須在技術上

3　〈用心打造中國「芯」(科學發展　譜寫華章・企業篇) —— 訪晶科電子 (廣州) 有限公司總裁肖國偉博士〉，《人民日報海外版》2012 年 11 月 3 日第 05 版 (http://paper.people.com.cn/rmrbhwb/html/2012-11/03/content_1135487.htm)。

不斷地創新。而僅僅依靠自有的研發能力產生的能量是不足夠的。晶科電子以高端化作為發展戰略，這意味着需要高端化人才的加盟。於是晶科電子通過借助外部資源，長期與國內外科研機構保持緊密的合作。通過這種槓桿借力，將專家及高校研究院個體知識轉移到公司內部。晶科電子通過與高校研究合作，既可以將高校最新的技術「產業化」，也可以降低企業發展研究的試錯成本，使得晶科電子比其他競爭對手更快地進入市場。而這個高端的定位，更是塑造了自己產品的核心競爭力，避免了同質競爭。

一個技術型的創業者，如果只是產品和技術實現，無法使公司走向更高的層面。技術型創業者的普遍特點是專注和極致，具有邏輯和理性思維，但較為缺乏格局觀和管理能力。而肖國偉有着清晰的格局觀，充分利用和整合海峽兩岸暨香港、澳門的資源。

如果說，技術是產品的核心競爭力，那資源整合能力是企業進一步發展的核心競爭力。晶科電子充分依託海峽兩岸暨香港、澳門搭建起來的強大的資金、技術平台和高效運行機制，整合了粵港臺風投基金、高科技產業與大學科研合作，從而形成自己獨特的「產、學、研」競爭優勢。在資金方面，通過香港這個國際化平台，整合粵港臺風投資金。在產業方面，通過雙方合作互補，聯合推動國際市場。通過與臺灣晶元光電合作，解決了整體全產業鏈的出口專利問題。除了自有團隊，中國內地、香港、臺灣的高校研究院提供了技術層面的支持。強大的資源整合能力，充分地發揮了各地優勢，並且有利於提高晶科電子的整體競爭力。

（三）「技術優勢 + 社會資本」的雙元治理

技術創新是推動企業發展的重要內在動力，不斷地技術創新才能使企業永遠保持競爭力。晶科電子就是通過持續創新永葆自己的核心競爭力。它不斷進行技術積累，從大功率、高亮度倒裝焊 LED 芯片製造技術、基於 8 英寸硅集成電路技術的大功率 LED 芯片級光源技術、無金線封裝的晶片級白光大功率 LED 光源技術到超大功率 LED 模組光源及白光封裝技術等芯片

級光源及模組光源改造，再到 LED 路燈的智慧城市改造工程，晶科電子在不斷結合自有產品技術、產品特徵和整個產業的發展特點基礎上進行技術創新，並且形成了規模化的 LED 中上游產業鏈製造企業。

在快速變革的技術和市場中，企業的每項交易都嵌入在複雜的、不確定的關係之中。充分利用社會資本，使得企業進入配置社會資源的快車道。肖國偉是內地與香港的結合體，一直身處內地的他去了香港科技大學攻讀博士學位，他比其他創業者更加熟知內地和香港的情況。作為國家「千人」、廣州「百人」，身兼 LED 行業領袖的他，手握着行業發展訊息，這大大有利於他掌握行業技術情況，以及制定公司戰略的着力點，從而調整自己的發展方向。

三 啟示：利用香港技術優勢

（一）發揮香港技術研發優勢，通過「跨產業應用」創造機會

香港在科研政策、人才引入、資源對接等支持政策，比如「香港 × 科技創業平台」可以幫助創業者與合作夥伴進行資本對接，讓香港創新科研氛圍愈加濃厚。部分香港的技術研發接軌世界，港澳青年可以通過發揮技術研發優勢，將成果產業化進行創新創業。比如，肖國偉將英特爾 CPU 實現的倒裝技術轉移到 LED 上，這種跨產業運用使得肖國偉團隊掌握領先全球的 LED 倒裝技術專利，並創立了晶科電子。技術的跨產業應用帶來一個商業機會的創新，同一個技術可以跨越到另一個產業，從而創立出一個技術導向型企業。這個技術跨越所形成的技術壁壘也塑造了企業的高端定位和核心競爭力，避免了同質性競爭。

除了技術的跨產業應用，在創新科技方面也可以進行跨平台合作，如將航空與相機技術結合產生無人機拍攝。科技產業將是香港未來轉型的方向，香港青年可關注跨界產業合作的可能性，尤其是香港的優勢產業，如金融、

生物科技等。

（二）技術型人才轉向商業化，關注點從技術研發到企業格局

技術型創業者的普遍特點是專注和極致，致力於產品研發和完善，邏輯和理性思維較強，但較為缺乏格局觀和管理能力。所以，技術型人才轉向商業化運營是一個難題，需要從關注技術的微觀思維，過渡到關注一個企業的宏觀思維，並且塑造格局觀、管理能力和資源整合能力。肖國偉本身是一個技術人才，其有着清晰的格局觀，創立晶科電子之後充分利用和整合海峽兩岸暨香港、澳門的資源，形成自己獨特的「產、學、研」競爭優勢。不僅發揮自有的技術優勢，同時充分利用社會資本，這種雙元治理，有利於提高晶科電子的整體競爭力，加快企業發展速度。

（三）內地與世界的中部樞紐，整合全球資源發展企業

香港的地理位置優越，4小時航程覆蓋亞洲主要城市。同時中國香港作為一個國際化城市，具備與世界接軌的能力，與西方國家具有多方面共通之處。香港還擔任着中國內地與世界的溝通橋樑角色，部分國內產品以「香港製造」的名義，曲線進軍全球市場，比如同仁堂。

與其他創業者不同，肖國偉本身就是內地青年，他對內地和香港都較為熟悉，所以可以充分利用內地和香港的身份，去整合海峽兩岸暨香港、澳門的資源。比起內地市場，港澳青年對海外市場更為熟悉，所以港澳青年能夠發揮「連接內地，連接世界」的優勢，整合全球優勢資源，充分利用全球的開放平台進行發展。

四 案例大事記梳理

2003 年 2 月，微晶先進光電科技有限公司在香港註冊成立；

2004 年 6 月，企業完成大功率 LED 樣品、倒裝焊、RFID 封裝等系列技術開發；

2005 年 3 月，企業完成倒裝藍光 LED 芯片及模組的研發；

2006 年 3 月，企業新獲得兩項美國發明專利、兩項中國發明專利；

2006 年 8 月，成立內地子公司「晶科電子 (廣州) 有限公司」；

2007 年 4 月，超大功率 LED 大芯片模組開發完成；

2008 年 11 月，90 lm/W 大功率芯片產品批量化生產並形成銷售規模；

2009 年 3 月，100 lm/W 大功率芯片產品批量化生產並形成銷售規模；

2009 年 6 月，大功率 LEDiS 技術開發完成；

2009 年 8 月，獲得 ISO 9001 和 ISO 14001 體系認證，建設大功率 LED 外延、芯片及模組製造、LED 光組件產品生產線，形成規模化的 LED 中上游產業鏈；

2010 年，產品光效達到 130 lm/W，在廣州南沙建立 LED 產業基地；公司轉型，由一個純粹的芯片企業過渡為一個芯片封裝的企業；

2011 年，南沙 LED 產業基地建成並投入使用；成功開發芯片級無金線白光 LED 封裝技術和易系列產品，並實現批量銷售；榮獲 2011 香港工商業科技成就獎；獲得和申請專利超過 50 項；

2012 年，晶科電子南沙 35000 平方米 LED 產業基地正式投入使用；

2013 年，通過 OHSAS 18001 認證；晶科電子芯片級光源易星 3535 和 SMD 3014、5630 LED 光源產品通過美國 LM-80 測試；

2014 年 11 月，搶佔閃光燈照明新市場；

2015 年，新三板完成股改，公司更名為廣東晶科電子股份有限公司；

2016 年 4 月，正式掛牌公開轉讓；

2016 年 10 月，佈局車燈市場。

第四章 咕嚕咕嚕：
走街串巷的世界美食

公司名稱：深圳冰室餐飲管理有限公司

創始人：　黃鴻科

創業時間：2015 年

所處行業：餐飲業

關鍵詞：　資源積累，獨特的商業模式，傳統與現代融合

訪談時間：2017 年

一　創業者故事：緣起於「愛港餐」，
迎合需求建立事業

　　「連一杯正宗的港式奶茶都沒有喝過，怎麼能去評價港式奶茶好不好喝？同樣的，連內地都沒有來過，怎麼能對這個社會下定義呢？香港年輕人要多出來看，各個地方都有自己的特點。」這是香港冰室創始人黃鴻科（Adam）在之前接受中新網記者採訪時談起的。在他眼裏，一杯港式奶茶，就像一個社會，不同茶和奶混合才能產生成品；一間冰室，就像一個人生舞台，每天上演人間百態。從會計師事務所到文化傳播公司，再到 O2O 餐飲

平台，黃鴻科一直在不斷探索，就像沖調奶茶一樣，不斷嘗試不同原料的搭配與比例，現在的他終於調配出了一杯適合自己的奶茶。

（一）靠近內地，進入內地

黃鴻科是香港新移民，父母在他 5 歲時遷至香港居住，慢慢開始經營茶餐廳。兒時，每天放學後在茶餐廳做功課的經歷，使黃鴻科對餐廳尤其是港式茶餐廳產生了十分深厚的感情。正因為他出身於商賈之家，家裏人一直從事餐飲服務，所以早在他創業之初，他的父母就告訴過他打工和創業的區別。可以説，家庭經商的傳統對他日後的創業方向產生了很大影響。16 歲時，黃鴻科到澳大利亞讀書，獲得了會計與金融雙學位。雖然現在從事的餐飲行業與他的專業並無直接關聯，但商科的背景對他後來的創業也產生了很大的影響。

2008 年大學畢業後，黃鴻科回到香港，進入一家會計師事務所工作，第一份業務即是對內地公司進行審計，這給了他較長的時間與較多的機會接觸內地。他曾在內蒙古工作生活了 9 個月，在山西生活了 6 個月，在武漢、成都等地也相繼生活了很久。與此同時，在進行審計工作的過程中，他感受到內地經濟增長迅速，發展潛力巨大。對內地的長期了解以及內地臻於完善的發展環境，使黃鴻科有了進入內地發展的打算。

2011 年，其表哥開始在內地創業，邀請有專業會計師背景的黃鴻科加入，一起組建了一家文化傳播公司。2013 年，因業務發展需要，公司進入北京。目前，黃鴻科仍然在公司負責策略與財務管理工作。黃鴻科的表哥畢業於上海某大學，是土生土長的廣東人，一直在內地的文化環境中成長。而黃鴻科每年都會回廣東老家過年，與表哥以及其他親戚相聚。這樣與眾不同的經歷也使得他與其他一些對內地完全陌生的港澳青年不同。相比於後者，黃鴻科更加了解內地近年的發展，更清楚內地青年的想法與認知。

在第一次創業的過程中，黃鴻科接觸到了更多的內地人，他發現內地創業的氛圍比香港要濃厚得多，很多三十幾歲的年輕人都想要創業，並且不乏

事業成功者。這種蓬勃積極的創業環境與成功案例給予他很大的鼓舞。

當時，出於香港生活成本高的壓力，黃鴻科身邊也有一些香港本地人想要進入內地工作，但是他們大多沒有選擇創業，而是進入公司工作。2008年金融海嘯，包括黃鴻科在內的許多香港金融行業打工仔受到衝擊，開始了一眼望不到頭的無薪假期（因為開除員工往往需要付出更高的成本，因此金融危機期間公司一般會不開除員工而是為其保留職位，但是沒有薪水）。同樣是為別人打工的黃鴻科認為這種生活很被動，事業的選擇權和決定權完全不在自己手裏，所以他雖然業務優秀，而且兩年就通過 CPA 考試，但仍然選擇於 2012 年離開公司，進行創業。

2013 年，黃鴻科隨公司發展來到北京。在京期間，他發現自己不習慣當地的飲食，於是他開始嘗試自己做港式風味的料理。和他一樣在內地工作的香港人也有同樣的需求，於是他常常在與身邊的香港朋友聚會時做些港式奶茶給朋友喝。小小的分享帶來大大的傳播，一杯杯港式奶茶逐漸被更多人認可，黃鴻科也開始嘗試將港式奶茶的生意一點點做大。

另外，值得一提的是，黃鴻科剛來到北京時，參觀過故宮。他被那裏磅礴的氣勢與厚重的歷史所震撼，恢宏的建築令他對 600 多年前中國人的創造力表示震驚，他第一次意識到原來中國人具有如此巨大的創造力，同時他也意識到這就是中華文化幾千年的積澱。作為香港人，他必須先去了解內地、了解祖國才能發表意見，否則無疑是坐井觀天。故宮給他帶來了民族認同感與歸屬感，讓他更加熱愛內地這片遼闊的土地，熱愛北京。他更加感到香港青年人應該多來內地看看，這不僅能夠豐富和拓展他們的世界觀，還可以進一步塑造他們的歷史觀。

（二）廣結朋友，積攢資源；當下重品質，未來謀發展

16 歲在國外生活的經歷，培養了黃鴻科外向開朗的性格，使他很容易與人熟絡起來。最初在香港工作時認識的朋友，在文化傳播公司工作期間結識的夥伴，都成為他日後創業的資源。

　　黃鴻科和他的團隊正在做的事，更像是在重新喚起走街串巷的街頭飲食文化，打造與互聯網 O2O 平台相融合的街頭飲食 2.0 版 —— 一輛移動大餐車停靠在繁華的 CBD 商圈，餐車中包含了豐富的港式美味：熱狗、咖啡、小吃、海鮮等。與市場上現有的餐飲平台不同，咕嚕咕嚕選擇在商圈「停車」，顧客打開 APP 就可以選購多種多樣的港式快餐，只設外賣不設堂食，線上點餐線下取餐，製作過程透明化，食品安全管控極其嚴格，確保打造高品質的港餐品牌。

　　目前，試營業期間會有五台餐車投入使用，餐車可以流動，不同時間活動在不同的商圈，比如中午 11 點至 1 點期間在北京國貿銷售，可能下一個時段又會轉移到望京 SOHO 或其他商圈。此外，成本的考量也是咕嚕咕嚕選擇以移動餐車的方式出現的重要原因之一。無須固定場地，隨時可以根據流行元素的變換與市場的需求重新改變移動餐車的風格，裝修與維護的成本也更加低廉。

　　這樣的餐飲運作模式是前所未有的，這對黃鴻科來講，同樣既是機遇也是挑戰。他準備先試營業三個月，測試出流水效果，再考慮擴大營業規模，打產品差異戰，引進各國美食，與不同的餐飲品牌合作，打造咕嚕咕嚕餐飲平台，旗下將包含多種餐飲品牌。預計三年之後，整個北京將遍佈 100 輛咕嚕咕嚕的餐車，這些餐車具有不同的風格特色：從最初的香港冰室擴大到囊括日本料理、韓國料理、義大利風情、地中海文化等多種餐飲風格與品牌的美食，定位於中高端人羣，以產品的安全性以及高端定位樹立品牌與口碑。甚至如果與政府溝通順利，也會被打造成一個文化項目。不過他認為當前要做的就是腳踏實地。仰望星空很有必要，但腳踏實地地把握當下才是實現抱負與野心的最佳選擇。

　　對於如何在 O2O 餐飲廝殺如此激烈以及顧客需求日新月異的現代市場中保持競爭優勢，黃鴻科認為品牌是不變的，時刻要更新的是玩法，也就是商業運作模式的改變與營銷模式的改變，積極地把握市場、滿足需求是保持企業常青的不二法則。

（三）政府的幫助和對政府的希冀

咕嚕咕嚕首先在深圳前海自貿區註冊為外資公司，而後才在北京註冊為內資公司。對此，黃鴻科解釋道，在 2015 年的北京，港商註冊一個公司需要很長時間，並且沒有稅收優惠政策，而前海自貿區剛剛成立，港澳人士憑身份證一個月內就可以成功地註冊一家公司，且稅收優惠力度遠大於北京，還有創業孵化器、政府的優惠政策以及完善的配套措施。這些使得咕嚕咕嚕選擇落地前海。

進入北京後，一些政府部門與民間組織也給予咕嚕咕嚕更多關注，如香港駐京辦事處、香港商會、香港專業人士協會等；一些早年就到內地發展的前輩也傳授給黃鴻科一些與內地政府打交道的經驗。

談到政府的角色，黃鴻科有自己的看法。他認為港澳青年創業需要的不是政府搭建平台。創辦一個企業，怎樣去積累資源、開拓人脈是個人能力問題，政府更應該扮演服務者的角色。他希望政府能夠幫助在內地的港澳創業者和就業者解決沒有內地身份證而造成的不便，以及港澳青年創業者後代的教育問題，因為只有港澳創業者的子女教育問題得到解決，創業者才會真正扎卜根來，圖謀更長遠的事業發展。另外，他希望政府辦事效率能夠有更大幅度的提高，政策優惠進一步落到實處。

二　企業案例分析：深耕內地市場，積累廣泛資源

（一）機遇的識別源自對內地的了解，機會的把握基於對規則的熟悉

影響創業環境的因素有很多，既有內部因素，也有外部因素，並且這些因素涉及市場、行業、經濟、環境、政治、社會等各個方面。因此，在創業前，全面考慮、綜合評價是很必要的。

香港新移民家庭環境的薰陶、每年回到廣東湛江過年走親訪友時的交流都使得黃鴻科比其他人擁有更多的機會了解內地，在香港會計師事務所做審計工作的經歷以及與表哥第一次創業時的體驗，也使他獲得了長期生活居住在內地的體會。而正是這種對內地的充分接觸使得他更能夠增進對內地企業與企業之間、個人與個人之間、企業與個人之間的相互交往時行為習慣、處理方式的了解，熟悉與他以往生活經驗有差異的規則體系。正是先前從事審計工作的經歷讓他看到了內地蘊藏着巨大的發展機會與空間，也正是先期對內地各個方面的了解使得黃鴻科能夠在以後的創業過程中少走彎路，如魚得水。

（二）廣結良友，積累資源，構建圈子，依託港人

無論在任何行業，如果想要獲得更好的發展，個人能力價值的提升和人脈資源的積累都是非常重要的。尤其是在微信時代，積累人脈比以前更容易。先期有意無意積累的人脈與資源都會成為日後創業時資本、人力、技術等生產要素的來源。創業者創業初期最重要的一項能力就是構建其人際網絡或社會網絡的能力。創業者應該儘可能在短時間內建立自己的人際網絡，儘可能獲取各種資源。

黃鴻科能夠在短時間內就組建起創業團隊與他個人好結良友的性格以及第一次創業時積累的人脈不無相關。咕嚕咕嚕現有的投資人、合夥人、股東均來自他早先在內地工作、生活、創業時結交下的朋友與商業夥伴。90 年代就到內地創業的老前輩會傳授給他在內地待人接物、為人處世的經驗，給他介紹一些商會平台，啟動他參與政府部門的拜訪，使他熟悉政府關於港澳企業發展的相關政策。

（三）家庭氛圍，創業精神，文化認同，格局廣闊

創業者的資源，可分為外部資源和內部資源兩種。內部資源主要是創業者個人的能力，其所佔有的生產資料及知識技能，也就是人們通常所説有形

資產及無形資產，只不過這種有形資產和無形資產屬於個人罷了。創業者的家族資源也可以看作創業者內部資源的一部分。擁有一份良好的內部資源，對創業者個人來說無疑是重要的。

黃鴻科的父母到香港定居後，也是採取創業的方式經營了港式茶餐廳，他從小耳濡目染地感受着創業的艱辛。來到內地以後，同根同源的血脈文化以及內地日新月異的變化更是使他意識到和香港市場相比，內地能夠給予他的發展平台是多麼廣闊。對內地的真正了解能夠使他高屋建瓴，從內地和港澳經濟聯繫中考察企業的發展格局。

三　啟示：洞察市場，創新融合，文化自信

（一）了解市場，把握機會，先盯品質，再擴規模

無論做甚麼事都要先對情況有足夠的了解，創業更是如此。尤其對於港澳創業者來說，長期生活在與內地制度不同、文化有差異的港澳地區，如果沒有對內地的情況進行過充分的調研與考察，很容易產生狹隘、偏激甚至錯誤觀點。實際上，內地近些年技術的發展已經遠遠超過香港，如手機支付的出現不僅為人們帶來便利，更是支付革命的體現。然而現在很多香港年輕人甚至不知道微信支付的存在。如果黃鴻科沒有早先對內地的了解，他又怎麼會將 O2O 平台與港式美食結合起來，打造出獨特的品牌；如果他沒有足夠地了解市場，又怎麼會創造出傳統與現代相融合的能滿足人們需求的全新的經營模式。

所以，港澳青年在決定進入內地創業之初，應該先到內地去看看。一是去了解內地這些年的發展情況、發展速度、熱點行業、市場規模等與創業產生直接聯繫的領域；二是去了解內地人們的生活情況，包括生活節奏、生活

方式、交往方式等。如此，港澳青年在創業之初才能迅速融入內地，為自己掃清生活障礙。同時，黃鴻科以一個香港人的身份在內地生活的種種不便也給我們的政策制定者以啟迪：完善的配套措施與落地的優惠政策是一個服務型政府應當為港澳創業青年解決的頭等大事。

（二）創新商業經營模式，傳統與現代有機融合

初創企業想要在競爭激烈的市場中佔有一席之地，不被同類企業所壓倒，就必須樹立自己的競爭優勢。然而一般的創業企業是很容易被模仿的，即使最初能夠獨領風騷，也很容易被同質化的洪流沖刷掉。所以必須找到能夠長久保持且短期內不易被模仿的獨特優勢。

咕嚕咕嚕的創始人黃鴻科除了建立自己的港餐品牌，更有新意的是將走街串巷的叫賣風俗與現代科技融合，打造依託手機支付平台的可移動餐車售賣功能，這是一種全新的商業運作模式。因此，港澳青年在進入內地創業時一是可以利用自己的港人身份與港式文化，將香港特色引入內地；二是可以將內地風俗與香港特點有機融合，恰當地利用互聯網技術，創造持續競爭新優勢。

（三）同源文化的塑造、民族情感的認同帶來文化自信

民族文化與民族精神是中華之魂，無論香港與內地之間有多少年的分離與誤解，我們始終是沿着一條血脈成長起來的。即使我們生活在兩種不同制度的社會形態下，港澳青年也應有對內地文化與中華文化最基本的文化自信。黃鴻科在故宮看到的只是中國歷史文化一隅，相信五千年的拼搏與浮沉會成為連接港澳與內地最親密的紐帶。

四 案例大事記梳理

2014 年 3 月，黃鴻科前往北京註冊晉藝文化子公司；

2015 年 2 月，黃鴻科在北京籌備香港冰室小組產品、品牌、市場、策略；

2015 年 2 月，黃鴻科研發香港冰室前期產品；

2015 年 5 月，黃鴻科在香港創立香港冰室餐飲管理有限公司；

2015 年 6 月，公司在深圳前海註冊；

2015 年 7 月 1 日，為紀念香港回歸 18 週年，試營運當天成功賣出 78 份下午茶套餐；

2015 年 8 月，推出眾籌活動籌集 100 位在北京的香港人，成功眾籌 82 萬元種子創業基金；

2015 年 9 月，企業在三里屯建立第一個服務點；

2016 年 1 月，企業在望京 SOHO 建立第二個服務點；

2016 年 2 月，順義區的中央廚房投入服務；

2016 年 5 月，企業獲得飛鷹基金的種子輪投資；

2016 年 8 月，企業酒仙橋、紅領巾橋服務點投入服務；

2017 年 1 月，企業籌備研發流動餐車；

2017 年 7 月，昌平區配送中心投入服務；

2017 年 8 月，企業獲得流動餐車公告；

2017 年 9 月至今，流動餐車上牌並試營運。

第五章 慧玥文化：虛擬現實風口下的務實創業

公司名稱：廣州慧玥文化傳播有限公司

創始人：　　楊騰

創業時間：2016 年

所處行業：虛擬現實（VR）行業

關鍵詞：　　虛擬現實（VR），VR+ 傳統行業，定位

訪談時間：2017 年

一　創業者故事：整合資源，搶佔風口

（一）創業機會：風口行業裏的獨特定位

在創辦慧玥文化之前，楊騰已經在香港和廣東擁有多年的互聯網及 IT 行業運營和管理經驗。

2002 年，14 歲的楊騰隨父母從北京到香港定居，2007 年進入香港科技大學數學與統計專業就讀。在校期間，楊騰成了一名互聯網愛好者，積極參加各種互聯網活動，成為「網域使命青年使者」（NetMission Ambassadors）。2010 年，在谷歌香港公司從事語音搜索的兼職實習工作，積累了一定的互聯網行業項目運營經驗。

　　大學畢業後，楊騰被 DotAsia（一家非營利機構，負責運營 ASIA 頂級域名的域名管理，致力於推動亞洲地區互聯網的應用和發展）推薦到貴州參加騰訊公司的夢想空間公益項目。他時隔多年後再次回到內地，近距離接觸互聯網浪潮下中國內地的蓬勃發展。

　　2011 年，回港的楊騰選擇了在互聯網行業進行創業。不久，初創的企業被當時的梁振英特首競選辦公室收購，楊騰因此成為競選辦的 IT 部門經理。競選結束後，2012 年開始，楊騰選擇到內地工作，加盟香港資源控股集團旗下的廣東尊一互動科技有限公司，先後擔任廣東中山分公司總經理、內地事務部總經理和公司總經理，主要從事智慧團建活動，與共青團系統及有關政府部門建立了較為緊密的工作聯繫。

　　在與內地各個機關機構合作的過程中，楊騰發現，許多相關部門的資訊處理系統非常陳舊，亟須升級，這方面的市場需求潛力巨大。因此，2015 年 8 月，楊騰離開尊一科技，開始在廣州自主創業，早期方向主要是電子政務，為新華社和共青團系統提供信息系統服務，同時為香港利豐集團提供船務管理系統、OA 和客戶關係管理系統服務。

　　儘管創業初期業務發展還算順利，但楊騰卻覺得這些業務帶來的挑戰太小了。「我們的技術團隊實力很強，從事這些常規性質的信息系統項目顯得比較簡單，缺乏挑戰性。」楊騰說。

　　此外，由於信息系統項目的實施周期長，創業團隊需要大量的前期墊資，企業初創便面臨着較大的資金壓力。

　　基於這兩方面因素的考慮，楊騰決定尋找新的創業機會，以期在更加尖端和前沿的科技方面有所作為。2016 年，虛擬現實（Virtual Reality，簡稱 VR）行業在國內外引發了炙手可熱的投資和創業浪潮。在國外，谷歌、微軟、三星、蘋果、Facebook、索尼等科技巨頭紛紛對 VR 行業進行研發和投資，國內的騰訊、阿里巴巴、百度、華為、聯想和小米等企業也在積極佈局和搶灘 VR 技術和市場。VR 作為一個新興行業，在技術和市場應用上仍處於起步階段，充滿着各種新機遇，同時，面臨諸多挑戰。

在這樣的背景下，楊騰決定進軍VR行業，搶佔風口，抓住新的技術變革帶來的歷史機遇期。行業方向確定之後，楊騰及其團隊進行了詳細的市場調查和初步的創業探索與嘗試。他說：「近年來國內外對虛擬現實的關注和投資非常火爆，經常存在兩種極端的聲音。一種聲音認為VR行業非常美好，必然是未來趨勢甚至顛覆一切；另外一種聲音認為VR只不過是一種噱頭而已。」楊騰認為這兩種觀點都過於偏激，缺乏實事求是的分析，想在這個領域進行創業，要對行業發展和自身情況進行周密的全面調查。

充分調查後，楊騰及其團隊發現，目前VR行業的創業存在三種業態：一是基礎業態，主要包括VR眼鏡、頭盔和識別技術等硬件。但目前基礎業態的技術還不夠成熟，沒有大的突破，面臨着品質和價格的瓶頸。二是支援業態，主要是將VR應用於遊戲、教育和宣傳展示等。三是延伸業態，主要包括VR的培訓和自媒體業務。

楊騰說，他們一開始想從事基礎業態，但發現這需要大量的資金投入研發，這是谷歌、微軟和蘋果等巨頭們才有實力去做的，因此只好放棄了。之後他們又試水了延伸業態，舉辦VR技術培訓班，但發現根本不賺錢；也嘗試了VR自媒體，卻發現團隊還是偏技術屬性的，缺乏自媒體的基因。

為此，經過前期的嘗試和總結，楊騰決定將創業重點放在VR的支援業態。為了避開許多大型企業已經開展的VR遊戲和VR教育等業務，公司進一步將業務重點聚焦在VR的智能展示和VR的傳統企業服務。VR的智能展示主要是將VR技術應用於科技館、博物館、城市規劃館、企業文化展覽館、傳統娛樂設施等場館，為政府和企業客戶提供創新智能展示方案、產品和服務，從而讓觀眾更近距離地欣賞相關展示；通過3D的拍照和建模，讓觀眾多角度觀看，並進入虛擬場景中參觀，體驗身臨其境的感覺。VR的傳統企業服務主要是充分利用公司的VR技術，讓傳統行業實現「VR+」。例如，公司提供的VR全景服務，可以應用於倉庫監管、大型企業的機房設備監控等。最近，公司又與窗簾和牆紙企業合作，將VR技術應用於窗簾、牆紙的購買設計和體驗中，實現高仿真場景，增強客戶身臨其境的購物體驗。

楊騰解釋道，公司在 VR 這個風口行業裏選擇這兩個細分市場定位，主要是基於行業現有競爭狀況分析和企業實際情況做出的決策。VR 的智能展示方面，許多博物館、展覽館和科技館的業務具有較強的地域特徵，競爭相對不激烈，給作為初創企業的慧玥文化提供了運營的空間。而且，公司在展館策劃、空間設計、展項安排和內容製作方面擁有一定的基礎。此外，在珠三角地區，有許多傳統的產業集羣，為公司開拓傳統產業的 VR 業務提供了集聚效益和規模優勢，使公司的核心技術和集成創新優勢能夠得到有效發揮。楊騰強調，公司今後的重心仍然是考慮如何將 VR 技術與傳統產業進行整合，進一步解決傳統行業的痛點。

（二）創業團隊：學緣 + 業緣

擁有一支多元組合、優勢互補、彼此信任的創業團隊是慧玥文化得以發展的關鍵因素。公司的另外一名聯合創始人盛中華是楊騰在香港科技大學時認識的校友。盛中華先在哈爾濱工業大學獲得網絡與信息專業的碩士，又到香港科大攻讀計算機科學與工程碩士，具有較強的技術天賦和科研能力。

楊騰笑言，盛中華和他兩個人「一精一雜」，盛中華專攻技術和研發，自己負責全面協調和管理，彼此發揮各自所長，優勢互補。此外，公司的研發主管馬志強是香港科技大學科學與工程博士，是盛中華的師兄；首席技術顧問伍楷舜和高級技術顧問王璐也都是香港科技大學的博士，目前在深圳大學從事教學科研工作，他們為公司在 VR 算法和空間定位方面提供了良好的技術支持。正是依靠香港科技大學的同窗和校友學緣組成的研發團隊，讓慧玥文化掌握了 VR 技術的核心與前沿。

公司的天使投資人兼法律顧問汪偉律師以前是廣州團市委的法律顧問，與楊騰在廣州團市委負責智慧團建項目時相熟悉，彼此投緣和信任。楊騰說：「汪律師看好我們的行業前景和技術優勢，為我們提供了創業最初始的資金來源。而且，汪律師是多家公司的投資顧問，擁有較廣的人脈資源，想方設法幫我們拓展市場。針對公司在市場營銷方面的短板，汪律師介紹他的

老同學王毅到公司工作，目前擔任常務副總經理。王毅曾經擔任藍帶啤酒等多家快銷品公司的銷售總經理，擁有十幾年的營銷經驗，他的加盟使公司的營銷能力顯著增強。」

此外，公司的另一位核心成員潘鐳負責公司的行政人事和財務等全盤內務工作。潘鐳原來在團市委工作，也是楊騰從事智慧團建時一起共過事的夥伴。目前，潘鐳放棄了團委的「鐵飯碗」，全職加入慧玥文化。為此，楊騰深受感動：「潘鐳曾經擔任廣東省學生聯合會執行主席，具有很強的綜合管理能力。目前，公司除技術和市場以外的事務都是潘鐳在負責。作為一家創業企業，成長過程中很多地方還不夠規範，缺乏建章立制，但公司仍然能夠有序執行，主要是潘鐳超羣的個人能力在起作用。他能在混亂的環境下進行有效梳理和安排，使各項工作有條不紊。」

正是這樣一支由來自各領域、各行業，有經驗、有水平和多層次的創業團隊，使慧玥文化的創業之路穩步前進。

（三）創業資源：突破自身約束，多方整合資源

作為一家新創企業，慧玥文化面臨著資源相對匱乏的局面。為此，楊騰充分利用社會網絡關係，突破各種限制條件，在市場開拓、技術集成和人力資源等方面多方獲取和整合資源，促進企業的成長和發展。

在展館智能展示的市場拓展上，公司與廣州勵豐文化科技股份有限公司（簡稱「勵豐文化」）合作，充分利用勵豐文化在文化旅遊展演和數字文化體驗領域的龍頭企業地位，發揮慧玥文化在 VR 領域的技術優勢，成為勵豐文化的文化創意整體解決方案中的重要組成部分，借船出海，成功拓展了茅台小鎮 VR 體驗館等重要客戶，擴大了品牌影響力。勵豐文化是 2008 年北京奧運會、2010 年上海世博會、2010 年廣州亞運會開閉幕式最核心的聲光視頻設備供應商與技術服務商，成功為各種大型活動、場館舞台等表演了奧運點火等一幕幕美輪美奐的高科技聲光創意產品。慧玥文化的 VR 技術恰好契合勵豐文化新的場景創意需求。為此，楊騰接受勵豐文化的邀請，將公司搬

遷到廣州勵豐文創旗艦園，與勵豐進行聯合辦公，在勵豐的大型項目上作為其內部鏈條的一部分開展業務，從而充分利用勵豐文化現有的產業鏈平台和品牌優勢，在 VR 領域進行深度合作，促使公司獲取市場資源。

市場資源方面，楊騰還充分利用和整合自己和公司高管的各種人脈資源，努力開拓新客戶。一方面，楊騰借助以前在香港科大學習和在香港工作的網絡關係，承接了香港九龍徑「九龍城寨」VR 歷史溯源設定圖、香港大澳漁村歷史文化中心設計效果圖等香港的 VR 展示項目。另一方面，立足以前在共青團系統和政府部門開展電子政務工作積累的客戶關係，成為廣東省政府、仁懷市政府等地的綜合智能展示服務商，運用高新科技，打造多個創新文化體驗展館。此外，發揮法律顧問汪偉律師和副總經理王毅在珠三角的人脈優勢，積極拓展傳統行業的「VR+」業務。楊騰說道：「我們就一直拎着 VR 技術在考慮可以和誰整合，一個行業一個行業去洽談，如窗簾這個傳統行業，就是汪律師和王毅他們有熟人，然後我們碰在一起之後才發現有很大的空間可以作為。」

在技術研發上，慧玥文化在對市場需求了解和把握的基礎上，整合了香港科技大學和深圳大學的基礎研發優勢，集合自身在技術應用上的快速反應能力，有效實現了港深穗三地的「產、學、研」融合。公司的技術總監盛中華、研發主管馬志強都畢業於香港科技大學，與香港科大的研發團隊已經擁有良好的合作基礎。目前任教於深圳大學的伍凱舜和王璐也都畢業於香港科大，同樣具有之前在香港科大的合作基礎。因此，通過整合香港科大和深圳大學在 VR 領域的領先技術，使慧玥文化能夠便捷地緊跟科技前沿，實現集成性的研發創新，並付諸現實應用。

此外，在場館的 VR 智能展示上，僅僅擁有先進的技術是不夠的，還需要多方面的綜合製作和佈局能力。為此，楊騰同樣發揮其在香港和內地豐富經歷的優勢，整合價值鏈上的各種優秀資源，為客戶提供優質的綜合性服務。例如，慧玥在空間設計上跟擁有多年合作基礎的廣州美院合作，在 VR 的動畫方面跟來自香港的資深人士黃知行創辦的吞拿魚動漫合作，在視頻製

作上則跟香港點子文化合作。通過這樣多方的資源協作，慧玥文化突破了自身的資源約束，能夠更好地為客戶提供綜合性的智能展示方案和服務。

（四）企業文化：融會中西，揚棄地繼承優秀傳統文化

與通常意義上土生土長的香港人不同，楊騰在北京生活了 14 年後才赴香港定居，對內地比一般意義上的香港人顯得更為熟悉和親切。因此，儘管在香港接受了比較西式的教育，楊騰認為自己在企業運營和管理上仍然側重於中式文化。楊騰在香港還專門拜香港新亞書院的新儒家大儒們（徐復觀、牟宗三、唐君毅等）的傳人為師，系統修習中華傳統文化，並運用於個人的修身和公司的管理上。

楊騰說，目前創業的公司取名為「慧玥」（全稱為廣州慧玥文化傳播有限公司），而上一次創業從事電子政務的公司則名為「慧陽」（全稱為廣州慧陽信息科技有限公司），這兩家公司「一陰一陽之謂道」。而且，這兩家企業同時都隸屬於「載道」集團。「文以載道」「器以載道」，這是中華傳統文化對文章或造物境界的追求，即通過文章或器物來表達和傳播思想、理念。楊騰則希望將思想融入企業運營中。目前，慧陽主要側重軟件開發和以前電子政務業務的客戶維護，慧玥側重 VR 的智能展示及企業應用。楊騰補充道，「慧陽」和「慧玥」除了「日月輝映、陰陽相濟」以外，「慧陽」的「陽」字是耳刀旁，表示要聆聽客戶需求；「慧玥」的「玥」字是王字旁，是因為其所處的文化傳播行業要有如王者般的權威性；「慧」字則代表智慧和「idea」，希望公司能夠擁有更多的創意和創新。在公司名字上的用心和希冀可見楊騰對中國傳統文化的認同與熟稔，也使其在創業伊始就打上了中華傳統的深深烙印。

儘管在公司的名字上顯得有些「務虛」，楊騰在創業的具體操作上卻非常務實。許多互聯網或 VR 領域的新創企業熱衷於給投資人描述許多美好的願景，爭取拿到更多的融資，然後不斷地燒錢來維持創業。楊騰認為這些創業者的目標過於宏大，而不是腳踏實地地去做事。慧玥文化非常重要的一點是「接地氣」，扎扎實實、一步一個腳印地去做好每個項目。特別是許多互

聯網科技企業經常看不上傳統行業，但慧玥文化反而以和傳統產業同行共發展為榮，公司正在積極接洽窗簾、牆紙和玩具製造等傳統行業，希望進一步理解傳統產業的規則和痛點，提供更到位的「VR+」行業的解決方案。

在企業具體管理上，楊騰強調的是「事務上分權，思想上集權」。慧玥文化在具體事務的處理上非常注重發揮員工的主動性和創造性。由於公司的業務主要以項目為主導，公司甚至強調「個人主義」，希望每個員工都能主動成為某個項目或某項任務的負責人，自己去搭建、組合和帶領團隊，而不是依靠行政力量來推動集體作戰。當然，企業內部的協作會實行模擬市場的考核機制。慧玥文化主要是搭建一個好的平台，營造較為寬鬆的環境，激發每個員工的活力，讓員工主動成長，促進企業的發展。目前，公司沒有打卡制度，甚至沒有嚴格的上下班時間，一切都依靠員工的自覺和主動。

但在「事務上分權」的同時，楊騰非常注重「思想上集權」。他笑言，自己在公司更像是個「政委」，平時不會太多過問具體的技術問題，但喜歡去跟員工溝通思維和理念，讓員工能夠統一思想，並內化為具體行動。只有思想上一致，才能使公司在具體事務實現「分而不亂」，使個人自主和整體統一相協調。他理解的公司文化的根本是「靠譜」和「人性化」。「靠譜」指的是所有人都做靠譜的事情，對內的話，要對同事、部屬、上司都「靠譜」，站在對方的角度去思考；對外而言，對客戶同樣需要「靠譜」，為客戶着想、對客戶負責、滿足客戶需求；當然，公司在招募人才的時候，就強調招聘「靠譜」的人一起共事。「人性化」注重公司的人力資源管理要充分尊重人性，企業的目標不僅僅是營利，更重要的是培養人才和留住人才。特別是公司處於初創階段，許多業務仍在探索和迭代過程中，公司的制度建設也不夠規範，更要強調人性化和用感情來維繫，並逐步過渡到依靠制度來管理和保障。

因此，楊騰認為，相對於其他創業型企業而言，慧玥文化是一家特別有理念和有文化的初創企業，這將使公司走得更穩、更高、更遠。

二　企業案例分析：新興科技與傳統產業共舞

（一）找準風口行業的獨特定位

隨着國內外互聯網巨頭紛紛佈局虛擬現實（VR）行業，VR已然成為投資和創業的熱門風口，吸引了眾多企業或創業者的持續湧入。選擇進入這個熱門行業的楊騰並沒有「頭腦發熱」，而是理性地進行「冷」思考，對VR行業的發展現狀進行深入系統的分析，總結了基礎業態、支援業態和延伸業態這三大模塊的主要情況，並通過市場調查和初步的創業嘗試，逐漸將創業的重點定位在支援業態的VR智能展示和「VR+傳統行業」這兩個獨特的細分市場。初創企業在資金、技術和人才等方面的實力都有限，必須立足自身實際，找準獨特的縫隙市場作為突破口，再逐步進行拓展和突破。在VR行業，國內外的谷歌、微軟、Facebook、阿里巴巴、百度、小米等都開展了大規模的投資和佈局，在基礎技術、人才儲備、產業生態等方面進行了較多的積累和儲備。作為初創企業的慧玥文化短時間內難以與這些巨頭進行正面交鋒。因此慧玥文化尋找了一些大公司忽略或難以顧及的細分領域，做好垂直領域的技術研發和客戶服務，從而逐步確立自身的獨特優勢，實現了創業的良好開局。

（二）立足區域優勢，承接新興科技與傳統行業

在慧玥文化所處的廣州及周邊的珠江三角洲，分佈着傳統製造業的大規模產業集羣。許多產業集羣的產值達到百億乃至千億，使珠三角在電子信息、家居、建材和服裝等行業成為中國內地重要的生產加工和製造基地，甚至在很大程度上代表着「中國製造」。但是，這些產業集羣多數由中小民營企業組成，處於價值鏈的中低端環節，附加價值低，缺乏自主創新和自主品牌，在新的環境下亟待轉型升級。虛擬現實（VR）作為一種帶來虛擬場景的全新體驗技術，具有契合傳統產業升級需求的特性，為傳統產業的客戶體驗

和商業模式帶來更多創新的機會和空間。楊騰及其創業團隊沒有去盲目追逐 VR 的噱頭，而是務實地立足當地，充分利用珠三角現有傳統產業的優勢，「左手 VR，右手傳統」，深入到傳統行業內部，系統思考和嘗試如何實現「VR+ 傳統行業」，既促進傳統企業的轉型升級，也讓 VR 的各項技術創新成果有用武之地。通過 VR 這種新興科技向傳統行業的逐步滲透與融合，實現各種交叉性創新，乃至顛覆性的創新，使慧玥文化成為連接 VR 先進技術和珠三角地區傳統產能的重要平台。

（三）有效整合各方資源，構築競爭優勢

在創業的過程中，從想法產生到實際運營和執行都需要源源不斷的資源投入。但初創企業由於剛開始起步，經常面臨許多方面的資源約束，需要重點考慮如何去吸引和整合各種可能的資源為我所用，促進創業目標的實現。楊騰在慧玥文化的創業過程中，顯示了其高超的整合資源能力。在展館智能展示的市場開拓上，搭乘文化旅遊展演龍頭企業勵豐文化科技的「順風車」，成為其綜合服務方案中的一部分，從而成功拓展茅台小鎮等大型項目。在「VR+ 傳統行業」的拓展上，充分利用創業團隊成員在珠三角傳統行業的人脈資源，促進高新科技與傳統產業的有機融合。在技術研發和創新集成方面，整合了香港科技大學、深圳大學等重點實驗室關於 VR 研究的前沿技術，「不求所有，但求所用」，搭建了港、深、穗三地合作研發的「產學研」通道和平台，確立了公司在 VR 支援業態的技術優勢。

三　啟示：積累人脈，找準方向

（一）善於分析與謀局，選準創業方向

創業伊始，如何有效地對外部宏觀環境和產業環境進行周密的分析，並結合自身的優劣勢情況，選擇恰當的戰略方向和定位，對創業能否成功至關

重要。可以説，在某種程度上，創業方向的選擇比努力更重要。在發現電子政務領域的初次創業難以滿足其創業激情後，楊騰決定投身於 VR 這個新興的風口行業。但如何在 VR 行業中找到獨特的細分市場進行精耕細作，則顯示了楊騰周密的分析和謀局的能力。他通過對 VR 行業的格局和特點進行分析，立足於自身在香港和珠三角所積累的技術與市場優勢，確立和謀劃了 VR 智能展示和「VR+ 傳統行業」的發展方向，進而取得創業的突破和成功。當然，創業方向的選擇不是一勞永逸的事情，而是不斷嘗試的動態過程。特別在 VR 這樣的新興產業，技術和市場都不成熟、不完善，未來發展充滿着極大的不確定性，創業者需要「摸着石頭過河」，努力去探索合適的商業模式。楊騰在創業初期也曾經在 VR 培訓和 VR 自媒體方面進行試驗，並在總結利弊之後果斷放棄，將戰略方向重新明確和聚焦。

因此，港澳青年到內地進行創業的時候，不能想當然或者拍腦袋進行決策，而應當結合自身及所處行業的實際情況，進行系統的分析和戰略決策，尋找合適的創業方向，並及時嘗試、調整和進一步明確。要努力「做對的事（do the right things），而不僅僅是把事情做對（do the things right）」。

（二）積極拓展各方人脈，促進創業資源獲取

創業的想法能否得到有效的執行，很大程度上取決於創業團隊。現實中充斥着大量的創業者、創業資本和先進技術，真正缺乏的往往是有效執行的團隊，如何創建一支優秀的創業團隊是許多創業企業面臨的最大挑戰。但是，這對於楊騰而言，卻似乎不是一件難事。自稱為「雜家」兼「靠譜」的楊騰在香港科技大學讀書期間就積極參加各種社團，到內地工作後又充分結識各方朋友。既在香港擁有許多「同窗」情誼的兄弟，又在廣東省的共青團和各行各業收穫諸多「業界」好友，並使自己處於「結構洞」和「橋連接」的有利位置。於是，在創業團隊方面，楊騰能夠充分根據創業的需要，結合團隊成員的特點，組建一支彼此信任、多元組合、兼具相似性和互補性特點的創業「夢之隊」，為創業的順利開展提供了強有力的人力資源保障。這支優秀

的創業團隊已經成為慧玥文化的核心競爭優勢之一。

因此，港澳青年如果有創業的打算，那麼無論是在港澳當地，還是在內地，都應當根據自身特點，適當拓展人脈，建立各種「強連接」和「弱連接」，打造個人品牌，有效積累社會資本，為現在或將來的創業做好人力資源儲備。

（三）古為今用，賦予傳統文化新內涵

楊騰對中國傳統文化具有濃厚的興趣，在香港還專門拜師新儒家門下專門進行研修，對儒家和道家思想有較深的理解。中華優秀傳統文化中蘊藏着豐富的管理思想，可為現代企業管理提供有益啟示。許多優秀的中國企業在管理上都善於把弘揚優秀傳統文化和現實企業的管理運營有機結合，在繼承中發展，在發展中繼承，從而促進企業管理，打造極具特色的企業文化。楊騰無論是對公司名稱所賦予的內涵，還是在領導方式等內部管理上，都積極從中華傳統文化中去汲取積極的養分，不斷發掘和利用優秀的傳統思想，古為今用，並與所處的虛擬現實這樣的高新科技行業緊密融合，推陳出新，實現中西合璧，使慧玥更具獨特的理念和文化，從而真正成為一家有「文化」的文化企業。

優秀傳統文化是一個民族的根與魂。因此，港澳青年只有多學習和了解中華傳統文化，才能對祖國內地有更深入的理解。這既有助於港澳青年增強對祖國的認同感，也有助於他們來內地創業時儘快適應，更深入地了解用戶需要和市場特點，提高創業成功的概率。此外，港澳青年還應該發揮其具有的國際視野，學貫中西，會通中外，在全球市場上講好中國青年的創業故事。

四　案例大事記梳理

2016 年 8 月，慧玥文化在廣州正式成立；

2016 年 9 月，企業完成星光級全景智能直播機、微光級全景錄播機研發，並以此為客戶提供優質的全景直播 / 錄播服務；

2016 年 11 月，全景場景編輯平台「全景鹿」正式上線，為客戶提供最專業的全景服務；

2017 年 1 月，企業與能飛航空科技聯合開發微光級超高清全景無人機，有效降低了全景航拍成本；

2017 年 2 月，企業強化 3D/ 虛擬交互團隊深度和技術積累，推出 3D VR 視頻 demo《穿越獵戶座星雲》；

2017 年 3 月，企業推出智能產品環拍設備「3D 快客」，幫助客戶快速記錄，全方位、真實地展現產品；

2017 年 5 月，企業為貴州茅台鎮策劃、設計的 VR 體驗館採用了綠幕拍照、VR 滑雪、AR 沙盤等多項 VR/AR 產品，獲得了當地政府和遊客的一致好評；

2017 年 5 月，企業推出「全息影院」智能展示方案，組合了立體弧幕投影、虛擬全息投影和 IMAX 場景構建三類尖端技術，讓觀眾獲得身臨其境的虛擬仿真視覺體驗；

2017 年 5 月，慧玥自主研發的 VR 互動體驗遊戲《行走廣州塔》參展 2017 中國創新創業成果交易會，榮獲「最具人氣獎」；

2017 年 6 月，慧玥研發的大型弧幕投影在 2017 中國—俄羅斯博覽會上，助力廣東，向世界展現了南粵文化；

2017 年 7 月，企業研發「AR 換臉」「AR 森林」「AR 廣告屏」等一系列「AR+」智能展示產品。

第六章 臻昇傳媒：香港中小企業跨境宣傳的先行者

公司名稱：臻昇傳媒集團有限公司

創始人： 蔡承浩、蔡潔霞

創業時間：2014 年

所處行業：電子商務 / 新媒體運營

關鍵詞： 中小企業，跨境，微信營銷，新媒體

訪談時間：2017 年

一 創業者故事：「敗」也微信，「成」也微信

（一）初次創業：山窮水盡，死於微信

在香港出生和長大的蔡承浩（Chois）初中畢業後，16 歲就開始在香港的一家遊戲公司打工，並且「無師自通」地學會了編程、軟件開發和美工等技術。之後，他又到臺灣和廣州等地的遊戲公司工作，先後從事遊戲產品經理和市場營銷工作。在遊戲行業工作十多年後，蔡承浩看到了智能手機和移動互聯網興起和普及後對手機 APP 的需求，就在 2010 年左右離開遊戲公

司，開始在內地創業，從事手機 APP 開發的業務。因為當時一起創業的合作夥伴是廣東汕尾人，他們就邀請蔡承浩到汕尾註冊公司，並於 2011 年在當地開始創業。但是，一段時間後，蔡承浩覺得汕尾在交通、人才和創業環境等方面都不盡理想，就重新回到廣州，繼續手機 APP 的開發業務，主要幫助香港和珠三角的企業開發 APP。

剛開始，蔡承浩的 APP 業務發展頗為順利，主要採取項目制，事業高峰期公司有 40 多個軟件開發人員。要給這麼多員工發工資，讓蔡承浩感受到很大的經營壓力，因此他必須想方設法到處去開拓客戶。但是，這時候出現的微信公眾號開始替代許多 APP 原有的功能，讓 APP 開發業務受到很大衝擊，蔡承浩的生意也日漸凋零。微信的日益普及，對公司的 APP 業務產生了很大的影響，客戶需求急劇減少，甚至曾經出現一個月完全沒有業務但還要給員工發基本工資的情況，公司開始入不敷出。回憶起當時的窘迫狀況，蔡承浩記憶猶新，也感恩當年在困難時伸出援手的人們。他說：「那時候差不多沒有業務了，但還要繳納租金和水電費，我都快走投無路了。有一次抱着試試看的心態，去東莞向一位認識很久的年長客戶再次推介 APP，我簡單介紹 APP 的好處後，這位『叔叔』就爽快地給了我 1 萬元的定金。其實他就是在當做善事一樣地幫我，對我真是『雪中送炭』，而到現在這個業務都沒有開展。」

然而，這 1 萬元的定金也只是解決一時的燃眉之急，蔡承浩的 APP 業務還是沒有多少起色，第一次創業已經走到了山窮水盡的境地，甚至有一天蔡承浩發現自己所有的現金流只剩下口袋裏的 100 元。無奈之下，他只好遣散團隊，並將留下來的團隊和需要維護的客戶轉給當時的合夥人。

蔡承浩生性樂觀，經過第一次創業的失敗，他的抗壓能力變得更強。當口袋裏只有 100 元的時候，他還是把僅剩的這點錢拿去跟兩個共事多年的同事一起吃了頓火鍋。「今天失敗了，但明天仍然可以是新的開始。」令他感動的是，在當時身無分文的情況下，那兩位同事仍然表示願意追隨蔡承浩一起繼續尋找新的創業機會。

（二）二次創業：柳暗花明，重生於微信

就在蔡承浩山窮水盡、花光身上僅剩的 100 元的第二天，另外一位共事多年的同事向他演示了微信的新功能 —— 微信公眾號，以及一些做得較好的國內企業的微信公眾號。蔡承浩當時就眼前一亮，敏銳地意識到這是個非常棒的產品，而且將會是未來發展的趨勢。更為關鍵的是，當時國內已經日漸流行起來的微信，在香港卻還基本無人問津，這將是很大的市場和機會。

看到機會就立刻行動，蔡承浩馬上帶領願意跟他再次創業的三位同事，在廣州開啟新一輪創業。由於衝擊了手機 APP 業務，曾經讓他「恨」之不已的微信，現在卻讓他「愛不釋手」了。蔡承浩一方面在廣州抓緊時間熟悉和掌握微信公眾號的各方面內容，另一方面讓在香港從事市場營銷工作的太太蔡潔霞（Sandy）幫忙邀請一些目標用戶為內地市場的香港商家，他計劃在香港為他們開設關於微信產品的介紹，以及如何利用微信公眾號進行宣傳推廣的免費講座。在蔡承浩「速度與激情」的籌備下，三個星期之後，第一次關於微信營銷的講座很快在香港旺角的一個咖啡屋裏舉辦。蔡承浩說，這應該是香港歷史上第一個關於微信的公開講座，那時候香港還基本沒有人用微信，他只是簡單地介紹了微信的基本功能、微信在中國內地市場的普及和用戶情況、微信未來的發展潛力、以及微信公眾號對企業市場推廣的作用等。這次講座吸引了 20 多個人前來參加，主要是一些香港的中小企業主以及市場推廣業內人士。令人驚喜的是，當場就有企業下單，要求幫助提供開通企業的微信公眾號服務。再次創業後，在香港首秀的「開門紅」令蔡承浩夫婦備受鼓舞，更加確立了在微信營銷方面進行創業的信心。後面，他們陸續在旺角的這家咖啡屋舉辦了很多場免費講座，吸引了越來越多香港中小企業的參與，使公司的影響力逐漸擴大。他們也開始受到邀請，前往企業、大學和香港政府有關部門舉辦有關微信營銷的講座，品牌影響力持續升級。

隨着微信公眾號的開通，許多企業希望能夠增加內容提供和後續維護的服務。為滿足客戶的需求，蔡承浩開始在廣州招募運營和文案人員，幫助香港商家打理公眾號，提供公眾號的方向策劃、文章編寫、菜單回覆和地面推

廣等服務。在此基礎上，又陸續增加了網絡公關及活動策劃、網紅直播宣傳、跨境電子商務等業務，為中小企業提供全方位的網絡營銷服務。在轉向從事微信推廣的業務之前，蔡承浩還收了一些手機 APP 開發客戶的定金，但卻沒辦法給客戶提供服務。在微信推廣業務掙到錢以後，蔡承浩第一時間一家一家地去拜訪這些客戶，退給他們定金，並且由衷地表達歉意，取得了原有客戶的諒解。就這樣誤打誤撞的，微信營銷創業之路給了蔡承浩重生的機會，他說，從手機 APP 轉到微信推廣的創業過程，就像「過山車」一樣拐了個急彎，這個拐彎的速度讓一些朋友驚歎不已。二次創業後，業務發展逐步走上正軌，企業規模和業務版圖不斷擴大，真是「山重水複疑無路，柳暗花明又一村」，「死於微信，又重生於微信」。

（三）創業團隊：夫妻攜手，優勢互補

與丈夫早早便進入職場四處闖蕩不同，蔡潔霞（Sandy）在香港讀完中學後，到澳大利亞墨爾本皇家理工大學（RMIT University）留學，主修市場營銷。畢業後，她回到香港，在利豐等大型企業的營銷部門工作，從事過服裝、奶粉和眼鏡等行業在香港市場的市場營銷，不僅積累了市場策劃和推廣經驗，也積累了一些香港商家的人脈。

兩人於 2009 年相識拍拖之後，Sandy 在香港的大公司裏上班，蔡承浩則在內地從事遊戲工作和進行手機 APP 開發的創業。蔡承浩表示，非常幸運能遇到 Sandy，很感謝 Sandy 這些年對他的支持和幫助。他說：「我這條命可以說是認識 Sandy 之後，她重新幫我撿回來的。以前我是一個不負責任的人，性格非常急躁，很容易發脾氣打人。Sandy 積極鼓勵我到內地工作，並積極尋找創業機會，同時慢慢去改變性格，對自己、家庭和團隊負責。特別是我從手機 APP 轉到微信推廣再次創業時，如果沒有 Sandy 利用她在香港的人脈幫我邀請第一批聽眾，就不可能那麼快實現創業的起步。截至目前，我已經在香港開了 300 多場講座，收穫了很多客戶，擴大了品牌影響力，這些講座的舉辦基本是 Sandy 在準備和安排。」

　　蔡承浩特別強調，創業是一個很痛苦、很孤獨的過程，很多時候沒有人知道你在做甚麼，而且經常會有人不認同你所做的。這個時候，身邊如果有人能夠支持你是非常重要的事。如果沒有 Sandy 當初那麼堅決和努力地支持我往微信營銷方向進行創業，及時進行轉型，我現在可能一無所有，甚至負債累累。

　　2012 年，當蔡承浩開始進行微信營銷的創業時，Sandy 一邊幫助創業，一邊仍然在公司裏從事營銷工作。她説，因為當時在公司裏上班，有穩定的工資，對是否辭職出去一起創業是非常猶豫的。而且父母也反對，他們認為女生有一份穩定的工作就挺好，不要冒險去創業。在掙扎了一年多之後，Sandy 還是決定從公司離職出來一起創業。對她來説，這是「破釜沉舟」，是一場「賭博」。

　　但是，夫妻兩個人開始一起全職創業時，卻沒有預想的那樣「甜蜜」。Sandy 説，以前因為她是兼職創業，兩人似乎還沒甚麼矛盾。但離職全身心投入以後，兩個人在工作上卻經常產生矛盾。「每一天都在吵架，關於公司的業務發展節奏、客戶服務、定價策略的每個方面，甚麼都能吵。沒錢會吵，有錢了怎麼用也要吵。」回憶起這段吵架的經歷，Sandy 説，主要是因為剛開始兩個人沒有處理好分工和定位。

　　後來，夫妻兩個對此進行了反思和改進，然後根據各自的性格和專長，明確了各自的分工，並及時溝通和尊重對方，而不是相互干預，終於減少了吵架的頻率，雙方也合作得越來越默契，實現了優勢互補，「夫妻同心，其利斷金」。而且，即使仍然有一些不同意見，也秉承「每天晚上睡覺之前解決爭論，不把爭吵帶到第二天」的原則，實現「日事日畢，日清日高」。目前，丈夫蔡承浩擔任公司的戰略顧問和講師，主要負責戰略方向制定、公司提供的業務內容的發展和完善、各個講座的主講人；Sandy 主要負責市場開拓和客戶維護，以及公司財務。

（四）創業定位：中小企業，內地橋樑

蔡承浩說，創業伊始，他就把目標客戶定位於香港的中小企業。因為他非常看好國內市場的發展潛力，也熟悉香港的中小企業。由於旅遊業和跨境電商等外部環境的影響，近年來香港的中小企業在本地的生意受到很大衝擊，亟待轉型。許多香港的中小企業想進入內地，但缺乏足夠的資源和合適的渠道，有一些企業直接到內地營銷卻水土不服甚至遭遇欺詐，因此，我們希望成為它們進入內地市場的橋樑和紐帶，初期主要幫助它們通過微信的渠道，面向內地的客戶進行宣傳推廣。

目前，蔡承浩在香港註冊了臻昇傳媒集團有限公司，有 8 名員工，主要是從事銷售和市場推廣，負責香港中小商家的市場推廣和客戶維護；在廣州則成立了廣州臻港騰企業管理諮詢有限公司，有 12 位員工，主要負責技術支援、微信文章策劃、網絡宣傳和跨境電商等業務。同時，公司在深圳等地還有多個長期合作的文章編輯團隊。臻昇擁有一站式的線上線下推廣方案，包括開設微信官方賬號、在內地網站發放新聞稿以及設立網上商城等，通過多元化的推廣策略來向內地的客戶宣傳產品及服務。蔡承浩說，近年來，香港中小企業在香港的零售和服務業市場中日漸萎縮，商業機會越來越少，但是，香港背靠的祖國內地卻擁有龐大的市場，此外，周邊還有東盟等國家，以及「一帶一路」沿線國家。因此，臻昇的使命是通過良好的營銷和支付等服務，幫助香港中小企業迅速進入內地市場，以最低的成本在中國商圈踏出第一步，從而為香港中小企業帶來無限生機。為此，臻昇傳媒集團有限公司將英文域名取為"Chinamarketing"，中文商標上則標註着：臻昇傳媒——中國市場推廣專家。

Sandy 補充談道，相對其他面向內地市場進行推廣的服務而言，臻昇主要採用微信營銷和推廣的方式，更加契合香港中小企業的實際狀況，同時更加貼近內地新的發展趨勢。以前，在淘寶、天貓和京東商城上開店被認為是香港中小企業有效開拓內地市場的方法之一。然而，這些大型的電商平台就像百貨公司，有不少的進場條款；而且有大量品牌同場競爭，需要很多廣

告配套，才能夠有所成效，因此實際運營成本較高。而利用微信公眾平台來吸引和維繫潛在用戶，並逐步將他們引導到網店上，門檻相對較低，適合資源較少和實力較弱的中小企業。而且，可以進一步通過線下活動，吸引粉絲關注和分享，發揮微信的「病毒營銷」效果。因此，臻昇會密切關注內地網絡的各種市場動向和流行動態，及時捕捉各種「潮」語，跟香港商家做好溝通和建議，迅速幫助他們組織好相應的文案和宣傳，與內地的消費者拉近距離。此外，許多香港傳媒公司和商家以前習慣了運用 Facebook 等西方的新媒體，對微信的推廣風格不熟悉、不擅長，而臻昇在內地的團隊和多年的經驗使其更加熟悉內地的網絡營銷特點和新趨勢，能夠更有針對性地幫助香港企業做好內地的宣傳。下一步，臻昇集團新的發展方向是推廣影視節目和網絡紅人，通過拍攝一些香港的特色節目到直播平台播放，以及幫助香港的商家和內地的網紅進行配對，緊跟內地的網絡營銷趨勢，服務好香港的中小企業。

截至目前，臻昇已經在香港舉辦了 300 多場關於在內地進行企業微信營銷或跨境電商的講座，接觸的香港中小企業商家超過 5000 家，在內地的 KOL（Key Opinion Leader，關鍵意見領袖）節目觀眾人數超過 4 萬人次；臻昇在內地的新聞播放平台合作商有 1200 多家，2015 年在香港舉辦兩次內地展銷會，每日人流量均超過 1.5 萬人；已經使用過臻昇服務的香港企業達 500 多家，主要集中在酒店、餐廳、美容和金融等行業，包括稻香集團、翠華餐廳、翡翠拉麵小籠包、香港粵華酒店、嘉悅醫療、恆昌隆等。

為了進一步服務香港的中小商家，Sandy 還創辦了香港中小企業品牌發展協會，並擔任會長一職。她希望通過協會這個平台，建立香港中小企業聯盟，團結中小型商家一起，立足香港，面向內地，協助香港的中小企業進入內地市場；同時發掘及把握「一帶一路」的商機，增進香港中小企業和國外商人的相互交流；從而進一步把知識交流和社交融合起來，互相解決企業管理和技能上的難題，提升企業競爭力。在具體運作內容上，中小企業品牌發展協會積極向香港政府反映會員所關注的合理意見和需求，並就相關情況

和政策提出建議；定期組織內地及海外考察團，藉以讓外商及本地中小型企業建立夥伴關係，並發掘更多商機；定期舉辦緊貼本港市場發展和以相關政策為題材的研討會、講座和培訓，讓企業獲得最新知識、專業管理及技能，從而提升企業營運效益和競爭力；定期舉辦會議和聯誼活動，加強會員間的溝通及認識，增加彼此間的合作，並透過共享資源，提高會員業務的運作效率及促進業務的發展。

（五）創業策略：先行一步，爭創第一

從 2012 年在旺角咖啡屋裏舉辦香港的第一場企業微信營銷講座，並成為首家於香港推廣微信公眾號的宣傳公司開始，臻昇已經在香港創下了數個「第一」，在許多方面成為香港微信營銷、電商和新媒體運營方面「第一個吃螃蟹」的企業。2013 年，蔡承浩又帶領地推團隊，成為首家與廣州市的報攤簽訂 1200 個 O2O 的微信宣傳點合作權的香港企業。2015 年，在香港成功舉辦第一屆香港（昇級）品牌 O2O 跨境電商海淘展，成為香港首家與國內商場合作舉辦大型 O2O 展銷會的企業。這些創新也使 Sandy 收穫一些獎項，包括香港青年創業家協會頒發的第二屆（2016）香港青年創業家大獎和香港中小型企業總商會頒發的 2017 鵬程中小企青年創意創業獎。

儘管已經走在許多香港同行前面，但 Sandy 卻非常冷靜。她說，由於微信的功能以及互聯網宣傳方式這幾年不斷發生變化，因此一定不能墨守成規，而要與時俱進，大膽嘗試，跟上互聯網發展的最新潮流，才能持續保持領先的優勢。「我們自己覺得走得還是很慢，還需要加快速度。」Sandy 笑言，這也可能跟自己的人格特質有關，她在邁爾斯・布里格斯（MBTI）的十六型人格 [1] 屬於 ISTP，對新的信息和標號保持開放，對世界保持好奇心，具有探索精神。蔡承浩和 Sandy 都注意到近年來國內正在興起的網紅直播，

1　邁爾斯・布里格斯人格類別指標是美國心理學家布里格斯和女兒邁爾斯研製的、一種用於對人格特質進行識別和分類的常用框架，廣泛應用於人員招聘、人事匹配和指導職業生涯規劃。

並第一次將網紅直播的概念和模式引入香港。他們説，微信營銷發展已經
六七年了，未來一定會有新的模式去取代，而直播平台是一個可能的方向，
因此非常值得關注。2016 年，臻昇成為香港首家與國內網紅平台合作製作
直播節目的企業，同年獲得直播節目的香港製作合作權。

目前，臻昇傳媒正在打造自己的網紅直播平台，吸引國內的網紅和海外
商家入駐，使該平台成為海外商家和國內網紅相互「配對」的場所，幫助香
港、臺灣和東南亞等海外商家拓展內地市場。公司也正在香港的某個職業學
校籌備一個關於中國內地網紅的課程，這也是香港第一個講授網紅經濟的課
程。蔡承浩還親自上平台開直播，在直播平台上吃辣椒，以身試水，推動網
紅營銷節目的發展。通過臻昇的直播平台，一方面可以將香港的旅遊、飲食
等特色節目在內地進行直播，推廣了香港的產品和文化；另一方面，促進了
香港企業和消費者對網紅經濟的了解，在香港推廣了「網紅文化」。此外，
平台發展的第二階段，計劃逐步吸引泰國、越南等海外國家和地區的網紅入
駐，成為中國企業走向海外市場時，具有當地網紅資源的直播平台。與此同
時，臻昇逐步探索網紅經濟的商業模式創新，以帶動東南亞地區網紅經濟和
網紅營銷的升級。這也意味着臻昇從原米主要依託微信這個平台提供服務，
慢慢轉向自己搭建網紅直播平台，使公司能夠在香港的網絡營銷和新媒體運
營方面繼續保持領先優勢，成為海外和內地之間網絡推廣的「領頭羊」。如
果只是原來提供電商服務的企業，再往下發展就只是量的積累，難以實現質
的突破。但是，通過實施平台型戰略，將使公司的戰略重點進行調整，使未
來的發展更具想像空間，具有更大的爆發力。公司可以吸引更多風險投資以
及政府的扶持基金，並逐步考慮上市融資，通過資本的力量實現更大的突破
和發展。

（六）創業文化：尊重員工，充分授權

Sandy 説，由於自己在公司裏打過多年工，因此，儘管現在自己創業當
老闆了，卻經常會換位思考，儘量尊重員工的需求，給他們充分授權，讓他

們有更多發揮和成長的空間，實現員工個人和公司共同進步和發展。

在創業初期，蔡承浩基本上每天都會在內地，使香港客戶的需求通過內地的團隊得以實現。隨着業務走上正軌，管理流程逐步標準化和制度化，蔡承浩在廣州公司的時間慢慢減少了，基本的日常事務都交給職業經理人負責，他自己則更多往返於香港和內地，思考公司的戰略方向、進行各種合作的洽談，以及持續在香港舉辦各種講座。臻昇在廣州有一個負責現場管理的職業經理人，已經追隨蔡承浩三年多，蔡承浩夫妻對她都很信任和放心，將日常事務都委託給她打理。

蔡承浩說，他不喜歡員工把他當作老闆，因為這樣容易產生距離感。他把自己定位為一個幫助公司和員工解決問題的服務員，成為員工良好的傾聽者和遇到困難的時候想要尋求幫助的人。但是，他更希望員工能夠去主動思考和解決問題，實現「無為而治」。他笑言，最理想的願望是「我死了，但公司還能很好地活着」。有一些香港朋友提醒他們在內地的公司要安裝攝像頭來監督員工，防止偷懶，但蔡承浩和 Sandy 對這種觀點很不以為然。他們認為，要給員工信任，真心為員工着想，給他們自由的空間，才能提高員工的工作滿意度和工作績效，「人有時候很奇怪，你越給自由，他們越不敢偷懶」。他們會認真去傾聽員工的訴求和各種建議，並積極採納，實現員工的參與式管理。對員工出現的錯誤，臻昇也不會有過多懲罰，關鍵是知錯能改，並舉一反三，防範錯誤再次發生。

當然，蔡承浩也坦言，目前無論是在香港還是內地，招聘能長期工作的合適員工越來越難。剛畢業的大學生或年輕的員工經常容易離職，因為他們想多一些嘗試；而年紀較大的員工則對微信營銷和新媒體運營不熟悉，接受新生事物慢。目前，臻昇在廣州的員工平均年齡只有 27 歲，是一支非常年輕的隊伍。因此，臻昇在管理上針對「80 後」和「90 後」員工的新特點，給予他們足夠的空間，加以適度引導，充分激發其想像力和創造力，促進公司的不斷創新，更好地服務用戶。

但是，香港和內地的員工在特點和管理上仍然存在一定差異，公司的一

個項目通常需要香港的員工和內地員工相互配合，但他們之間在溝通上仍需要進行磨合，才能具備更強的協同作戰能力。

蔡承浩和 Sandy 對臻昇團隊的期許是：臻昇人是一個進取、有魄力、有方向、有目標的團隊，臻昇人不甘於提供守舊又沒用的宣傳方案給客戶，臻昇每一位同事每天不停地尋找國內既有效又接地氣的新點子，讓客戶收穫更大更快的回報。

二　企業案例分析：聚焦微信，連接內地

（一）聚焦微信營銷，幫助香港中小企業進軍內地市場

創業初期，企業的資源有限，必須找準自己的定位，並集中精力去突破，才能在市場中構築獨特的競爭優勢，避免迷失方向、無所適從。經歷過手機 APP 創業失敗的蔡承浩和 Sandy 抱着試試看的態度開始了基於微信平台的再次創業，並根據市場的反應情況及時進行業務的調整與迭代，逐步明確了微信營銷的發展方向，同時將客戶重點聚焦於試圖開拓內地市場的香港中小企業，最終實現創業征途上的「峰迴路轉」、「柳暗花明」。Sandy 認為，在中國內地迅猛發展的互聯網營銷和新媒體運營領域，強手林立，不乏許多實力雄厚的企業，臻昇之所以能夠生存和發展，最主要的是立足自身特有的優勢，重點針對香港的中小商家這個特殊羣體，幫助他們「跨境」到內地，正是這個獨特的定位讓其在市場競爭中佔有一席之地。

（二）敢為香港先，持續構建競爭優勢

在微信作為一種社交媒體在內地剛開始出現的時候，功能仍然比較簡單，未來的發展前景尚不明確。初次接觸微信產品之後，敏銳的蔡承浩就判

斷這可能是未來的趨勢，於是「敢為天下先」地在香港進行微信服務的介紹和推廣，終於「飲得頭啖湯」，迅速抓住了微信快速發展帶來的商業機會，確立了在微信營銷領域「香港第一」的地位。在市場前景不明朗、許多人還在徘徊和觀望的時候，敢於承擔不確定的風險去率先行動，需要膽識、魄力和勇氣，這也是創業者和企業家身上非常重要的品質。蔡承浩具備的創業精神和執行力讓他具備創業成功的基本條件。

而且，在成為香港微信營銷的「先驅」之後，蔡承浩和 Sandy 並沒有自我滿足，甚至覺得步伐偏慢，希望能夠更快一步，避免稍不留神就成為「先烈」。面對後面接踵而來的追隨者和趕超者，臻昇不斷自我突破和轉型，繼續在微信 O2O 宣傳點、香港跨境電商展銷會、網紅直播等領域保持領先，構築持續創新發展的競爭優勢，從而實現「人無我有、人有我優、人優我新、人新我轉」。

（三）構建夫妻互補型創業團隊，保障企業穩步成長

在創業的過程中，由於業務的發展方向經常模糊不清，充滿不確定性，企業生存和成長都面臨着嚴峻考驗，此時，創業團隊成員之間能否相互信任、相互扶持、共渡難關、共享收穫，顯得尤為重要。蔡承浩在內地工作和創業多年，熟悉內地的情況，見證了國內互聯網經濟的迅猛發展；Sandy 則長期在香港從事市場營銷工作，清楚香港中小企業在市場推廣方面面臨的問題。蔡承浩性格急躁，敢闖敢拼；Sandy 性格穩重，理性思考。兩個人在資源、能力和性格方面恰好相互補充，與臻昇的創業定位又非常匹配，為創業成功奠定了良好的基礎。更為重要的是，蔡承浩和 Sandy 從相識、相知、相戀到結婚，在創業合作之前已經具備一般團隊所難以企及的感情，能夠具備更多價值觀上的共同點，具有更多的相互信任。當然，事業上的夫妻檔與生活中的夫妻仍有區別，他們倆也經歷了一起創業過程中的吵架和磨合過程。經過良好的溝通，雙方都能求同存異，相互理解，一起攜手，凝聚力和戰鬥力顯著增強，最終促進創業的順利開展。

三　啟示：內地互聯網先進模式的輸出

（一）利用中國內地互聯網的領先優勢，抓住海外機遇

　　隨着互聯網技術的迅猛發展，中國內地在互聯網經濟方面取得了巨大的進步，誕生了騰訊、阿里巴巴、百度和小米等具有世界影響力的互聯網大型企業。特別是近年來國內互聯網企業在技術和商業模式等方面的持續創新，使中國的互聯網公司從最初的瘋狂向美國學習，到將海外的經驗進行本土化的移植和微創新，進化到開始向海外輸出商業模式轉變。中國在互聯網特別是移動互聯網的某些領域已經全球領先，網購和移動支付甚至被視為中國人在 21 世紀的新發明。臻昇傳媒集團有限公司的蔡承浩就是注意到了微信和網絡直播等新生事物在內地蓬勃發展的趨勢，識別出創業機會，進而將其引進香港，成功搭建香港和內地互聯網經濟的連接橋樑，並逐步將內地的互聯網商業模式創新推廣到臺灣和東南亞，開創了一番新事業。

　　因此，港澳青年要充分利用好其毗鄰內地和面向海外的優勢，密切關注祖國內地在互聯網領域特別是電子商務、新媒體等方面的最新進展，抓住粵港澳大灣區和「一帶一路」等重要歷史機遇，將內地的互聯網新興商業模式輸出海外，或者為正在走向海外市場的國內企業提供服務，找到契合自己發揮優勢的價值空間。

（二）善於借力，整合各方資源，規避新創企業的固有缺陷

　　新創企業剛創辦時，由於資源匱乏，在市場上缺乏影響力，甚至時常受到質疑，具有新進入者的先天劣勢（Liability of Newness）。臻昇傳媒在創業伊始面對這樣的不利情況，採取與香港政府的相關部門、大型企業和大學合作的方式，一起舉辦關於企業微信營銷等方面的講座，提高自身合法性，增加消費者的信任，逐步擴大品牌的影響力，有效促進市場開拓。目前，臻昇傳媒已經先後跟香港生產力促進局、Paypal（貝寶）、香港浸會大學、香港理工大學等單位合作，進行創業分享、微信營銷講座、擔任創業比賽評委

等活動。臻昇舉辦的這些講座絕大多數都是免費的，但通過這樣無償的付出，卻讓其結識了包括阿里巴巴、Paypal 等大企業的許多朋友和客戶，也在一定程度上推動香港網絡營銷水平的提高和互聯網經濟的發展。此外，臻昇的創始人 Sandy 還創立香港中小企業家品牌發展協會並擔任會長，聯合眾多的香港中小企業，凝聚力量，抱團取暖，這將更有利於整合各方資源，爭取更多商機。因此，港澳青年在創業初期，面對新創企業的先天劣勢，不能單打獨鬥，而應當充分考慮如何立足自身實際情況去跟各種「權威」機構進行合作，借力發展，或者參與到各種網絡聯盟中，與別人共同攜手，共創價值。

（三）快速行動，持續迭代創新

蔡承浩在識別出微信營銷蘊含的創業機會時，沒有過多的等待和準備，而立刻採取行動，製作了簡單的微信公眾號服務的基本介紹，就到香港進行講演，傾聽客戶需求和反饋。然後在此基礎上，不斷增加公眾號的內容維護、微信粉絲的吸引、微信商城的代運營等服務。通過這樣的積極嘗試，「見步行步」，從每次試驗的反饋結果中學習和改進，使產品和服務持續迭代創新，逐步趨於完善，從而在高度不確定的情境下實現有效創業。這非常符合互聯網時代企業的「精益創業」理念（Lean Startup），即提倡初創企業進行「驗證性學習」，不要過多地浪費時間對客戶需求「想當然」，而是先向市場推出極簡的產品或服務，然後不斷地在試驗和學習中，以最小的成本和有效的方式驗證其是否符合需求，並及時調整方向。因此，港澳青年在創業初期，面對不甚明確甚至充滿許多不確定性的市場，不要等待徘徊、左顧右盼，而應當快速採取行動，推出簡單產品進行測試，再根據反饋進行調整和迭代。在互聯網時代進行創業，「天下武功，唯快不破」，迅速行動，才能抓住機會。

此外，臻昇傳媒在微信營銷和自媒體運營領域取得成功後，沒有自我滿足，而是持續轉型與變革，甚至勇於自我革命和顛覆，努力拓展網紅直播業

務，從提供微信服務的企業努力往網紅直播的平台型企業進行轉型。原本領先的企業如何永葆第一，構築持續的競爭優勢，而不是曇花一現，是創業企業走上正軌後面臨的重要問題。作為市場新進入者和挑戰者，通常具有拼搏和創新的精神，但企業發展到一定程度之後，往往容易陷入僵化，失卻創新基因和動力。臻昇傳媒在創業取得初期成功之後，仍然保持清醒，勇於自我革新，不斷突破，非常值得後來的創業者學習與借鑒。

四　案例大事記梳理

2012 年，臻昇傳媒集團有限公司在香港成立，成為首家在香港推廣微信公眾號的宣傳公司；

2013 年，臻昇傳媒集團有限公司下屬的廣州臻港騰企業管理諮詢有限公司成立；

2013 年，臻昇傳媒集團有限公司與廣州市報攤簽訂 1200 個 O2O 宣傳點（香港首家）；

2015 年，臻昇傳媒集團有限公司與國內商場合作舉辦大型 O2O 展銷會（香港首家）；

2016 年，臻昇傳媒集團有限公司與國內網紅平台製作直播節目（香港首家）；

2016 年，臻昇傳媒集團有限公司獲得香港直播節目製作合作權。

第七章　駿高國際貨運（中國）有限公司廣州分公司、「一帶一路」發展聯會：捕捉政策風口，開啟「一帶一路」深耕之旅

組織名稱：駿高國際貨運（中國）有限公司廣州分公司；「一帶一路」發展聯會

創業時間：2006 年；2015 年

創始人：　戴景峰

所處行業：國際物流、平台建設

關鍵詞：　國家大勢趨向性創業，「國際自來熟」，「一帶一路」發展聯會

訪談時間：2017 年

一　創業者故事：「國際自來熟」

（一）價值判斷，先人一步勝人一籌

內地與香港、澳門特區政府分別簽署的內地與香港、澳門《關於建立更緊密經貿關係的安排》（簡稱「CEPA」），主要致力於貨物貿易自由化、服務貿易自由化和貿易投資便利化三個方面的改善。過去，港企不能獨立投資、

經營國內的海運、貨運、倉儲行業，必須採用合資的形式，而隨着 CEPA 政策的實施，港資能獨立進入這些領域。戴景峰在 2003 年從香港畢業，為總部身處香港的某國際物流公司工作，那時候正是 CEPA 剛提出不久。在 CEPA 規定的 18 個服務行業中，與物流相關的就佔了 5 個，包括貨代服務、倉儲服務等。有着靈敏思維的戴景峰，恰恰看到了這個極大的機遇。他清楚地知道 CEPA 將會有助於公司的發展，進入內地市場。而越來越多的香港企業將會借助這個契機，獲批准到內地投資。所以，他當即為公司申請香港企業證明，以此借助 CEPA 進入內地市場在上海開了分公司，從而享受 CEPA 政策待遇，成為為數不多的利用 CEPA 進入內地市場的企業之一。他似乎擁有價值的天生判斷力，總能比別人先踏出一步。

經過兩年的物流行業沉澱，戴景峰心懷公司合夥人的鴻鵠之志，2005 年，他作為投資人的角色進行運營。「不需要資金的生意，都是沒有甚麼潛力的。」戴景峰認為青年創業單用自己的資金不可行，而所處的國際物流公司通過合夥人方式，恰恰提供給他一個資金平台，所以他選擇留在了這個公司。2008 年，由於前期管理不善，廣州分公司情況沒落，人才流失到只剩下幾個人，急需一個有管理能力的人重新整治。戴景峰力挽狂瀾，從僅剩幾個人的團隊一直發展到如今擁有 60 多名員工的隊伍。目前，戴景峰所在的物流公司在國內已有 12 家分公司，為客戶提供涵蓋空運、海運、倉儲、拼箱、跨境貨運和全方位的物流服務的綜合解決方案。其中海運整櫃部，已與多家世界著名的運輸供應商建立了長期而深厚的業務關係，尤其是在孟加拉和斯里蘭卡擁有了當地市場的專業團隊。

對於公司的管理，戴景峰認為競爭永遠存在，要找到自己的特色，並且把自己的優勢做好。相對於歐美等競爭激烈的飽和市場，其他國際市場競爭沒有那麼激烈。戴景峰積極尋找差異化的市場，將公司的細分市場定位在孟加拉、斯里蘭卡等國家。在運營廣州分公司過程中，戴景峰還挖掘了門到門遞送服務的商機，提供中國、香港到孟加拉、越南和斯里蘭卡快遞服務。同時，廣州分公司從 2008 年組建到現在已經簽約了 10 條空運航線，以亞太、

中東、印巴為主。戴景峰過去 14 年都在從事中國內地及香港與「一帶一路」國家的國際物流工作，近年專注於電商快遞物流領域，希望做更多現代化的國際物流。帶着這樣的願景，戴景峰在香港成立了一個專門做國際快遞的新公司，目前已經開通了針對東南亞市場的六條航線。

（二）國家大勢，深耕「一帶一路」

2013 年，習近平主席先後分別提出建設「新絲綢之路經濟帶」和「21 世紀海上絲綢之路」兩大戰略構想。「一帶一路」融通古今，連接中外，順應和平、發展、合作、共贏的時代潮流，有利於各國打造互利共贏的「利益共同體」和共同發展繁榮的「命運共同體」。一個全新宏偉戰略構想，初期提出的時候固然美好，然而人們在「拍手叫好」的同時卻不知道如何着手利用這個契機。香港製造業遷移導致產業出現空心化，加上「邊緣化」熱議以及香港「佔中」事件，讓香港青年越發焦慮，對未來感到十分迷茫。[1] 香港青年和企業更是對「一帶一路」缺乏認知和了解，機遇和發展更無從談起。

戴景峰看到了別人沒有看到的機遇，並且萌生了一個想法。2014 年，他立刻着手在香港創立「一帶一路」發展聯會並且擔任主席。「一帶一路」發展聯會是香港第一個以「一帶一路」為旗號的專業團體，致力於支持和促進「一帶一路」的發展，在商務、文化、專業方面向中小企業及青年人提供支持，協助他們發展「一帶一路」。

戴景峰始終抱着這樣一個美好初衷。他過去幾年曾在香港及內地主講過數十個「一帶一路」及物流電商講座，講座舉辦機構包括新華社、香港貿易發展局、大埔民政事務處、香港理工大學、中山大學等大型機構。戴景峰也曾於《大公報》、《香港商報》、《紫荊雜誌》等發表多篇有關「一帶一路」的文章，也於《香港商報》有專欄《帶路集》分享「一帶一路」資訊，並於新城財經台節目擔任分享嘉賓。戴景峰通過舉行這些講座活動進行信息連接，來

1　〈香港青年領袖感悟委員長講話〉，2016 年 6 月 1 日（https://www.lookmw.cn/lizhi/jpxxnni.html）。

探討政策的動向和行業的發展前景，從而使更多的青年和企業了解「一帶一路」的現狀和機遇。

「一帶一路」發展聯會邀請了數十位知名人士成為顧問及成員，其中包括全國人大代表、全國政協委員、特區政府官員及行政會議成員、太平紳士、各大商會及專業團體會長、上市公司董事、香港十大傑出青年及青年領袖得獎者、「一帶一路」國家顧問等。雖然戴景峰從事的是國際物流行業，但他深知「一帶一路」可以加速各行業各領域的發展，於是他賦予「一帶一路」發展聯會更多的職能，覆蓋到各行各業。聯會聚集着不同行業領域的專業人士，包括律師、會計、礦產、生態旅遊、物流、金融、醫藥、教育等。

「一帶一路」需要「官、產、學」全方位的合作，才能更好地推進。戴景峰帶領「一帶一路」發展聯會，主動與政府對接，首次與內地政府簽訂合作備忘錄，希望增強香港與內地「一帶一路」重點城市的聯繫，讓香港企業可以更容易到「一帶一路」重點城市發展。廣西欽州擁有中華白海豚、荔枝、石化等天然資源，也是國家與東盟最鄰近的主要港口，是面向東盟的重要窗口。「一帶一路」發展聯會於 2016 年與廣西欽州市政副市長簽訂備忘錄，成為廣西欽州市政府的合作夥伴，向香港企業推廣通過 CEPA 到廣西欽州投資。2017 年戴景峰計劃帶領香港企業團體到欽州市考察。

（三）國際「自來熟」，比世界還「世界」

為了更好地發展「一帶一路」發展聯會，戴景峰曾到多個「一帶一路」國家做商務考察工作，包括越南、泰國、印尼、韓國、新加坡、肯尼亞、孟加拉、斯里蘭卡、中東等，與「一帶一路」國家有緊密聯繫並擁有一定的人際網絡。能言善辯、能說會道似乎都是他的代名詞。每到一個新的地區，他總能融入當地的生活，他比世界還世界。戴景峰始終相信，了解一個國家，要從文化開始了解。

初到一個陌生的地方做考察或者業務拓展，戴景峰都會先做一個初步的網絡搜索，了解這個國家的基本信息，包括文化、歷史背景、宗教、地理位

置、經濟等，從而在實地考察之前有一個基本的概念。到當地之後，他會去
了解當地人的生活習慣和文化，包括平時生活的地方，平常喜歡做的事情。
比如，不少「一帶一路」國家奉行伊斯蘭教，這些國家的商業活動、運輸、
清關程序在齋月期間全面停頓，導致商家的生意額下降。斯里蘭卡新政府上
台後，政策有變，使招商局科倫坡南港碼頭投資項目出現變數。通過了解當
地文化和政治風險，可以在與「一帶一路」國家合作時規避掉不必要的風險，
從而更好地進行商業合作。

　　戴景峰認為「一帶一路」是當下這個時代香港和內地共同的機遇，香港
青年應該好好把握。[2] 內地青年比香港青年具有更多的優勢，從英文語言和
普通話到本地關係網絡。戴景峰提出了一個相對獨特的想法，比起內地，香
港青年可以去一些「一帶一路」國家發展，發揮香港青年在學歷和國際視野
方面的優勢。同為中國人的身份，香港青年是中國與沿線國家共建「一帶一
路」的天然紐帶和參與者。香港是具有獨特區位優勢的國際化城市，具備大
批國際化產業的經營管理人才。他們溝通中外的獨特優勢，定能借助「一帶
一路」在創新創業的浪潮中大顯身手。

　　對於香港青年到內地發展，戴景峰回想起初來內地的不熟悉，學習解決
問題是他這十幾年在內地學習到的重要一點。對於香港青年而言，除了看到
問題，更應該具備解決問題的能力。對於一個陌生的環境，戴景峰認為要熟
悉和融入當地環境，包括語言文字，同時多認識一下內地的朋友，可以通過
加入商會從而建立本地關係網絡。戴景峰常年流連於華東、華北和華南地
區，多地區多城市的生活經驗，讓他比內地人還熟悉內地。他笑稱：「手機
輸入法用的是搜狗，網絡搜索用百度，我比內地的人更內地。」只有投入本
地的生活，才能了解本地的事情，才能更好地發現商業機會。

2　〈戴景峰：值得留意的四個重點〉，2016 年 7 月 31 日（http://news.takungpao.com/hkol/politics/2016-05/
3321655.html）。

（四）不謀而合，物流路徑與「一帶一路」一致

「一帶一路」之於國際物流，是加速器，是關係網絡。

戴景峰的國際物流市場主要是針對「一帶一路」相關國家，「一帶一路」發展聯會與多個國家有緊密聯繫，其中形成人際網絡將會有助於公司的國際物流業務發展。「一帶一路」，意味着海外業務訂單數量勁增，意味着更多的合作夥伴，物流行業可以把握契機，深度挖掘「一帶一路」國家潛力。同時，海外市場的拓展可以緩解和轉移中國經濟發展造成的產能過剩。

國際物流之於「一帶一路」，是支撐點，是路線之一。

從事「一帶一路」相關國家的國際物流行業的戴景峰，憑藉以往物流經驗看到了「一帶一路」實施的可行性以及極大的發展空間，於是創立了「一帶一路」發展聯會。物流國際化，「一帶一路」同樣具有國際化特質。「一帶一路」走出去的進程，可以借助物流的支撐來相互促進。除了物流以外，「一帶一路」發展聯會還覆蓋其他行業，各個行業領域的企業「抱團出海」的潮流趨勢，不僅有利於擴大各企業的業務規模，更加速了「一帶一路」的發展。

戴景峰雖然沒有借助物流發展「一帶一路」，抑或借助發展聯會的資源拓展公司業務，但其所從事的國際物流行業與「一帶一路」之間「不謀而合」的發展路徑，如果加以利用，將會產生更大的化學效應。

（五）「一帶一路」造福香港青年和企業

戴景峰從物流中發現與「一帶一路」結合的新機遇，他深知在「一帶一路」的潮流中各行各業都有一個新的發展機會。同時，走向海外的各行業同樣能夠帶動「一帶一路」的加速發展和微觀應用進程。因此，戴景峰將各行各業的專業人才顧問引入「一帶一路」發展聯會，將其逐漸發展成為覆蓋多行業、多領域的信息交流和資源對接平台。戴景峰希望「一帶一路」發展聯會始終以一個服務的心態和「去政治化」的中立角度，將內部成員的專業資源與各「一帶一路」國家進行對接。「一帶一路」發展聯會在未來可以進行更多實際產業對接，從而發揮更加直接的實際效用。

戴景峰堅信，國家的「一帶一路」發展戰略，是香港新一輪發展的大好機會，也是香港青年創新、創業的大好時機。香港青年看不到機遇和發展，對未來充滿焦慮和迷茫。不是沒有機遇，而是沒有看到。他們缺乏對「一帶一路」帶來機會的認知。他期待通過「一帶一路」發展聯會這個平台，幫助更多中小企業青年認識到「一帶一路」的機遇，更多企業搶先一步走向海外開拓「一帶一路」市場，並且將「一帶一路」國家的資源引進中國，從而推動香港和內地「一帶一路」進程更好地發展。

二　企業案例分析：深挖政策背後的機會

（一）善用國家 CEPA 政策及「一帶一路」趨勢

創業者發現機遇、充分利用政策，其價值判斷可以使企業發展具有強大推力。當港澳企業不能獨立投資、進入內地受阻時，戴景峰利用剛提出的 CEPA 政策，幫助總部身處香港的某國際物流公司申請在上海開了分公司，從而享受 CEPA 政策待遇，成為為數不多的利用 CEPA 進入內地市場的企業之一。同時，「一帶一路」剛提出不久，戴景峰意識到這個國家大趨勢將給青年和企業帶來發展的機遇，他在香港創立「一帶一路」發展聯會並且擔任主席。作為一個致力於捕捉商機的創業者，必須透徹地了解國家政策規定，關注政策變化，以便利用好「政治因素」創造機會。

（二）能言善辯，快速嵌入本地市場

為了更好地利用和發展國際市場，必須快速熟悉其他國家的情況，這需要一定的溝通和適應能力。為了「一帶一路」發展聯會，戴景峰曾到多個「一帶一路」的國家做商務考察工作，他與「一帶一路」國家有緊密聯繫並擁有一定的人際網絡。為了融入當地的生活，他先做一個初步的網絡搜索，了解

這個國家的基本信息，再到當地實地考察。戴景峰有自己的一套獨特的商務考察方法，他認為，只有投入本地的生活，充分了解本地的事情，才能更好地發現商業機會。通過了解當地文化和政治風險，可以在與「一帶一路」國家合作時規避掉不必要的風險，從而更好地進行商業合作。

（三）外部顧問內部化，「官、產、學」資源整合

在一個剛建立的組織文化基因還沒有足夠的能力經受時間和競爭衝擊之前，是智囊人物在推動着智慧型組織機制建設的工作，這種高端人才的引進，是服務於企業發展戰略佈局的需要，其實質是為了提高組織決策的格局力量。從事國際物流行業的戴景峰，建立「一帶一路」發展聯會，除了舉行物流電商講座、發表專欄文章等活動進行信息連接，還引入各行各業的專業人士成為顧問及成員，提供資源對接平台。通過將外部顧問內部化，建立開放型組織，從而最大限度發揮智力助推的作用。其中聯會的顧問和成員涵蓋「官、產、學」各個領域，「一帶一路」發展聯會進行「官、產、學」全方位的合作，多方面資源整合將會互相促進資源利用度。比如，戴景峰主動與政府對接，與欽州政府簽訂合作備忘錄，通過與政府合作，並將香港產業機會引入內地。

三　啟示：把握「一帶一路」新機遇

（一）善用國家大趨勢，捕捉「政策因素」商業機會

隨着國家發展，越來越多的新思路、新構想為中國開闢新的道路，同時也給港澳地區對接世界指出一個新的方向。因此，港澳青年可以更加透徹地了解國家政策規定，關注政策變化，以便利用好「政策因素」創造機會。比如，戴景峰利用剛提出的 CEPA 政策，幫助總部身處香港的某國際物流公司進入內地；「一帶一路」剛提出不久便創立「一帶一路」發展聯會。

（二）發揮港澳國際化優勢，承接「一帶一路」的天然紐帶

「一帶一路」給港澳青年和企業帶來更多的機遇。香港是具有獨特區位優勢的國際化城市，具備大批國際化產業的經營管理人才。香港青年具備學歷和國際視野優勢，熟知國際交流溝通規則，加上語言優勢，相比內地人更容易嵌入國際市場。因此，港澳青年可以利用「面向海外」優勢，作為中國與沿線國家共建「一帶一路」的天然紐帶和參與者。除了貫徹海峽兩岸暨香港、澳門，港澳青年還可以借助自身優勢走向海外。比如，戴景峰採取縫隙化和差異化細分市場，專注於「一帶一路」國家市場，避免加入過於激烈的同行業競爭。

四　案例大事記梳理

1990 年，物流公司成立於香港；

2005 年，借助 CEPA 政策進入內地；

2014 年，「一帶一路」發展聯會有限公司在香港成立；

2016 年，出版首本書籍《踏上一帶一路的時代巨輪》；

2016 年，與廣西欽州市政府簽訂備忘錄。

第八章　匯諾：電商「賽馬場」上的「草根」黑馬

公司名稱：廣州匯諾信息諮詢有限公司

創始人：　　陳耀文

創業時間：2008 年

所處行業：LED 行業

關鍵詞：　　賽馬精神，草根創業，B2B2C 商業模式

訪談時間：2017 年

一　創業者故事：「草根」賽馬者

（一）競求錦標的賽馬精神

在企業發展的過程中，優秀的團隊是必不可少的要素。匯諾不是一個人的成功，而是一羣年輕人共同奮鬥的成果。驅動一個團隊成員羣策羣力、齊頭並進並不簡單。香港起源的公司，公司理念和文化與內地大相徑庭，而貫穿其中便是「積極進取，自強不息，追求卓越」的賽馬精神。「賽馬」，過去常在香港影視作品裏出現的字眼，在最近十多年，漸成了陳耀文創辦的電商企業——匯諾公司的印記。

走進匯諾，牆面上的「我們的賽馬場」赫然入目，每一個辦公地點均以世界各地的賽馬場命名。創始人陳耀文說，他自小生長於香港，靜蘊風雅、動則恣意激情的「賽馬場」文化儼然成為他生命基因的一部分，他渴望將這種賽馬精神引入公司的日常管理中。

但不同於賽馬的單打獨鬥，陳耀文主張「共同去做一件事」——讓員工一起迎接挑戰和困難，一起見證彼此的進步，一起共享喜悅和成果，充分調動他們的參與感。這裏的每個人都以同事相稱，沒有「助手」「助理」的稱謂區別，也沒有層次與級別之分，所有的辦公位置都是對外開放式的，就像是開闊的賽馬綠茵場。

充滿設計感的辦公地點，色彩斑斕的工作區間，健身房、鋼琴室齊全的文娛區，給這個朝氣蓬勃的團隊注入了新鮮的活力。辦公區設有一面專屬的榮譽牆，記錄着這個公司在電商賽馬場上的「賽績」，配合「鑽石誠信、履行責任、從不言不、羣策能力、熱愛改變、超越期望」的六大箴言，給予共同體的每個「賽馬者」獨有的歸屬感和集體成就感。

「不斷努力嘗試，贏取無限錦標」，是匯諾一直貫徹的一句話。陳耀文透露，通過借鑒賽馬項目的規則，匯諾還會不定期舉辦一些內部錦標賽，鼓動員工互相激勵，提高工作效率，改善公司的不足。

（二）買家到賣家的完美起步

2003 年，中國電子商務剛起步，淘寶處於初創階段，電商基礎設施還在逐漸完善，國內尚未出現跨境電商的概念。而此時在國外，eBay、亞馬遜等平台已經掀起了電商狂潮。

作為一名出身平凡的「草根」，在美國留學時，美國高昂的物價對需要自己承擔一切學費、生活費的陳耀文來說壓力實在不小。經濟上的緊張促使他去尋求省錢的方法，於是他開始在亞馬遜上購買二手書籍、生活用品，甚至是最喜愛的球鞋，而這個「買家」的經歷也讓他敏感地嗅到電商行業的商機。

2003 年，陳耀文開始在 eBay 上賣東西，「買家」身份到「賣家」身份的轉變讓他迅速地了解到電商的全部運作過程。2004 年畢業之後，陳耀文便帶着領先國內的電商理念與同學一起在香港成立了匯諾公司。剛起步的匯諾只是在香港的深水埗進行採購，借助現有的電商平台進行銷售。百尺竿頭，更進一步，雖然公司已經可以盈利，但是追求卓越的陳先生志向遠不止於此。

（三）緊跟形勢的成功轉移

貿易及物流業、金融服務業、專業及工商業支援服務業與旅遊業為香港四大支柱行業，多年來是香港經濟增長的主要原動力。但是隨着內地與世界經濟不斷接軌，香港海運與珠江三角洲內臨近港口的競爭加劇等諸多原因，香港的貿易中介角色逐漸被削弱。精準的判斷對時刻處於風口浪尖的商場掌舵者們尤為重要，陳耀文也與時俱進，將眼光瞄向了有着更為豐富的資源、廣闊的市場、廉價的勞動力和充足人才與政策支持的內地。

「內地比香港擁有的資源更多。」陳耀文坦承，儘管香港旅遊業發達，有深水埗等批發市場，可以利用其從事中轉貿易，但對於發展電商行業來説，卻缺乏核心的 IT 研發人員，而廣州作為貿易批發中心，集聚着眾多的供應商，享有貨源充足和勞動力價格低廉等紅利。再者，廣州語言學校林立，坐擁得天獨厚的外語人才儲備，這無疑也為匯諾拓展國外市場的戰略提供極大便利。

2005 年，陳耀文瞄準廣州的優勢，帶領主要團隊到廣州，並將總部遷移到這裏，陸續在世界各地設立物流中心。

（四）機遇挑戰並存的快速成長

對於外來創業者來説，融入本土市場面臨的最大的挑戰就是各方面的隔閡，其中一個便是法律法規。團隊初期大多是缺乏經驗的應屆生，並不了解內地相關行業的法律法規和基本政策，嚴重限制了部門發展。

「初期加入團隊的，都是缺乏經驗的香港應屆生，並不了解內地相關行

業和企業的法律法規，加上缺乏工廠資源和人脈資源，讓公司吃了不少苦頭。」而隨着團隊和部門的日益擴大，陳耀文讓同事們具體了解相關的法律法規，並開始有意識地引入一些具有相關經驗的本地人才，逐步實現了本土化建設，使內地成為他們偌大的「跑馬場」。

從 1 到 100 的複製容易，而從 0 到 1 摸索的過程很難。對於一個初創公司，從 0 到 1 的過程，總是充滿着各種挑戰和未知因素，應對這些挑戰的過程為後面的商業提供了經驗。2005 年聖誕節，匯諾剛剛進入內地不久，陳耀文感知到 MP3 市場盛行，而 MP3 可以在國內低成本生產，再銷售至國外，所以陳耀文與廠家達成合作協議。在初期銷量成效顯著，日銷量可達 1000 台，一台大概 300 元的零售額，這也意味着匯諾前期需要大量的資金購入。然而在銷售 3 個月之後，匯諾收到很多針對 MP3 產品的投訴，當即接受所有的退件，並且和廠家共同尋找原因。經過檢驗才發現 MP3 的品質不穩定，如果賣到北美某些地區會因為溫度太低產生靜電反應，而無法正常使用。這給當時剛起步的匯諾帶來災難性的當頭一棒，他們用了兩個月的時間處理所有的退件和賠款，由於合作的工廠規模小無法全額賠償，匯諾損失了將近 400 多萬元人民幣。陳耀文將其視為寶貴的一課，在此之後，匯諾為了保證產品的品質，選擇規模化、高品質的工廠，並且做好賠償協議、付款協議等保障性條款再進行採購合作。

適時調整「賽馬戰術」，保持獨立和冷靜，也讓匯諾安然渡過了隨後的金融海嘯。在這位浸潤於香港土壤生長的青年身上，有着濃重到消散不了的創意和激情。在千頭萬緒的管理崗位上，他個人始終保持着高密度的思考，對商業文明進行有穿透力的發聲。

知識經濟時代，最核心的資源一個是人才，匯諾基本具備；另一個便是數據。匯諾利用的出口跨境電商平台從 eBay 到亞馬遜，通過電商平台的賣家角色，不斷積累細分市場的信息，漸而形成了一個大數據平台。通過大數據處理了解到在各個細分市場銷量好、需求大的商品種類，再和工廠合作進行生產和銷售，大大縮短了中間過程，實現三方的直接接洽，減少不必要的

資源浪費，價值鏈直指消費者。合作夥伴通過這些數據分析平台，可以實時掌握商品的銷售情況，追蹤最新的市場趨勢和捕捉最佳的售賣時間。大數據平台還能夠協助合作夥伴開發新品和優化定價。

2014 年，匯諾開始啟動 EPMS 系統項目。中國新崛起的中產階級消費羣體對商品品質的要求不斷提高，他們願意以高昂的價格換取優質的產品和服務。誰站在商業的風口，誰便是王者，一直在做出口跨境電商的匯諾，緊跟社會變化，在 2015 年開展進口跨境電商業務，同時與京東全球購進行戰略合作。

憑藉多年出口電商的經驗，不斷進取的陳耀文開始思考解決行業痛點的方法，幫助缺乏經驗的工廠涉足出口電商，讓海外賣家有更多銷售的產品，從而擴大同行業發展的機會。2015 年，在剛結束十週年慶典、總營業額增長高達 20% 的新紀元之際，匯諾革故鼎新，極富前瞻性地創建了都會分銷網（duhui.hk），嘗試利用數據分析，一端對接工廠，一端對接消費者，為線上線下的賣家提供包括貨源、批量發貨以及一鍵代發等的一站式分銷服務。陳耀文介紹，先進的物流和信息技術，讓他們更容易進入電商市場，並獲得無限的增長潛力。通過大數據得到海外的需求，尋求想要發展電商的工廠生產出相關的貨物，並根據預測的需求直接事先運輸到海外的倉庫。海外買家一旦有需求，便可直接從海外倉庫發貨，提高服務效率，優化用戶體驗，需求預測也大大節省了貿易成本。

除此之外，借助多年來積累的國際物流經驗，匯諾掌握了各國海關不同的海關及稅務政策，可以確保商品順利到達各目的地國家和地區。匯諾還會按商品潛在買家聚集地就近儲存商品，以服務於遍佈全球熱賣國家和地區的訂單處理中心，讓發貨速度更快、運費更實惠。

（五）電商黑馬即將崛起

經過十多年的賽跑，匯諾不斷通過頂尖的技術，在電商行業中積累下良好的口碑，已為包括零售商和製造商在內的全球眾多商業夥伴，提供了一系

列電商供應鏈解決方案，創造了更高效的全球市場。目前，匯諾的物流中心已分佈在世界各地，包括廣州、英國的曼徹斯特、義大利的特雷維索、法國的巴黎、澳大利亞的墨爾本、德國的漢堡、美國的加州、阿聯酋的迪拜等地區，利潤從幾百萬元躍升至數億元。

從出口跨境電商、進口跨境電商，再到提供電子商務解決方案，借助IT和物流的優勢，匯諾正從一個電商賣家轉型成為電子商務供應鏈及「互聯網＋」運營的服務商。如今，匯諾不僅提供全棧式的供應鏈解決方案，為合作夥伴提高收入、減少供應鏈環節的浪費以及提供亞洲市場的最透徹、最新的資訊，還致力於打造長期互贏互利的合作夥伴關係。也因如此，匯諾得以在電子商務的新浪潮中不斷重新定位，創造更多的利潤。

互聯網更迭速度比想像中快得多，稍不加快步伐，就可能會落後。陳耀文清楚地知道，電商市場巨大，每一家企業都想分一杯羹，但是企業的規模不盡相同。匯諾和深圳的幾家電商企業幾乎同時起步，而匯諾在市場佈局方面稍顯緩慢。這個加快佈局的步伐，背後需要的是一個充足的資金和更大的膽量。目前，他們也即將引入風投，以獲取更有力的工廠資源和資金支持，在這個電商大潮流當中，開拓更廣大的市場。

對於未來的發展，陳耀文指出，依託於智能化管理軟件、信息通信技術及大數據工具的開發與應用，匯諾將進一步拓展數字商業的新格局、新視野，完成電子商務供應鏈及「互聯網＋」的服務商的轉型，打造未來具有蓬勃生命力的創新業態鏈。

二　企業案例分析：買家角度挖掘用戶痛點

（一）典型互聯網企業，賽馬文化激勵機制

互聯網企業需要活躍思維，所以普遍具有自由輕鬆的工作氛圍。陳耀文

帶領着一個活躍的年輕化的團隊，以同事相稱，無層級化，同時關注工作之
餘的休閒活動。但自由而不失參與感。陳耀文主張「共同去做一件事」，這
有利於充分調動員工的集體參與感和共同感，塑造團隊精神。價值觀是把所
有員工聯繫到一起的精神紐帶，也是企業生存、發展的內在動力。

　　陳耀文喜歡賽馬，將賽馬文化融入公司的管理當中，設定的比賽能夠培
養員工對工作的熱情和積極性，從而充分發揮人的主觀能動性，以實現企業
的目標。通過參與激勵，形成員工對企業的歸屬感、認同感。

（二）從用戶角度挖掘創業機會

　　先前，美國在很多商業方面稍微領先中國，所以身在美國的陳耀文比在
國內更早接觸到互聯網和電商。他從「買家」向「賣家」轉身，就是從用戶角
度挖掘創業機會。陳耀文將國外學到的運作方式和先進理念帶回國內創業，
做進出口跨境電商，曾經「買家」的角色讓他更能從消費者角度出發，並且
注重客戶體驗。因為企業永遠無法獨立於消費者而發展，從消費者、用戶的
角度出發將減少企業滿足市場需求的探索成本。同時，後期在提供行業解決
方案新模式的轉型過程中，他更清楚地知道整個流程應該如何進行簡化和高
效率，使得消費者和賣家同時受益。

（三）B2B2C 新模式解決行業痛點

　　陳耀文從進出口跨境電商的 B2C 模式，積累一定行業經驗和細分市場
大數據後，轉變為連接買家、賣家、廠商的 B2B2C 平台。這個 B2B2C 平
台整合了 B2C 和 C2C 平台的商業模式，增強了網商的服務能力。既省去了
B2C 的庫存壓力和物流，充分為客戶節約了成本；又擁有 C2C 欠缺的營利
能力。通過幫助缺乏經驗的工廠涉足出口電商，讓海外賣家有更多銷售的產
品，讓買家有更多的選擇，來擴大同行業發展的機會，並且縮減較多不必要
流程以及減少不必要的交易成本，從而讓整個電子商務供應鏈價值鏈提高。
比如，運用大數據得到海外的需求，根據預測的需求直接事先運輸到海外的

倉庫，利用科學的方法減少需求不足和需求過剩的情況，讓商品更高效地到達買家手裏。

三　啟示：背靠國內，面向全球

（一）利用「背靠國內，面向全球」的視野優勢，洞察全球商業機會

海外，尤其是北美及歐洲，引領着技術和行業商業模式的全球發展，創業創新步伐快於國內。比如美國硅谷，集聚學術技術積累以及資金和人才，充滿創業創新氣息。所孕育而生的成果，也會隨着具有國際視野的人擴展到其他國家。陳耀文在美國讀書的時候接觸到了電商，發現了創業機會。這也印證着同一個技術可以跨越不同的國度。就像馬雲被澳大利亞人邀請前往澳洲旅行，因為這趟出國，為他打開了第一扇世界之窗，他知道了電商，回國創立了阿里巴巴。

所以，港澳青年應該發揮他們面向海外、面向全球的國際化視野，學習國外領先的技術和商業模式，捕捉全球商業機會。因為海外的經驗無法平移到國內，所以要做到本土化移植，解決中國特色的問題，才能減緩排斥效應和加速嵌入當地市場。比如淘寶改善 C2C 模式，不僅繁榮了電商市場，也利於無數個體商家，並且發展出支付寶第三方擔保平台，解決了網銀支付不方便的剛性需求。同時，中國在某些方面同樣是領先世界的，比如電商及互聯網金融方面。因此，港澳青年同樣可以背靠國內，面向全球，將國內的模式複製到國外。

（二）把脈行業痛點，創新商業模式

陳耀文從剛開始僅將此當作一份工作，去解決小的痛點，到後來將其作為自己的事業，全情投入當中，這意味着他逐漸從一個普通的創業者走向卓

越。創業者具有合理的思考高度，才能引領企業從解決小的痛點，到站在行業發展高度解決行業痛點，從而不斷發展新的商業模式，帶動企業和行業發展，做強做大。

如今，電商行業已經進入了 2.0 時代，由國內向國際電商發展，並且逐漸建立智能化匹配的動態供應鏈體系，聯合供應鏈、物流、B 端、C 端。陳耀文從創業初期解決小的痛點，到累積一定行業經驗，精準把握把脈行業發展痛點，建立了 B2B2C 的電商解決方案，參與主體，無論是 B 端和 C 端，都最大限度開放信息和資源，通過接入互聯網建立新型合作關係。因此，港澳青年需要立足於行業發展當中，從而發現更多的商業機會，比別人更先一步，走得更遠。

（三）適度嵌入國內商業環境，發揮兩個市場協同優勢

港澳青年進入內地，對自然環境、政府政策、商業文化都不了解。但不是所有的企業都需要建立社會資本，擁有一定的本地資源。比如陳耀文進入內地同樣面臨不熟悉的問題，他沒有主動與內地建立聯繫，建立太多本地市場的資本，如與政府對接抑或加入商會，但這種「不主動」並沒有給他的企業發展帶來很大的影響。因為他所做的行業是出口跨境電商，面向的是海外市場，不是國內市場。因此，港澳青年在商業文化嵌入的時候，需要結合實際情況，立足於自身所處的行業以及商業模式，適度選擇進行社會資本的累積。

四 案例大事記梳理

2003 年，創辦人在 eBay 開始創業；

2004 年，香港公司成立；

2005 年，廣州代表處成立，英國物流中心成立；

2006 年，廣州、美國、澳洲物流中心分別成立；

2007 年，進駐亞馬遜銷售平台，法國、德國物流中心成立，廣州匯諾信息諮詢有限公司成立，成為 eBay 最大的網上零售商之一；

2008 年，義大利物流中心成立，企業創立手提電腦配件品牌；

2009 年，企業創立化粧品品牌，公司重組渡過金融危機；

2010 年，eBay 業績保持穩定增長，企業創立哈密瓜網絡品牌，進駐中國網購市場；

2011 年，企業移址至廣州荔灣區，Amazon 業績飛躍式增長，企業實行獨立團隊管理模式；企業首次舉行賽馬場文化和理想錦標活動；

2012 年，花梨雅品牌穩健發展，哈密瓜品牌業績高速增長，企業優化物流板塊，重整倉庫資源；

2013 年，ERP 系統初步投入使用；

2014 年，公司十週年慶典於臺灣圓滿結束，EPMS 系統項目正式落實啟動，企業總營業額增長高達 20%；

2015 年，企業開展進口跨境電商，參加京東全球購「雙 11」，自動化管理系統完成 50% 並投入使用；

2016 年，榮獲香港傑出網商大賽五強和獨特創新獎。

第九章 立刻出行：經驗學習助力內地 互聯網創業

公司名稱：立刻出行廣州分公司

創始人： 蔡振佳

創業時間：2017 年

所處行業：新能源汽車租賃

關鍵詞： 新能源汽車，兩地差異，經驗學習

訪談時間：2017 年

一 創業者故事：荊棘創業路上的 「吃苦」精神

（一）就業迷惘，前往未知的「內地」

　　早期的香港並沒有太多政府和社會關懷，也沒有如今的貧富差距，上一代港人站在同一條起跑線上白手起家，自力更生。而對於「80 後」，甚至「90後」，父母財富的差異使他們站在了不同的起點上，而吃苦的家庭更加主張應靠個人努力奮鬥來改變命運。出生於一個普通家庭的蔡振佳知道，他必須靠自己去養活自己，養活父母。和大多數畢業生一樣，從香港樹仁大學工商

管理專業畢業的蔡振佳，努力尋求自己在這寸土寸金的香港發展生存中的一席之地。

香港作為一個國際化大都市，享有「東方之珠」的美譽，是世界第三大金融中心。作為一名在香港社會的夾縫中求生存的畢業生，當他思考能在香港做甚麼的時候，他有一絲絲的不知所措，他不知道自己喜歡甚麼，又發現在這個行業局限性較大的地方暫時沒有辦法找到心儀的行業。然而，他驀然想起自己曾經加修的幾門關於中國經濟的學科，加上曾經到內地旅遊，他相信中國發展速度迅速，內地會有更多的發展機會。與其在擠滿人的道路擠破腦袋，大打出手，不如尋找一條未知的路途摸索前行。於是蔡振佳來到北京，開始了他的內地之旅。

（二）多番嘗試，撥開路途迷霧

「因為我不是特別清楚自己想做甚麼，所以就一邊工作一邊摸索，找自己要的路。」2013 年初到北京，蔡振佳就在隸屬於香港總公司恆豐集團的北京分部做管理培訓，有內地的市場，也有香港的工作氛圍。同時，也因為這個崗位加深了對企業的了解。隨後蔡振佳便在旗下酒店做市場項目。在做各種項目的同時，蔡振佳說很多東西超乎了他的想像，詫異於各種形式的全新的商業模式，同時也讓他慢慢了解到互聯網有很多的機會。項目結束之後，蔡振佳深知這種服務型行業的局限性，他決定辭職，從事互聯網的設想也在那一刻萌生。

2015 年末，蔡振佳經歷了他人生比較大的轉折點。帶着投身互聯網蠢蠢欲動的想法，他向互聯網公司投了多份簡歷，但由於毫無背景，不懂技術，也不懂互聯網，簡歷都石沉大海，沒有一點兒回聲。審視自己的立場，他決定退一步，先去了解互聯網，了解各行業。於是，蔡振佳在一家公司的公關部做了三個月的實習，並且迅速地接觸到各行各業，尤其是互聯網企業。

經過三個月的過渡和學習，蔡振佳開始尋找進入互聯網公司的機會。那時候正好一度用車在招人。一度用車是一個新能源汽車分時租賃的平台，

2016 年 5 月，上線僅一個月，一度用車就拿到了 PRE-A 輪，公司的估值高達 1 億美元，而新能源租賃又迎合了低碳、環保、可持續發展等多項社會政策，蔡振佳看到了分時租賃的星星之火。對於這個新成立的互聯網公司，蔡振佳覺得自己可以捕捉到大顯身手的機會。2016 年 6 月，他加入了一度用車，負責市場運營。

（三）經驗學習，果斷踏出舒適圈

一切看來似乎美好，但蔡振佳又輾轉離開了一度。

一度用車的創始人，都來自阿里巴巴、IBM、聯想、百度等互聯網公司，涵蓋了產品、技術、運營、設計。他們的豐富經驗和創業激情，都讓一度的員工對他們抱有敬佩之情。蔡振佳對他的師傅、其中一個行業資深的「一度」高管，尤為敬佩。到後期，他的師傅因為一些原因離開了一度，一度的整個氛圍出現了變化，團隊也出現了變化。「一個企業，再有名氣，再龐大，對我來說沒有用。」縱使一度當時已經走上了正軌，蔡振佳還是離開了這個舒適圈。

2017 年 7 月 1 日，蔡振佳發了一條微博「從零開始！」從零開始，似乎帶着一點點豪言壯語的氣息。離開一度之後，20 多個從中層到高層的一度員工，隨即在北京創立了屬於他們的立刻出行，蔡振佳擔任廣州分公司 CEO。因為有了前車之鑒，他們更能通過經驗學習，避免重新踏上舊路，從而更好地探索。立刻出行目前同時營運油電混動和新能源車型，他們也更加注重對整個團隊的運營和把握，以及產品的便利性，比如在車輛裝設雷達以減少事故，裝設車輛衛生評價系統，提高信息回覆速度和審核流程，從而提升用戶體驗。

（四）學會吃苦，把握時代機會

從香港到內地，蔡振佳深覺兩地差異體現在生活、政策上，包括飲食差異、信用卡、公民待遇等。因為立刻出行，蔡振佳去了廣州才發現需要重新

學習的地方還有很多。一是南北的跨文化交流和管理，需要重新去平衡雙方的觀念，同時還有總部和分公司的溝通協調。對於身份上的轉變，蔡振佳説只是增加了一項人員管理。兩地差異，孕育的是機會，也是學會適應和吃苦的通道。

　　未來，蔡振佳仍然會深耕於新能源汽車租賃這個行業。從一開始的滄海桑田，到不同的競爭對手出現，蔡振佳知道這些新變化完全改變了整個市場的出行方式，讓他覺得有趣而新鮮。對於香港青年，蔡振佳説第一要能吃苦，第二要學好普通話。把握時代脈搏，眼光一定不能只局限於香港，蔡振佳認為港人要有外出打拼的決心和能力。

二　企業案例分析：內地平台過渡學習

（一）眼光長遠，把握時代脈搏

　　對於青年的發展，只有充分認知自己所處的時代環境，調整心態，才能把握自己的命運。通過大學課堂和內地旅遊的經歷，蔡振佳對內地有了一定認識。對於他而言，內地比香港有更多的發展和嘗試的機會。正是因為蔡振佳看準內地的廣闊，才不會在迷茫期在香港擠破腦袋。從內地到香港，既是目光放長遠的一步，也是尋求機遇的一步。

（二）借助內地平台過渡學習

　　內地市場龐大、機遇眾多，競爭亦頗為激烈，港澳青年初入內地，對自然環境、政府政策、商業文化均不了解。蔡振佳初到北京，先去了一家隸屬香港的公司工作，在熟悉的香港工作氛圍當中，去了解內地市場。這給了香港人到內地很好的過渡機會。隨後，通過公關公司的實習經歷，蔡振佳更是了解到了各行各業的情況。因此，通過內地公司或者在內地的外資公司工作，能夠給香港青年很好的緩衝，並且在此過程中找到自己的方向和切入口。

三 啟示：「互聯網 +」加速劑

（一）適應文化差異，借助內地平台過渡學習

香港青年只有學好普通話，多認識國情，才能更好地適應文化差異。同時，大部分港澳青年初始進入內地，對內地商業環境和運行規則並不熟悉，這也給港澳青年帶來極大的挑戰。蔡振佳通過內地工作經歷過渡，充分了解國內商業環境和深挖商業機會。捕捉到商業機會時，便可以迅速嵌入內地市場。因此，對於港澳青年來説，起初對內地不熟悉，可以先不直接創業，而是選擇先去身處內地的跨國公司或外資公司進行了解和學習，通過這個過渡階段適應內地市場並找到自己的方向。

（二）借助互聯網加速新行業發展

創業要想取得成功，選準領域和把握風口很重要。中國互聯網產業發展至今，消費端已經全面實現互聯網化，產業互聯網是接下來的一個風口，有非常巨大的價值可以挖掘。在本案例中，新能源汽車正迎合國家各類低碳環保的政策，蔡振佳看到了新能源汽車的可持續性以及互聯網行業的創新性，毅然邁入新能源租賃行業。蔡振佳不僅結合了新能源汽車的行業趨勢，同時結合了互聯網這個行業加速劑的時代風口。由此可見，把握時代風口，挖掘行業發展所孕育的機會，將會給港澳青年更多的機遇。

四 案例大事記梳理

2013 年，蔡振佳就職於恆豐集團的北京分部；

2015 年末，蔡振佳在一家公司的公關部實習；

2016 年 6 月，蔡振佳加入一度用車，負責市場運營；

2017 年 6 月，創立立刻出行，蔡振佳任職廣州分公司 CEO。

第十章　錢方：敢想敢做，
　　　　連接一切的「閉環夢」

公司名稱：北京錢方銀通科技有限公司

創始人：　　李英豪

創業時間：2012 年

所處行業：互聯網金融

關鍵詞：　　二次創業，本土化複製，差異化，槓桿借力，創新治理

訪談時間：2017 年

一　創業者故事：互聯網的勇士

　　「要有空杯心態，時刻記住自己輸在起跑線上。輸在認知，輸在人脈，輸在資金，輸在團隊。」李英豪相比其他創始人似乎更加現實主義，他回想自己的創業經歷仍覺得當初的想法太無知。「初生牛犢不怕虎」，也許是因為這種「無知」給他帶來了更多探索的勇氣。比起想到種種的困難就停滯不前，這些現實性問題反而成了他初創公司問題的關注點。李英豪帶着一個看似天真的想法，一步步踏實地用實際行動連接一切，連接世界，讓「閉環夢」變為現實。

　　實現「閉環夢」的北京錢方銀通科技有限公司有三條文化：第一，敢想敢做；第二，以用戶為中心打造產品；第三，只有變化才是永遠不變的。作為《Fast Company》「中國商業最具創意人物 100」以及《財富》「40 個 40 歲以下商業精英」之一的李英豪，其實現這個夢的過程正是敢想敢做的最佳代言。一個現實主義的夢想家，應以不變的熱忱應對瞬息萬變的互聯網，連接一切，面向全球。

（一）創業初試，互聯網種子的萌生

　　畢業於香港中文大學信息工程系的李英豪，2009 年從香港來到北京，成為「北漂」的一員，先後就職於恒生銀行和 IBM，經常參加一些互聯網大會。那時候，周鴻禕在台上講「免費」，李英豪第一次接觸到這些新概念，並且充滿着驚奇。「這個就是互聯網啊。」[1] 眼睛閃爍着光芒，心裏已經有顆種子在發芽。而這顆種子發芽的那一刻，來源於紅杉聯合創始人張帆的一句話，「如果互聯網是一個 10 年的產業，移動互聯網則是一個 50 年的產業」。

　　李英豪看着香港從諾基亞市場到 iPhone 市場的轉變，而內地還是諾基亞市場。一個未來的暢想家，想像着中國會是一個偌大的市場。李英豪決心放棄在別人看來收入頗豐的工作，離開自己的舒適圈，去追夢、去嘗試。

　　於是，他開始了第一次創業。之前的工作給予了他創業的幫助，IBM 的諮詢顧問工作給他帶來了思維的提升、迅速的決策能力和解決問題能力。如何實現從「0」到「1」的思考，正是一個創業過程的體現。2010 年，他在香港創立了一家企業移動應用方案公司，主營 APP 外包開發。那時候，香港更多的是以實體創業為主，創業環境差。沒有孵化器、創業園，沒有政府的支持，加上高生活成本，都成為在香港創業的困阻。慢慢地，他意識到當前的工作並沒有前景，對互聯網的熱忱讓他產生了做產品的想法。憑藉兩年

---

1 〈錢方創始人李英豪：談談我和 Square 的故事〉，2015 年 11 月 24 日（http://qfhaojin.baijia.baidu.com/article/242606）。

智能手機應用和 APP 開發經驗，他加入了 Foursquare，不到一個月，用戶已達 10000 個。

（二）錢方 QPOS，Square 的中國化

退出 Foursquare 之後，Foursquare 競爭對手「街旁」的投資人對李英豪印象深刻。對美國情況很了解的他，第一時間就接觸到了 Square 並且參與了早期的中國代工進程，希望將 Square 複製到中國，於是找到李英豪和合夥人進行了半年以上的走訪調研。讓他們意外的是，中國內地 95% 以上商戶沒有 POS 機，隨着銀行卡的普及，消費者對 POS 機的需求將越來越強。但是，「五證一表」的門檻安裝費用高昂讓中小商戶對 POS 機望而卻步，由此流失擁有 POS 機所能帶來的營利機會。香港作為亞太區金融中心，有穩定的金融體系，李英豪認為香港的支付沒有必要被改變，因為香港的八達通、visa master 已經提供了足夠的便利性。由此，相對香港來說，內地有更大的空間。

李英豪看到了內地市場蓬勃的商業機會。2011 年，李英豪和他的團隊全力在北京創立移動支付公司「錢方好近」。對情況不了解是項目開展的最大困難，硬件開發、跟手機連接、發展商戶都是需要解決的問題。作為一名資源整合者，李英豪在這個過程中更多的是判斷前進的方向，並且進一步學習。互聯網行業瞬息萬變，「只有變化才是永遠不變的」，李英豪時刻牢記着這句話。所以，在無數的變化面前，他可以以一個冷靜的狀態迅速整合解決問題的資源。

錢方最困難時期源於資金鏈斷裂，自 2012 年 5 月上線後還不到 100 個商戶的時候，李英豪利用香港中文大學的平台拿到了投資，紅杉資本給 A 輪前資金鏈斷裂的錢方一瓢沙漠中的清泉。隨後，經緯、眾為、Vectr 等投資方為錢方提供了較為充裕的資金支持。「不清楚硬件開發，就找硬件開發的親戚幫忙」，錢方與國內金融支付領域領先公司北京海科融通信息技術有限公司合作，聯合推出了支付通錢方 QPOS。錢方好近初期的自我定位是：

致力於為「被忽視的小微商戶」提供低成本、功能強大的手機 POS 收款解決方案。借助 QPOS，商戶成本降低到原來 POS 機成本的 1/10，加上申請流程的簡單化，QPOS 得到了迅速的發展。

（三）看準機遇，果敢鑄造「閉環夢」

隨着內地經濟持續發展，「互聯網＋」熱潮盛行，線下商戶電商化的需求增加。錢方在 2014 年推出了喵喵微店產品。經歷了喵喵微店和 4 年多的模式探索，李英豪已經對 O2O、商戶閉環有了深刻的認識。錢方希望可以基於商圈、城市、行業等多種相關維度為商戶進行分析，擁有和消費者溝通的有效渠道，消費者可以通過平台完成交易閉環，從而更加有效地幫助用戶擴大生意。

然而，李英豪清楚地意識到，QPOS 針對的是商戶 —— 一個單點的交流，並不足以滿足連接消費者和商戶的「閉環夢」。那時候，銀聯和手機短信不是互聯網媒體，多行業、多地域的分散化商戶和互聯網媒體缺位問題使得錢方並不能單槍匹馬地實現有效閉環。而微信支付的出現給錢方帶來了一個奇點，李英豪抓住了這個未知的機遇，他比別人更果敢。

李英豪看準了二維碼支付的產業升級機遇，比同行更早投入，隨着二維碼支付在國內飛速發展，錢方的重心轉向真正的移動支付。2015 年，錢方好近成為首批與微信合作的公司，並且連同錢方，與分眾專享發表戰略合作共識。以錢方作為線下商戶源，向其全國 50 萬線下商戶開通微信支付功能，同時在「分眾專享」及「好近」平台上推出本地商戶特賣，覆蓋 1500 萬消費人羣，發放 1 億元現金紅包以及數億元優惠券，以加速推進智慧化商圈的進程。這個跨媒介合作實現了地理位置 O2O 消費閉環的重要嘗試。錢方手握商家資源，分眾傳媒擁有線上用戶入口，再聯合微信支付，三方正好可以打造完整的智慧商圈閉環。推出這個戰略之後，一個商圈單量在 3000 以上，平均給商戶帶來 40% 的營業增長，在上線不到 3 個月內，好近消費用戶便突破了 100 萬。此外，錢方還涉足商戶供應鏈金融，通過交易數據進行無

抵押貸款授信，推出了短期貸款業務。

李英豪逐漸意識到中國人的心態正在悄然發生改變，不再是「一家獨大」，而是「共享經濟」，拓展成本降低。合作將近 2 年時間，好近處理了將近 1.5 億筆微信支付的交易，服務了超過 4000 萬消費者，實現了互惠互利，共同發展。

（四）好近海外，「世界互聯網工廠」新連接

「每個主要的科技改變基本上都會引領一大波商戶做出對應的延伸應用。」從智能支付到智能連接，李英豪意識到在移動支付爆發的浪潮中，另一個大浪潮已經滾滾而來，那就是中國人的出境遊。2015 年 9 月，李英豪回了一趟香港，看到支付寶和微信已經有個別商戶正在使用，加上微信支付出海戰略、歐美移動支付大會等眾多因素的推動，李英豪決定借助香港聯動全球的對接窗口，開啟海外移動支付市場。「香港的全球關係鏈和國際化是贏在起跑線上的。」李英豪認為內地公司要拓展海外，香港可以作為對接的窗口。

2016 年 2 月，好近海外第一個商戶在香港上線，香港第三大連鎖便利店 759 全線近 400 家店接入微信支付，實現「支付 +O2O」微智慧商圈。10 月，好近得到日本 Whiz、昭文社投資 2 億元人民幣並成立錢方好近日本分公司。「錢方的優勢是信息不對稱，有着社交支付的基因，站在巨人的肩膀上，實現『世界互聯網工廠』的夢想。」李英豪稱，第一步會先服務於赴日旅遊的中國遊客[2]，繼而會延伸服務日本本土市民，這也是錢方香港正在打磨的模式。在錢方海外探索的過程中，香港中文大學的知名投資人給予了錢方海外拓展的幫助。下一步計劃中，錢方將在東南亞落地。

2　〈專訪李英豪：當 O2O 變成過去時，錢方好近要把它 COPY 到日本〉，2016 年 11 月 29 日（http://mt.sohu.com/20161129/n474395813.shtml）。

（五）敢想敢做，便有所得

聚合支付企業總數量不少於 30 家，行業競爭大。而錢方跟隨互聯網形勢，抓住機遇，不斷改進商業模式，從了解 Square 開啟針對中小商戶提供手機 POS 業務，到涉足支付產品延伸和增值服務，再到推出「好近」，走上和 Square 不同的道路，並成功推廣好近海外，探索供應鏈金融。錢方一步步地實現了「閉環夢」的騰飛。

錢方總部設立於北京，並在上海、廣東、深圳、南京、廈門、杭州等 7 個省市設有營銷中心，其中以香港為海外業務的據點，於 2016 年向東南亞、日韓、北美拓展。成立至今，錢方已在全國擁有 40 萬以上的商戶，覆蓋各大省市和各行各業，服務 4000 萬消費者，完成超過 1.5 億筆交易，超 700 億元人民幣的交易金額。其公眾號平台已擁有超過 1200 萬的粉絲，預計 3 年內消費者關注數將突破 1 億。錢方已經連續兩年被《Fast Company》評選為中國最佳創新公司，並且是合作方微信支付的全球最大合作夥伴、全國三大合作夥伴之一。

二　企業案例分析：差異化高級「複製」

（一）創業者特質決定公司發展高度

因為好奇心，所以時常保持激情，而激情是支持創業的內在驅動力。李英豪曾在恆生銀行和 IBM 就職，因為對互聯網充滿好奇，他決心放棄在別人看來收入頗豐的工作，投身互聯網浪潮。這種行動的果斷，正是創業者從「0」到「1」的階段體現執行力的關鍵點，也是判斷能否把握機會的關鍵點，所以，此後的李英豪總能憑藉他的感知和判斷能力迅速把握到新的市場機會，如跟隨微信成就內地市場，甚至推出好近海外。

創業者的性格特質其實很大程度上決定企業文化。錢方好近的公司文化其中第一條就是「敢想敢做」，這是李英豪果敢性格的反映。第二條是「以

用戶為中心打造產品」,「空杯心態」的李英豪帶有的現實主義以及此前的工作經歷,讓他始終銘記不能以自我為中心,而是更為注重「用戶」的需求,時刻記住自己輸在起跑線上,這也促使他不斷進取,將產品做得更好,如從 QPOS 的「單點交流」到「好近」的「閉環連接」。第三條是「只有變化才是永遠不變的」。李英豪身上所帶有的工科學子的沉穩和有條不紊,讓他在互聯網的瞬時市場變化中,仍能保持一個冷靜的狀態處理問題。

(二)本土化及差異化的高級「複製」

美國國際化色彩濃厚,尤其是硅谷的創業項目更是集聚全球的智慧,不少人希望將國外的商業模式複製到中國。但大多由於水土不服而以失敗告終,畢竟美國市場與中國市場存在差異,所以簡單的複製並不可行。李英豪將 Square 複製到中國之前首先做了市場走訪調研,隨後發現了為「小微商戶」提供手機 POS 收款解決方案的商機。根據中國實際情況將服務進行修正之後,錢方開始走上了和 Square 差異化的道路,「好近」所形成的閉環,讓商戶擁有和消費者溝通的有效渠道,通過平台完成交易閉環。這些都是 Square 的單點交流無法做到的。簡單複製容易,符合本土市場發展的高級複製難,產生差異化商業模式更難。錢方好近能夠迅速切入本地市場,找到自己的差異化路線,這也是錢方好近能夠迅速發展的原因。

(三)緊抓發展機遇,合作共贏的創新治理

錢方好近比其他公司更為突出的一點是把握機遇。跟隨互聯網形勢,錢方好近不斷地改進商業模式,從為中小商戶提供手機 POS 業務,到看準了二維碼支付的產業升級機遇從而涉足支付產品的延伸和增值服務,到看到線下商戶電商化的上升需求從而推出喵喵微店,再到推出「好近」,看到中國人出境遊熱度上升而借助微信海外探索推廣「好近海外」,並且探索供應鏈金融。李英豪先人一步,比競爭對手更早有所投入,掌握先發優勢,這也註定了他勝人一籌。

「共享經濟」潮流讓李英豪意識到「一家獨大」使企業的發展空間和速度受限。李英豪採取平等交互作用、共創價值的創新治理，降低拓展成本，達到合作共贏。錢方選擇與分眾傳媒的分眾專享公眾號、微信支付合作。錢方好近手握商家資源，分眾傳媒擁有線上用戶入口，再聯合微信支付，三方優勢互補，打造完整的智慧商圈閉環。再者，錢方好近借力微信支付出海戰略，開啟海外移動支付市場。沒有一家公司可以坐擁所有資源，學會「借力」和合作，發揮各自優勢資源，將會最大限度達到共贏、相互推進的效果。

三　啟示：通過內地經歷過渡

（一）利用「本土化」嵌入內地市場，「差異化」塑造核心競爭力

國外商業模式平移到國內市場往往容易出現水土不服，所以港澳青年將企業商業模式「本土化」的第一步就是了解內地市場實際情況，進行機會識別和判斷。比如，李英豪將 Square 複製到中國之前首先做了市場走訪調研，隨後發現了為「小微商戶」提供手機 POS 收款解決方案的商機，將 Square 國外商業模式做了適當的調整，從而真正解決中國內地所存在的問題。

簡單的線性複製固然容易被模仿，但行業競爭也會隨之加大。所以必須隨着行業發展進行延伸創造，在做好本土化從而迅速切入本地市場的同時，企業家需要為自己的企業找到差異化路線。比如錢方好近擁有先進的 IT 團隊，跟隨移動互聯網發展不斷調整原有的商業模式，開啟了和 Square 差異化的道路。「好近」所形成的閉環，讓商戶擁有和消費者溝通的有效渠道，通過平台完成交易閉環，這些都是 Square 的單點交流無法做到的。只有找到自己的差異化路線，才能塑造自己的核心競爭力，更大程度上避免惡性行業競爭，從而脫穎而出。

（二）利用「面向海外」優勢，通過槓桿借力向國際市場拓展

港澳青年具有國際化視野，更熟知國際交流溝通規則，加上語言優勢，相比內地人更容易嵌入國際市場。因此港澳青年可以利用「面向海外」優勢，走「國際化」路線開拓海外市場渠道。錢方好近以香港作為跳板，連接世界。其海外拓展之旅大部分都是通過香港人促成的，比如錢方日本就是由香港人介紹的融資方。

隨「共享經濟」潮流，慢慢延伸出合作共贏的創新治理方式，通過平等交互的槓桿借力。比如，錢方好近借力微信支付出海戰略，開啟海外移動支付市場；再者，錢方與日本 Whiz、昭文社成立錢方好近日本分公司。沒有一家公司可以坐擁所有資源，學會「借力」和合作，發揮各自優勢資源，將會最大限度達到共贏、相互推進的效果。因此，港澳青年在發揮自身優勢的同時，不僅可以與內地企業合作，還可以與國際化企業合作，整合全球最優資源，打造全球價值鏈。

（三）通過內地工作經歷過渡，充分了解和深挖國內商業環境

大部分港澳青年初始進入內地，對內地商業環境和執行規則並不熟悉，這也給港澳青年帶來極大的挑戰。與其他創業者不同，李英豪是工作後創業，藉此過渡階段充分地了解內地運行規則和市場環境，熟悉內地企業文化。當捕捉到商業機會時，便可迅速嵌入內地市場。因此，對於港澳青年來說，起初對內地不熟悉，可以選擇先不直接創業，而是先去身處內地的跨國公司或外資公司潛心了解和學習，通過這個過渡階段適應內地市場並尋找自己的方向。

四　案例大事記梳理

2011 年 3 月，錢方好近在北京成立，學習 Square 提供手機 POS 收款解決方案；

2012 年，錢方好近科技（天津）股份有限公司成立；李英豪成為騰訊股東；

2013 年 1 月，錢方好近獲得紅杉資本數百萬美元投資；

2014 年 2 月，錢方好近獲得經緯的 1 億元 B 輪投資；

2015 年，啟動智慧商圈計劃，以聚合支付技術服務、智能化用戶體系、精準商圈營銷、商戶借貸等系列商業運營方案，在全國打造共享協作型智慧商圈；業務重心從 POS 機業務逐漸傾向移動支付服務，從寫字樓商圈切入後移動支付業務增長了 1600 倍，9 個月內交易筆數超過 1000 萬筆；

2015 年 3 月，錢方好近正式上線微信支付，成為首批與微信合作的公司；

2015 年 6 月，微信支付連同錢方，與分眾專享進行戰略合作；

2015 年 8 月，錢方好近榮獲微信支付「優秀合作夥伴先鋒獎」和「優秀合作夥伴項目獎」；

2015 年 9 月，李英豪決定在香港組建第一個海外團隊，開啟海外移動支付市場；

2016 年 2 月，好近海外第一個商戶在香港上線；

2016 年 10 月，錢方好近日本成立，好近得到日本 Whiz、昭文社投資 2 億元人民幣並成立錢方好近日本分公司；

2016 年 11 月，與微信合作將近 2 年時間，好近處理了近 1.5 億筆微信支付的交易，服務超過 4000 萬名消費者。

第十一章　很有蜂格：理性創業，
「共享經濟」觸及傢具行業

公司名稱：深圳市很有蜂格網絡科技有限公司

創始人：　　吳宏恩

創業時間：2015 年

所處行業：互聯網傢具租賃行業

關鍵詞：　　互聯網＋，傢具租賃，單一大市場，用戶痛點

訪談時間：2017 年

一　創業者故事：從沉穩的諮詢者轉型 創新的開拓者

（一）蓄勢待發，機遇洞察喚醒創業基因

在墨爾本 Monash 大學收穫「會計」和「電腦」雙學士學位，接連考取澳大利亞和香港註冊會計師的吳宏恩，在此之後就職於四大事務所之一的德勤（Deloitte），從事企業重組、合併、收購工作。而這些經歷，都讓專業成為吳宏恩的底色，也塑造了他如蘭那樣靜心、似松那樣沉穩的個性，使其得以在職業長跑中持續發力。

　　長期在內地從事投資諮詢相關工作的他，可以熟知內地市場日新月異的變化，了解到各行各業的發展現狀和運行法則。2010 年，他來到青島開拓項目，發現北方地區對燕窩的認識不是很深，食用的人羣也遠不如南方，而且國內燕窩市場良莠不齊，他體內的創業基因逐漸被喚醒。自幼在香港長大的吳宏恩，見證了祖父和父親的創業史，「創業」二字也彷彿帶上了某種魔力，滲透入他生活的各個角落。所以，當吳宏恩意識到一個新機遇的時候，他並沒有留戀常人所趨之若鶩的理想工作，他毅然決定辭去原有的工作，借力家族在馬來西亞近 40 年從事燕窩批發、代加工的經驗，創立了「盛燕天下」互聯網燕窩品牌，把燕窩的養生文化帶到北方來。

　　吳宏恩注重燕窩品質，並且帶動企業做出不懈的努力和探索，設立各大商場專櫃。與此同時，開設「燕窩養生會所」教育市場辨別真假、好壞燕窩及傳授最豐富的燕窩燉製經驗和宣揚結合養生的健康生活理念。這些品牌推廣讓「盛燕天下」開始被人們所熟知，在第二年即被各大媒體廣泛宣傳。他沉穩的性格不僅助力企業穩步發展，同時也讓他對於每個決策充滿着思考力。「盛燕天下」的勢不可擋引起了投資人的注意，願意高價收購，吳宏恩經過深思熟慮，決定將這個品牌售賣。因為不疾不徐，所以知得失。因為知得失，所以敢決策。

（二）着力痛點，「很有蜂格」孕育而生

　　告別了資源短缺、產能過剩的時代，中國正趨入資源共享的開放性紀元。伴隨着「90 後」開始主導消費市場，以多為好的價值取向逐漸被擯棄，追逐生活品質、渴望擁有美好生活成為這些年輕羣體的共同夙願，共享和更新換舊也漸變為新的消費常態。

　　但對於奮戰在北上廣深等超一線城市的青年而言，房價多年高企，購房壓力空前大增，租房仍是其過渡時期甚或是職場生涯中很長一段時間的首選。由於更換住所頻繁，傢具的處理難題隨之而來。對於房東來說，他們也面臨着相近的煩憂：出租配傢具的房子和出租空房相比出租率高，但不同租

客有不同需求，有人不需要房東傢具，有人只需要一部分。

2015 年，吳宏恩目睹了中國房價「瘋長」，奮戰在一線城市的青年人普遍面臨着巨大購房壓力的現狀，「光是深圳就有超過 1300 萬人租房居住」。針對小戶型租房的痛處，他創立了國內首家互聯網場景家居公司「很有蜂格」，對接最高性價比的優質家居供應商，一站式解決空間難題。

（三）一場有預謀的理性創業

事實上，創業從來不是一件衝動自為的事，成功背後都有着經驗、智識、資金及對未來展望的清晰規劃來支持。

據吳宏恩介紹，負責運營和用戶體驗的蘭皓擁有 10 年顧問工作經驗，同時也是一位創業佼佼者。2012 年，蘭皓成立了中國第一家互聯網半成品生鮮品牌「蔬客配達」，目前已是國內半成品淨菜 O2O 中最具成長力的品牌之一。另一位負責蜂巢宅配的供應鏈與產品研發工作的創始人陳曉則是資深的行業人士，長達 15 年任職宜家中國區產品採購部門，擁有豐富的供應商渠道資源，熟悉各種傢具製作工藝，多次參與新產品的設計研發。[1]

吳宏恩與兩位合夥人強強聯手並非偶然為之。在經歷過不計其數的長談之後，三位創始人結合各自行業經驗，以及對「互聯網＋」的把握、判斷、充分調研，最終才在天使投資人的撮合之下，於 2015 年 3 月理性做出創業決定，由此誕生了國內首家互聯網家居定製品牌「蜂巢宅配」。

除了創業資源的籌備，吳宏恩的「理性」創業還體現在本土化上。

吳宏恩坦言，與其他員工相比，除了年齡稍大和香港人的身份以外，諸如對內地政策、市場的認知等方面，並沒有讓他感受到太大差異。常年深居內地，本土化在吳宏恩的身上體現得淋漓盡致。公司內，他能夠洞察內地員工的想法，為他們設計出適合的發展路徑；公司外，高頻的聚餐也讓他們逗

1　〈蜂巢宅配：一場有預謀的理性創業〉，2015 年 7 月 30 日（http://jiaju.sina.com.cn/news/20150730/6032441 276354593628.shtml）。

笑言歡，打成一片，關係變得日益緊密。

在吳宏恩看來，這些「90 後」的內地員工朝氣蓬勃，擁有很強的學習意願和能力，跟香港的優秀青年不相上下，而且更為了解中國市場。

（四）清晰定位，崇尚品質

誕生之初，「蜂巢宅配」即清晰地定位於「專注小空間的極致使用體驗」。設計師在有限的「小空間」中，通過定製設計，以傢具的多功能巧妙組合將空間合理利用到極致。吳宏恩透露，「蜂巢宅配」倡導「輕硬裝，重軟裝」「輕品牌，重品質」的家居生活方式，為每個空間規劃場景並完成不同風格的設計，無論書房、兒童房還是遊戲間，無論現代簡約還是輕歐簡美，無論新房即將入住，或是舊房升級改造，都盡可能地滿足用戶的需求。

與競爭對手相比，「蜂巢宅配」的用戶體驗、解決需求的能力有口皆碑，便捷的操作和優惠的價格同樣讓其從同行中脫穎而出：用戶只需要輕點鼠標或者滑動手機，即可輕鬆預見未來的「家」；而蜂巢所採用的 C2B 銷售模式，去除中間成本，相對市場同品質產品價格便宜 30%，直逼出廠價。

吳宏恩始終堅信，擁有清晰的定位與較高的品質，小空間也能成就人夢想。

（五）創新商業模式，首推傢具租賃

2016 年，基於一年多來所服務的數百位住宅用戶，吳宏恩和其他兩位合夥人對市場理解越發趨於深入，在徹底認清用戶需求和痛點後，他們把商業模式轉移到傢具租賃上，成立了旗下品牌 dorm（多麼美嘉），專注於為用戶提供實用而又有設計感的互聯網傢具租賃服務。區別於國內其他傢具租賃公司，dorm 更懂設計，更懂傢具，更懂年輕用戶的需求，在標準化產品的設計開發、物流裝配、維護保養翻新等方面都有明顯的優勢。

吳宏恩說，借助「互聯網＋」，用戶只需通過 PC、微信或手機 APP 下單，dorm 就會在 72 小時內將傢具送到你的家中並安裝、擺放好。租賃期

內，dorm 會有專人定期上門對傢具進行維護保養，確保傢具始終如新。另外，如果到期搬家並繼續租用傢具，dorm 會免費幫你把傢具搬到新的住所，而租賃到期後一旦你不再需要全部或部分傢具時，dorm 會負責上門將這些傢具運走。

在成本的控制上，吳宏恩也有着自成一套的思路。「這些傢具回收後，倘若發現局部刮損，dorm 將負責維修和翻新，這一過程也只需根據電腦事先儲存的型號信息，生產對應的零部件進行替換，即可投入下一次使用，大大節約了維修成本。當傢具到達 5 年使用年限或已不具備租賃條件時，dorm 還會將傢具維保翻新後，在網站以二手傢具進行出售或捐贈，讓產品的使用效率最大化。」

吳宏恩說，目前 dorm 共推出四個產品系列，共 45 件風格各異的單品傢具，以及由專業設計師設計最低 168 元 / 月的各類套餐，用以滿足不同用戶、不同戶型的使用需求。並提供最短 6 個月的租期、免費配送安裝、免費維保、房屋煥新、軟裝配飾等增值服務，更大限度滿足各類用戶羣體的個性化需求。

創業之旅並非毫無風浪。在傢具裝在自家後，大多用戶都反饋出問題，發現與官網圖上不一樣，風格差異較大。蘭皓分析了其中原因：用戶在網上看時，圖片除了傢具都會搭配軟裝，使得整體搭配感強，一旦沒有了軟裝，導致失去整體感，就產生了買家秀和賣家秀這一說。在 2.0 產品中，dorm 已及時引入軟裝配飾產品售賣。

（六）合作高頻，成績喜人

讓吳宏恩喜出望外的是，上線 20 天，dorm 的註冊用戶即突破千人，目前已與多家房產中介、公寓、民宿達成合作意向，共同推廣，成交近百單。

2017 年 4 月，dorm 更是與中原地產達成合作協議，攜手佈局傢具共享模式，在共享經濟的社會中率先颳起一陣旋風。吳宏恩認為，dorm 讓用戶與品質生活只是一個點擊的距離。該次合作將有利於解決很多房東和租客

的切實需求，還有利於二手房產的交易，讓二手交易更加方便，同時將低碳築家的環保理念傳遞下去。

於吳宏恩而言，凡事努力達到最優，是長期以來的習慣。未來，他將聚焦租賃市場，整合傢具租賃、智能家居、租後管理、二手傢具等業務，為用戶創造更大的價值。[2] 隨着訂單的海量增加，在物流配送方面也將進一步加大投入。

談及對香港青年的期望，吳宏恩建議他們主動了解中國內地，儘快擁抱中國市場，「中國發展空間很大，只要進來，比去世界上任何一個地方都要好」。

二　企業案例分析：
「本土化」破解創業壁壘

（一）找準用戶痛點，識別創業機會

創業者在選擇創業方向、確定要做的產品和服務之前，一定要找到用戶痛點所在。有痛才會有需求，有需求才會產生消費，而這個痛點，也正是創業的基礎。

而解決用戶痛點，並不意味着複雜，只要瞄準某一用戶羣體，比競爭對手早一點發現痛點，用最極致、最低成本、最快的方法幫助用戶解決問題。吳宏恩的兩次創業經歷，都準確地找到了用戶痛點：針對北方燕窩認知缺失，市場廣闊，創立「盛燕天下」；針對小戶型租房的痛點，創立了互聯網家居定製品牌「很有蜂格」。

2　〈中原地產與多麼美嘉攜手率先佈局傢具共享模式〉，2017 年 4 月 25 日（http://news.to8to.com/article/137226.html）

（二）本土化程度高，破解創業壁壘

目前，全球各國創新政策前置，內地力推「大眾創業，萬眾創新」，赴內地創業正值大好時機。對於香港人在內地創業，實現本土化是前提，也是破除創業壁壘的關鍵所在。然而，本土化並非易事，香港與內地創業環境相異，貿然前去容易水土不服。此外，內地創業市場競爭激烈，香港創客人脈較弱，單槍匹馬風險較高，此前也有不少失敗案例。因此，意欲抓住內地契機，需做好了解內地政策、市場和行業現狀等信息的充分準備。

憑藉常年在內地工作的經歷，吳宏恩對中國市場、政策和法規業已產生較深的認知，可以從容地處理內地創業過程中的一系列難題。

（三）與創業合夥人協作共贏，各取所長

創業合夥人因共同的創業理想、各取所長的實際需要而走到一起。因此，在建立合夥人關係後，第一項工作是明確職責，分工合作。

本案例中，三位合夥人根據自身經歷和所長，有着各自明確的職責分工：創始人兼 CEO 蘭皓負責運營和用戶體驗，多次創業經歷，10 年顧問工作經驗，打造了互聯網半成品生鮮 O2O 品牌「蔬客配達」；聯合創始人兼 CFO 吳宏恩，主要負責財務及市場方向，曾在德勤從事企業合併收購、IPO 等工作多年；陳曉是資深的行業人士，長達 15 年任職宜家中國區產品採購部門，擁有豐富的供應商渠道資源，熟悉各種傢具製作工藝，主要參與新產品的設計研發。這使公司能夠迅速適應市場要求，謀求到更好的合作機會和商業機遇。

三　啟示：把握「單一大市場」機遇

（一）利用人口戰略優勢，開拓「單一大市場」

中國商業模式與世界接軌，在互聯網金融和電商方面與美國同步，甚至

超越，而其他國家和地區，沒有呈現如此大規模的迅速發展，其中原因就是人口戰略優勢背後所隱藏的巨大市場潛力。本案例中，面對中國內地互聯網傢具租賃的巨大潛在需求，吳宏恩創立了「很有蜂格」，而這個源於內地這個「單一大市場」的創業機會在港澳地區難以實現。因此，港澳青年首先應該充分意識到內地「單一大市場」的人口優勢，把握激發巨大消費潛力的機遇，才能迅速進行業務佈局。用戶規模即創業機會。

（二）通過內地工作過渡，熟知商業環境和行業法則

只有充分了解創業環境，才能更好地挖掘創業機會，才能在複雜的行業法則中穩步前進。吳宏恩較為順利地創業得益於他長期以來在內地工作所厚積的經驗，從事投資諮詢的他了解各行業的發展情況，深諳行業法則。因此，對於港澳青年來說，起初對內地不熟悉，可以先不直接創業，而是選擇先去就業，對內地市場情況和相關行業的法律法規進行了解和學習，通過這個過渡階段適應內地市場。

（三）善抓時代風口，以互聯網為技術載體

創業要想取得成功，選準領域和把握風口很重要。中國互聯網產業發展至今，消費端已經全面實現互聯網化，產業互聯網是接下來的一個風口，有非常巨大的價值可以挖掘。

本案例中，三位創業合夥人善於抓住互聯網的時代風口，在對「互聯網＋」把握、判斷、調研的基礎上，以互聯網技術為載體，實現了產品研發、消費、反饋全階段互聯網化，為用戶帶來輕鬆便捷體驗的同時，也創造出了新的商業模式。

四　案例大事記梳理

1994 年，吳宏恩赴澳大利亞墨爾本讀書，其後畢業於墨爾本 Monash 大學獲得「會計」和「電腦」雙學士學位，並為澳大利亞和香港註冊會計師；

2004 年，吳宏恩回到香港並任職於四大事務所德勤香港辦公室從事企業重組、合併、收購工作多年；

2010 年，盛燕天下品牌應運而生，第一家盛燕天下燕窩養生會所在青島誕生；

2011 年，盛燕天下進入高端海信廣場設置專櫃，同年加入了「中國燕窩產業鏈聯盟」；

2015 年 9 月 2 日，深圳市很有蜂格網絡科技有限公司成立；

2016 年，很有蜂格旗下 dorm（多麼美嘉）品牌成立，專注於提供實用而又有設計感的互聯網傢具租賃服務；

2017 年 4 月 24 日，dorm（多麼美嘉）與中原地產達成合作協議，率先佈局傢具共享模式。

第十二章 WE + 酷窩聯合辦公：
為創業者提供一個家

公司名稱：上海帷迦科技有限公司

創始人：　何善恆

創業時間：2015 年

所處行業：辦公服務

關鍵詞：　分享經濟，「一帶一路」，放眼世界，開放創新

訪談時間：2017 年

一　創業者故事：生於租賃世家，
成於聯合辦公

　　分享經濟時代已經到來，李克強總理在 2016 年政府工作報告中提出，「要推動新技術、新產業、新業態加快成長，以體制機制創新促進分享經濟發展，建設共享平台」。作為分享經濟的積極實踐者，「WE +」創始人何善恆從 2013 年開始傾力打造辦公空間定製化服務與「生態圈」，開放、分享與服務在「WE +」被賦予了新的意義。

　　何善恆出生於香港一個租賃世家，祖父做田地租賃，父親以集裝箱的形式為客戶提供辦公場地，做到第三代的何善恆，有着對空間進行合理規劃的

直覺與判斷，多次讓房屋「變廢為寶」。「合理利用空間，這就是香港的優勢」，何善恆說，香港地方狹小，每一平方米都應該用到極致，每一平方米都要體現價值。

2007 年何善恆從美國硅谷回國，先是在清華大學學習語言，之後又輾轉東北、北京從事房地產業。當回國後的何善恆進入中國當時最火的行業 —— 房地產業時，他發現國內房地產的運作模式是「建設—銷售」，中間缺少專業的、高品質的運營服務，而這正是以專業服務著稱的香港所具備的優勢，他預見其中存在機遇空間，因此開始嘗試一些新概念。他先投資了一個畫廊，後來把它延展為辦公空間，就這樣，他開始進入聯合辦公行業。

在北方多年，曾經一句普通話都不會說的何善恆，如今一開口便已滔滔不絕，口音還略帶京腔。2013 年，他開始了創業生涯，在 798 藝術區開了一間名為「Workjam」的畫廊，但是經營十分困難。於是他開始嘗試新概念，將畫廊變成了辦公空間。這就是「WE +」的雛形。

白羊座的何善恆對一切充滿創新激情的事物都很痴迷。美國 AFM 摩托車賽事、帆船比賽⋯⋯各種競技挑戰都有他的身影。在美國大學讀書期間，何善恆曾獲得 IEEE micromouse 機器人比賽大獎。活潑風趣、學習能力極強、對新事物勇於探索都是他身上耀眼的標籤。在無數內地打拼的經歷中，讓何善恆印象最為深刻的就是在哈爾濱的時光，東北零下 20 多度的寒冬着實給予了他不同尋常的體驗，但他「非常感謝那段強迫自己適應的經歷」：他看到了二線城市和「北上廣深」的區別，天生的商業敏感讓他意識到，二線城市的市場潛伏着巨大的可為空間。空間心理學的應用、獨特的眼光和高效的執行能力，是何善恆在地產界打拼的秘訣，他在哈爾濱收穫頗豐：成功將爛尾樓打造成炙手可熱的地標級地產項目。這一段前期鋪墊對何善恆之後的工作啟發良多。他說，在剛剛踏入工作時，他的很多認知相對「幼稚」，但在二線城市的錘鍊使得他的工作能力有了很大提升，這也正是他極力鼓勵香港年輕人多到內地走走看看的原因。

何善恆說，中美兩國的生活經歷讓他感受到城市與國家的連接很重要，

「要把眼光打開，先有一個國家觀，而不是一個狹隘的城市觀」。就像舊金山市的硅谷是美國的科技中心，紐約是美國的金融中心，它們組成了美國；北京作為政治中心、香港作為金融中心，共同組成了一個中國。「每個城市都有自己的特點，當你利用好自己的優勢，無論在任何城市，都可以大有作為。」

「最可怕的不是不知道幹甚麼，而是每天都在想，卻不去實施。現在是做的年代，不是空想和喊口號的時代。」「港人有優勢，到內地看一看，無論去哪裏都試一試，會發現自己的成長背景和眼光會給異地的事業帶來新的東西，就算不喜歡還可以回香港。但如果不嘗試就否定肯定不行。」何善恆說到這裏，滿是誠懇。

（一）離開地產，追求夢想

從回國讀研進修，到中途離開返回香港，再到北上哈爾濱，何善恆一步步認識到自己要去跑一條新「跑道」，在這一過程中他學會了善用當地優勢，尊重地區差異，使用本地人才，融入國際化標準。對藝術更感興趣的何善恆在繞了一大圈之後，放棄房地產行業，又選擇回到北京。

在眾人齊向高科技創業型公司高歌猛進的時候，何善恆只想進入藝術界，當時的他沒有任何戰略性的考慮，僅希望有個自己的畫廊和「酷酷」的辦公室，有咖啡，有健身房，可以做自己喜歡的藝術品投資，這就是何善恆嚮往的工作環境。但缺乏相關專業背景，他只能將思路向其他方向打開。

就這樣，「畫廊 + 辦公」的創意空間誕生了，這也是何善恆後來與人聯合創辦的「WE + 聯合辦公空間」的前身。[1]「畫廊是我經營的重心，在這兒我可以給年輕的藝術家提供平台，讓策展人有地方去策劃承辦畫展，也可以做活動、開派對，進行藝術品買賣，再用辦公區域出租的租金來維持畫廊的運營。」

萬事開頭難，由於沒有相關經驗，沒有可複製的成功模板，創意空間的

1　〈國家和時代給我很多機會〉，《中國青年報》2017 年 6 月 30 日。

設施配置又不夠完善，何善恆幾乎天天虧錢，「每個月虧 30 萬元，甚至晚上睡一覺醒來就損失 1 萬元」。想着 30 萬元的房租，十幾萬元的人員成本，何善恆只能裁員，「就自己幹吧」。

比起經濟困難，更讓他掙扎的是來自身邊朋友的質疑，大家都覺得這事不靠譜，也有很多人挖他，讓他放棄這個「無底洞」。情況未見好轉，直到一天，美國柯羅尼資本亞太區董事總經理劉彥燊從上海來到北京，對他說：「這個事兒我幫你。」一個在金融資本行業內赫赫有名的人物，欣賞一個名不見經傳的創業者，讓何善恆覺得自己十分幸運。進行過初始融資後，2015 年 5 月 8 日，「WE + 聯合辦公空間」正式成立。

（二）「WE +」：三重生態圈

何善恆最終選擇了以聯合辦公為突破口，一定程度上是因為他的家族以租賃見長，血液裏存在着共享的基因。在何善恆很小的時候，他的父輩就以集裝箱的形式為一些公司提供辦公場地，從當時拍攝的照片來看，更像是今天聯合辦公的雛形 —— 共享某些辦公設備、機器設備、會議室等。從小耳濡目染使得何善恆進入聯合辦公領域更加順理成章，從以前的初級共享，到現在的社區文化、平台服務，他經歷了聯合辦公模式的演變和發展。

位於北京酒仙橋 798 藝術區的項目是他創業的起點，整整一層的辦公樓 2 樓，約 3500 平方米的場地入駐了 18 家企業。這裏既有多次榮獲國內外設計大獎的設計公司，也有華北地區最大的 3D 打印體驗區，還有專攻手機安全性能測試的科技公司，創業者與上市公司在這一平台融洽共處。

分享一杯咖啡，開始一段友誼，贏得一個商機。「WE + 聯合辦公空間」這一概念裏，「W」代表 Work，「E」代表 Efficiency，「+」代表無限可能和永無止境，旨在互聯網時代，把「WE +」打造成一個迷你城市，激發更多創新思維的產生。「WE +」的服務理念就是為中小型企業和初創企業的發展提供最大便利，為它們的健康發展助一臂之力。

在 WE + 中，最值得一提的還是「WE + 三大生態圈」：一個是產品生

態圈，包括智能空間、智能硬件、產品研發中心、社交平台等。第二個是服務生態圈，包括數據平台、媒體、SaaS 1、SaaS 2 等。第三個是投資生態圈，包括 WE＋母基金、影視、優質入駐團隊等。除了以上三方面，還有「WE＋管理輸出」，公司把「WE＋」一整套管理體系，包括人員派遣配比等管理經驗進行合作輸出。過去 6 月裏，「WE＋」投過一些團隊，包括網劇，收到的成果頗豐，短短一個月之內達到 1.2 億的點擊率。這些投資正逐漸完善整個「WE＋生態圈」的需求。

何善恆認為聯合辦公的優勢有三點：一是為入駐的企業團隊控制辦公成本。創業企業的人員變數大，聯合辦公可以靈活解決企業對辦公空間的需求變化。例如，一個初創團隊最初只有兩個人，如果選擇傳統辦公空間，考慮到半年後會發展到 20 人，還是得租用 100 平方米，那麼在員工發展到 20 個人之前多餘的空間都浪費了。聯合辦公空間則能有效解決這一問題，企業可按團隊人數租用工位，或者選擇私密性更好的獨立辦公室 —— 聯合辦公的靈活性為創業者大幅度控制了辦公成本。

二是與不同的人分享空間、分享資源、分享信息，在創業的路上，認識更多的朋友。WE＋平台裏現在有 2000 人，在這個空間裏能更大可能地接觸到項目或投資人，幫助創業者最大限度實現項目對接，提供從天使投資到產業鏈裏垂直、橫向的接觸機會。在空間共享的同時，可以最大限度實現資源和信息的共享。中小微型企業、創業企業、世界 500 強分公司等各式不同類別的企業和諧共存，共享配套設施，實現資源使用率的最大化。

三是獲得各種各樣的服務。作為 2000 人的團隊，如此大的羣體可以給更多人提供更好的服務。

好像自給自足的家庭一般，在「WE＋」每個人都會有種與親人共處的舒適感，不僅在於環境的開放，更在於企業之間可以互相協助。正如何善恆所說：在空間裏面，其實有機會找到雙向的或橫向的產業進行互相扶持，產業轉型不單是改變傳統的商業模式，而是尋找一種更有效率的方式。何善恆特別強調：一個好企業的發展需要融入當地商業環境，找到新的定位和發展

模式。所以，分佈於各個城市的「WE +」對於創業企業來說更像是一個良好的輔助。

如今，「WE +」在美國、芬蘭、中國的 18 個城市共成立了 56 個這樣的聯合辦公空間，通過手機 APP 選擇不同區域即可查看辦公空間圖片，並進行聯繫和預約參觀。現在，何善恆在做新的嘗試，比如從學習方面，從空間管理的人工智能化、數據化方面進行各種各樣的社交。

響應了國家「一帶一路」政策，「WE + 空間」入駐芬蘭赫爾辛基，着重於提高中芬兩國間創新企業的溝通和交流，將芬蘭及歐洲前沿的技術及信息引入中國，增加中國企業的創新合作關係，以及幫助芬蘭企業落地中國市場。同時，空間也將幫助中國企業打入國際市場，並滿足中國企業的國際業務需求。「WE + 赫爾辛基空間」將不只是一個辦公空間，更將是連接中芬經貿關係甚至中芬友誼的一座橋樑。

（三）港人優勢，特首關注

作為一名在內地創業的香港創業者，在看待香港人和內地人在創業方面的區別時，何善恆顯得更加樂觀開放。他覺得，這只是一個城市跟另一個城市的區別，香港人在內地創業，最大的區別是他註冊的公司身份是外企。對於香港創業者的優勢，他認為有三：第一，香港在專業服務方面確實存在優勢，同時香港對服務業人才的培育機制也更加完善。在香港每年有超過 10 所大學教授專業性服務業學科，這意味着香港青年能夠獲得更多接觸國際化服務理念的機會。第二，香港較為傳統的優勢是中西融合所帶來的國際規範的積累，香港的一些年輕人或企業家，對法律的重視程度相對較高。第三，更強的執行力也是港人創業時的優勢。但是他也指出，創業過程中香港創業者肯定也會面對很多困難，比如對環境、流程的不了解，對祖國各地缺少認知，這些都需要時間去克服。目前在內地讀書和發展的香港人越來越多，他對這種趨勢保持樂觀態度。

何善恆說，如今的香港金融業、地產業比較發達，科創類企業比較少，

對於創業者來說機會並不多。2016 年 3 月 4 日香港特首梁振英前往參觀「WE + 聯合辦公空間」，「WE +」特意安排了展示區，向梁先生展示了互聯網支付產品、VR 硬件、活動策劃、文化娛樂、互聯網餐飲等由港人創業的品牌。梁先生指出，香港青年踴躍在內地創業的勇氣是難能可貴的，並對「WE +」的模式給予充分的肯定。外界預測未來會有更多類似「WE +」的公司出現，通過複製或效仿「WE +」的模式，進入內地創業圈。這在何善恆看來是一件好事，聯合辦公眾創空間是新產品，越多人參與就越能把聯合辦公眾創空間這個行業做大。他並不排斥在未來與更多的夥伴建立合作關係，大眾看好 WE +，說明市場對 WE + 的模式越來越認可。

開放式共享型辦公模式仍然屬於新型產業，其理念和方式打破了傳統辦公中的封閉性。一方面，創新創業人才大多有相同的理念，且更願意分享，需要恰當的公共空間和氛圍作為依託；另一方面，又要保留一些空間上的私密性，這不僅基於創業者的專業性需求，也因為「社交」不是所有人都喜歡的，有些人比較主動，而有些人比較被動。所以 WE + 在打造空間的時候，都會去衡量個體的需求與實際的利弊。據何善恆在 WE + 空間裏的長時間觀察，創業人羣更傾向於分享。

（四）「WE +」未來：創辦全球標準化聯合創業辦公服務體系

「WE +」從成立至今，已經在上海、北京、杭州、青島、蘇州等 8 個城市完成佈局，共建立 56 個空間、14 萬平方米、2 萬個工位。

目前，全球約有 23 億移動辦公人羣，這是「WE +」未來重要的用戶羣體。由於科技信息的發展，未來將會出現更多移動辦公用戶，所以 APP 跟智能空間是「WE +」重點研發的內容之一。未來「WE +」會在更多城市注入「WE +」模式，尤其是「WE +」與酷窩合併之後，雙方的線上線下平台將全面打通，統一物理空間與服務，WE + 酷窩的空間版圖將拓展至華北、華中、西南和華南地區 16 個重點城市，實現橫貫東西、縱連南北。

共享經濟已經成為全球經濟的新趨勢，聯合辦公正是共享經濟的踐行

者。聯合辦公模式未來將會有非常大的發展空間和非常光明的前景。在空間的供應鏈上，「WE +」已經做好大膽的佈局，目前上海的項目分別位於新天地上藥大廈、金鐘廣場、中區廣場，接下來可能會選址在世貿商城、同樂坊、田子坊、思南公館、張江、人民廣場周邊等地。不僅如此，WE + 計劃在未來三年內進入高速增長期，實現更多延展性商務服務的規模化發展，創辦全球標準化聯合創業辦公服務體系。

（五）幫助你了解政策

不少創業團隊在入駐「WE +」以前，對政策方面並不太了解，「其實國家對創業者的支持非常多，僅僅在北京就有 25 條政策能幫到創業團隊，但又有多少人知道如何申請？」何善恆説，以港人創業為例，北京市朝陽區的「鳳凰計劃」為外籍人士回國創業提供 10 萬元人民幣的補助，但大部分創業者知之甚少。

除了「WE +」裏的諮詢團隊，何善恆還邀請不少專家和政府工作人員到「WE +」做講座，讓專業人士給創業者提供最權威、最詳細的政策解説，幫助他們少走彎路。

作為香港專業人士（北京）協會創新工商委員會主委，何善恆一直關注香港青年在京創業動向。他拍胸脯保證，在內地的香港年輕人無論遇到任何困難和問題，只要找到他，他一定會盡最大可能幫助他們。

何善恆頗為自豪地説，他非常相信香港年輕人的能力，基本功扎實、思路新穎，是香港青年最大的競爭力。無論是自己的團隊，還是「WE +」在全國上百家入駐企業，都需要這樣的人才，「如果香港的小朋友們有意願，我一定會給他們實習、工作機會！」

隨着自己的產品越做越好，各地區政府也開始給何善恆提供各種各樣的扶持與幫助：「他們會提供一些補貼，介紹好的用戶給我們，為入駐『WE + 聯合辦公空間』的公司提供人才支持和扶持資金，甚至還有稅務的減免，低成本的地價租用。」對於這些幫扶，何善恆心存感激。比起主動向政府尋

求支持，他更希望自己能在「雙創」的過程中先做出成績，「談了融資就去找政府談政策不是我的打法」[2]。

二　企業案例分析：順勢而為，
規模經營，定位全球

（一）緊跟國家戰略，把握時代脈搏

國家政策的出台必定對作為市場參與主體的企業產生影響，如果能適時順勢地把握國家政策，制訂公司發展規劃，必定有所裨益。「一帶一路」建設的巨大市場，保障了中國經濟的可持續發展，最終目的當然是讓國內生產總值大部分在「一帶一路」的建設中去實現，實現這個目標的唯一途徑就是讓中國企業「走出去」。正如何善恆所說，政策制定部門就像是船長，距離船長越近越能掌握國家發展的大方向，而政策執行部門落實國家政策具有時滯性，WE + 酷窩正是抓住了政策制定與落實之間的時間差，把握時機。

芬蘭是「一帶一路」聯繫歐亞大陸的北方紐帶，芬蘭及其所屬北歐地區一直以來都是歐洲創業氛圍最濃厚的地區之一，中國近年來創新創業逐漸走向世界的前沿，WE + 酷窩在芬蘭佈局空間，為國內創業團隊學習西方發達國家創業經驗提供了一個有效溝通的渠道，同時 WE + 酷窩國內創業團隊涉足海外項目時，WE + 酷窩能夠為他們匹配相應的國外企業需求，提供更高效的上下游對接服務。[3]

從滴滴到摩拜，從 Airbnb 到共享充電寶，再到雨傘、籃球、書店，乃至一張牀，共享經濟已經成為當下的時代潮流。聯合辦公行業也在剛剛過去的 2017 年上半年內，越來越頻繁地佔據着人們的視線。

2　〈用港式奶茶「泡出」內地創業新天地〉，《中國新聞》2015 年 12 月 16 日。

3　〈聯合辦公行業現規模化品牌〉，《中國青年報》2017 年 3 月 29 日。

盤活閒置資源、有償與他人分享的聯合辦公兼具平台經濟和共享經濟雙重屬性。在聯合辦公狀態下，辦公方式將不再受地點的限制，來自不同公司的個人彼此獨立完成各自項目，又可在較為開放的空間中與其他團隊分享信息、知識、技能、想法和拓寬社交圈子等。

這個業態產生的必然性首先源於經濟結構的變化。中國目前有些一線城市已經進入了發達國家的水平，在國家經濟發展和技術創新的大環境下，中小企業的數量會越來越多。政府提出雙創，以中小企業的蓬勃發展來填補大企業萎縮之後的就業空缺。在這樣的潮流下，同時也需要聯合辦公這種新形勢，來填補辦公空間的空缺。而伴隨着經濟結構的變化，技術的發展也為聯合辦公空間的管理提供了極大的便利。隨着「90 後」、「00 後」逐漸進入就業大軍，傳統的辦公環境似乎已經不能滿足這個互聯網時代下生長的羣體。他們對辦公環境的個性化、社區性和綠色辦公，有着很高的需求。聯合辦公空間的出現很大程度上迎合了這個羣體的需求，而且傳統辦公環境非常階層化，這也是年輕人較難接受的。聯合辦公在某種層面上，就打破了這種階層化，更平等自由。

（二）企業運營精品化、規模化

WE + 酷窩自創立以來出現了規模式的增長，主要在於以下四點：一是空間供應鏈已經做好大膽佈局，WE + 酷窩已經跟很多大型開發商達成戰略合作；二是進行人員培訓，把成熟的運營經驗、團隊訓練方式迅速拓展；三是在資本市場上，投資商會幫助加快拓展速度；四是社羣空間的打造。社羣的傳播性非常廣，只要有好的想法，通過社羣效應延伸出去是無限大的。

走精品化路線的企業運營，是以興趣為基點，連接運營者與客戶的網狀運營模式。在這種模式中，運營者的業務範圍不局限於公司或者產品本身，他們通常都會打開個人資源、公司資源從事不同的業務。「總而言之，精品化要求熱愛的人每天混在那裏。」以一個運營者的立場，何善恆認為中國未來聯合辦公的發展趨勢將出現兩極化 —— 一種是規模化，一種是精品化。

因此，在 2013 年到 2014 年，何善恆從「精品」轉向「規模化」，開始在資本、大戰略上考慮如何做產品。

　　規模化的聯合辦公產業，通俗地理解即走店模式 —— 基於空間坪效的提示、網絡搭建、會員搭建和品牌輸出。與精品化相比，兩種運營方式就像民宿與大酒店。如今，以規模化經營為主的行業發展趨勢，是降低企業運營成本、形成競爭優勢的主要策略 —— 企業成本一般包括固定成本和可變成本，在聯合辦公行業中固定成本可以被看作「運營費用」，而可變成本就是「寫字樓面積」。當規模效應形成後，雖然可變成本成比例增加，但最主要的運營成本在入駐企業變多後分攤變小，所以形成利潤率的增加。

　　同時，規模化經營也是拓展市場，推廣企業品牌的有效方式。在企業形象系統（CIS）逐漸被重視，甚至成為確定企業核心競爭優勢的關鍵部分時，實現品牌在市場上的深度植入是企業快速打開市場的必要舉措。

（三）全球視野，世界格局

　　在美國留學期間，何善恆常聽內地的同學說中國的發展很快、變化很大。當他在 CNN（美國有線電視新聞網）節目上看到一些外國人也在表達在內地的有趣生活時，何善恆動心了。2007 年，在美國讀完高中和大學的何善恆決定回中國內地發展，「當時覺得中國會是未來全球最大的增長引擎」。近年中國經濟保持高速增長，但也忽視了很多細節，基礎設施建設始終未能同步配套，對此，何善恆持有長遠的眼光，他認為發展中國家經濟的發展是一個過程，我國當前的發展水平已經值得驕傲，種種不盡如人意也是在告訴我們，我們國家的經濟建設還有很大的進步空間。正是這種高瞻遠矚的視野，使得何善恆能夠面向未來謀劃事業。

　　何善恆認為他的未來並不僅僅在中國，「我是世界的」，他是這樣定位自己的。WE + 酷窩未來是要面向世界佈局的，WE + 酷窩聯合辦公空間與美、日、韓、朝等國家的官方機構和大型企業已經達成深度戰略合作成果：WE + 酷窩簽署了在 NASA 成立合作園區籌建組和公務人員交流的備忘錄，

疊加各自優勢，提升了全球太空科技創新人才的合作層次。WE＋酷窩在東亞的腳步正在迅猛開拓，與日、韓在各具優勢的聯合辦公供應鏈協作與聯合運營方面傾注了心血，成果也非常豐碩。進駐韓國江南區狎鷗亭之後，WE＋酷窩與韓國高端時尚產業聯手，為獨立設計師提供資源豐沛的創業平台，釋放隱藏的商機，為兩國時尚產業帶來超高的變現價值。WE＋酷窩與日本娛樂業展開充分合作，進駐日本東京都御台場，為全球範圍內文娛創業企業在東亞的落地，實現生態雙贏的目標。

三　啟示：相信自己，海納百川

（一）思考國家發展，尋求個人發展，參與國家建設

年輕人要有國家觀，要放眼世界去尋找適合自己發展的舞台。「如果眼光只盯在這一個地方，能發揮的舞台就會變小，人就會缺乏方向。重要的是你有沒有從一個國家的角度去考慮自己能做甚麼？」[4]

從「一帶一路」建設到共享經濟的風口浪尖再到大眾創業、萬眾創新的熱潮，何善恆時刻緊跟國家的發展方向與戰略，把握全局，順勢而為，他利用國家政策為 WE＋酷窩謀發展，同時也幫助眾多創業者了解國家政策，幫助創業者快速融入創業的浪潮，這何嘗不是為國家創新創業添力。「家國情懷」，是一個人對自己國家和人民所表現出來的深情大愛，是對國家富強、人民幸福所展現出來的理想追求，是對自己國家一種高度認同感和歸屬感、責任感和使命感。

（二）相信自己的判斷、洞察與感知

在房地產領域的工作經歷使得何善恆清晰地察覺到內地的房地產運營服

務不能盡如人意。這是機遇也是挑戰，他相信自己的經驗與判斷，認為香港的專業服務相對內地來說佔有很大優勢，於是他開始從香港標準化的專業服務尋找可借鑒之處，WE＋酷窩為入駐者提供運營管理與各類增值服務也正是基於這樣的思考。

香港的專業服務優勢有目共睹，服務標準化、精細化，專業的服務態度，與國際準則接軌，規則框架內的運行體系無一不值得內地服務行業學習借鑒。何善恆將東方的管理思維與國際管理標準結合，打造 WE＋酷窩聯合辦公空間，正是抓住機遇、相信判斷、發揮優勢的表現。

（三）開放的心態

開放的心態是何善恆創業至今的另一要訣。他的性格樂觀開朗，不懼強壓，心態決定成敗對他而言一點也不為過。每週在三四個城市間穿梭的何善恆用熱愛的心態去面對這些城市，讓自己永遠保持一張白紙的心態，去適應和尊重當地文化。走出最初普通話很差、説不清自己中文名字的尷尬，何善恆已經能在內地遊刃有餘地與人溝通了。他很感謝北京帶給他的一切。「這個有活力的城市聚集了全中國人的夢想，我很幸運自己也是其中一個，更何況，我在北京還收穫了自己的愛情和事業。」同時他能夠從宏觀、開闊的角度看待政府的角色，他認為，如今不是捆綁政府的年代，應該要了解政府的方向，同時運用市場的守則。我國正在經濟發展的騰飛階段，必將面臨發展中國家發展過程中面臨的問題與挑戰。然而挑戰也是機遇，這也證明我國未來具有更大的發展潛力與發展空間，從長遠來講，機遇與挑戰並存。何善恆正是看到這一點，才能順勢而為，不懼挑戰，直面未來。

同時，何善恆沒有把自己局限於當前，他的目光也不僅限於國內，而是從一開始就把自己定位於世界。從範圍上講，他是看全球的發展，所以視野更寬，視線更深邃，使得 WE＋酷窩通過「一帶一路」建設的發展戰略與沿線國家合作，拓展發展空間，樹立品牌，獲得收益。

四　案例大事記梳理

2015 年，公司正式成立；

2016 年 11 月，WE + 聯合辦公空間獲得 8000 萬元 Pre-A 輪投資，由高捷資本領投，分享投資、戈壁資本、寒武創投、英諾天使基金跟投；

2017 年 3 月，WE + 聯合辦公空間與酷窩（COWORK）辦公社區合併，正式成立「WE + 酷窩聯合辦公空間」；

2017 年 5 月，WE + 酷窩芬蘭赫爾辛基空間揭幕暨上海臨港海外創新中心設立揭牌儀式在芬蘭首都赫爾辛基正式舉行，首個國產聯合辦公空間正式出海成功並落地；

2017 年 6 月，WE + 酷窩與碧桂園簽訂戰略合作協議，在全國範圍內建立佈局聯合辦公項目、拓展聯合辦公社羣等業務；

2017 年 9 月，《眾創空間服務規範（試行）》及《眾創空間（聯合辦公）服務標準》在全國「大眾創業，萬眾創新」活動上海主會場正式發佈，WE + 酷窩是聯合辦公空間行業標準起草單位之一；

2017 年 9 月，WE + 酷窩參與由上海市就業促進中心、楊浦區人力資源和社會保障局主辦的創客節，正式成為 2017 年市級創業孵化示範基地；

2017 年 9 月，WE + 酷窩受邀參與由上海第一財經與成都市青羊區政府聯合舉辦的「品讀最成都的味道」── 成都少城國際文創硅谷推介暨青羊文創項目簽約儀式；

2017 年 9 月，WE + 酷窩創始人兼 CEO 劉彥燊先生、執行董事莫萬奎先生出席廣州空港文旅小鎮啟動奠基儀式。

第十三章 無極科技：新電商和新媒體
創業模式的激情探索者

公司名稱：無極科技有限公司

創始人：　孔繁揚

創業時間：2017 年

所處行業：電子商務

關鍵詞：　創業激情，跨境電商，共享團隊

訪談時間：2017 年

一　創業者故事：幾經輾轉，創業夢圓

（一）跳出舒適區，獨自北上就業

2011 年，從香港科技大學工商管理專業畢業的孔繁揚，不顧家人的反對，沒有選擇接受香港某家銀行的穩定工作，而是選擇離開從小便一直生活和讀書的香港，獨自北上，成為北京一家物流公司的管理培訓生。孔繁揚說，因為自己比較喜歡中華傳統文化，對祖國內地有着美好的憧憬，一直渴望到內地進行體驗。而且，由於對香港已經非常熟悉，就希望在大學畢業時能夠跳出原有的舒適區。恰好此時這家北京的物流公司到香港科大進行招

聘，孔繁揚與其他四個香港科大的畢業生被錄用了。但其他四位同學都是從內地考到香港讀大學的學生，只有他一個人是土生土長的香港人。

然而，跳出「舒適」的香港的孔繁揚並沒有在北京找到新的「舒適區」。一方面，北京的天氣和飲食令來自香港的孔繁揚一直難以適應；另一方面，隨着對工作的逐步了解，孔繁揚發現自己並不喜歡物流行業。儘管按照公司的規劃，他們這批管培生要進行一整年的培訓和輪崗，然後再安排到具體的部門和項目上，但孔繁揚還是在半年之後就離職了。他說，最主要的原因還是發現自己的性格不適合物流業。因為物流是一個使商品從供應地向接受地的流動的過程，這個過程必須依託於商品的交易，相對產品的銷售而言，是一個「被動」的輔助環節，更多地強調運營效率和成本控制。而孔繁揚認為自己更喜歡在商品交易的前端去「主動」創造新事物，更願意從事創意類的工作。因此，如果這個時候繼續留在這家物流企業，儘管發展機會和薪酬都不錯，但他認為這對公司和自己都是一種浪費，因此毅然選擇離開。

但是，在北京短暫的物流行業工作經驗，卻在多年後給孔繁揚選擇在內地的電子商務領域進行創業帶來了優勢，這是他始料未及的。猶如喬布斯在斯坦福大學畢業典禮上的演講所說的，「沒有人能夠預測那些偶然甚至有些被動的點滴在自己以後的人生中所起的作用」，「人無法預先串起人生的點滴，只能在回顧時將它們串聯起來。正是這些點滴，構成了我們生命中非常重要的組成部分」。「因此，你必須相信這些點滴，總會以某種方式在未來串聯。這樣，才會讓你有自信去依循你的內心，會引導你走自己的路，然後取得成就。」孔繁揚說，目前選擇創業的電子商務領域是離不開物流的，而當初的物流行業經歷能讓自己對這個行業有更多的了解和體會，從而為用戶提供更加到位的電商服務。此外，在北京工作期間，讓自己的普通話說得更為流利，並且增加對內地文化和市場運營等方面的理解。這些經歷都為他多年後重新回到內地進行創業提供了積累，儘管都不是事先規劃的。

（二）輾轉多地的電商職場生涯

離開北京之後，孔繁揚回到香港重新求職。2012 年初，他通過在香港的招聘會，來到馬來西亞，進入一家 Home24 的網上傢具商城企業從事運營工作。該公司為德國企業，主要面向東南亞市場。可惜的是，Home24 在半年後就倒閉了。然而，孔繁揚的工作能力卻得到了其管理團隊的肯定，於是，他們便把孔繁揚介紹到 Home24 的母公司投資的另外一家同樣經營傢具電商平台的公司 Lazada。在 Lazada 這家處於創業階段的企業，孔繁揚經常需要同時負責運營和市場營銷等崗位，並開始獨立帶領團隊。工作過程中，他逐步發現自己對電子商務和網絡營銷有着濃厚的興趣。但是，這份新工作只持續了短短數月，孔繁揚便無奈地選擇了離開。關於離職的原因，孔繁揚說：第一，因為這家德國企業的文化不夠友好和人性化，高管來自德國，比較傲慢，對當地以及亞洲員工「高高在上」，不尊重員工；第二，入職之前公司承諾的工作簽證一直沒有兌現，使得來自香港的孔繁揚在馬來西亞未能取得合法的工作身份；第三，當時自己在公司的直接上司能力不強，管理水平較低，難以一起共事。

2013 年初，孔繁揚再次回到香港，進入一家美資的大型酒店交易平台 Hotels.com 工作，負責網絡營銷工作。這是一家高效、規範的美國互聯網企業，管理團隊水平高，企業文化和管理氛圍也很人性化。在這裏，孔繁揚的電商運營和管理能力得到了進一步鍛煉，學習了很多電商網絡平台的運營和管理知識。然而，工作兩年之後，孔繁揚卻認為在這裏顯得過於安逸，難以學習到新東西，成長空間也有限，於是主動選擇離職，希望尋找新的更有挑戰性的工作。

2015 年伊始，孔繁揚選擇加入香港首個網絡借貸平台「我來貸」，負責管理整個網絡營銷部門。但這份新工作只持續了半年，孔繁揚再次離職了。關於這次離職的原因，孔繁揚說，一是具體負責的工作內容跟入職之前所商談的出入較大，不符合自己的預期；二是一起工作的同事和團隊能力偏弱，缺乏相互學習的空間，而自己當時又還沒有足夠的能力去教導和培養他們。

2015 年下半年，孔繁揚選擇加入香港自助式電商平台 Shopline，擔任市場推廣經理。Shopline 是一家在香港創辦的新創企業，是專為香港和亞洲中小商家而設的 DIY 網店平台，商戶們可以輕鬆便捷地通過該平台創建屬於自己的網上店舖，同時可以擁有專業的訂單管理系統、多元化的物流及支付網關、風格多樣的店舖設計、在線實時客戶服務與數據使用分析等後台管理工具。[1] Shopline 希望成為香港人和臺灣人首選的開網店平台，並在 2016 年成為阿里巴巴創業基金在香港的首批投資項目，成為阿里巴巴電商生態系統的一員。孔繁揚說，他是 Shopline 裏除了創始人之外的第二個員工，是公司營銷團隊的負責人，跟隨公司的創業步伐一步一步帶領隊伍，看着團隊人數由個位數成長為 70 多人，也見證着企業逐步成長壯大。然而，在 Shopline 工作了一年半之後，孔繁揚又一次離職了，這次他沒有繼續去求職，而是開始了自己的創業之旅。

（三）按捺不住的創業激情，逐步探索的創業模式

2017 年初，孔繁揚開始自己創業。他說，其實在之前幾年的工作中，自己就一直都有創業的想法和激情。只是由於當時還在企業上班，而且找不到合適的切入點，就只能一直壓制着那種想要創業的衝動。在 Shopline 工作了一段時間後，他進一步熟悉了電商行業的運作，對自己創業的方向有了更加清晰的認識，壓抑許久的創業激情噴湧而出，「已經壓制不住想要自己創業的衝動了」，終於促使他離開正在快速成長的 Shopline，開始追尋自己的創業夢想。孔繁揚說，這可能是性格使然，從大學畢業求職起就體現了自己性格中不安分的因素，喜歡嘗試新事物，喜歡去主動創造屬於自己的事業。他強調，自己選擇的是「少有人走的路」，而一般的人都會選擇容易的路。通往成功之路通常都是比較窄、比較難的，容易的路可能較難通往好的地方。當然，這種選擇本身沒有對錯，關鍵取決於你想要甚麼。

1　Shopline 網站：https://shopline.hk。

　　因為近幾年都在互聯網和電子商務行業工作，特別在 Shopline 工作期間頻繁地往來於香港和內地，孔繁揚看到了中國內地移動互聯和電商經濟的迅猛發展以及層出不窮的商業模式創新中蘊含的巨大商機。與此同時，他也接觸到香港和東南亞的許多中小企業。他發現，許多香港企業希望拓展內地市場，但他們對內地出現的互聯網新興業態卻缺乏了解。許多香港商人仍然固守傳統的市場營銷和媒體宣傳方式，與內地市場蓬勃發展的互聯網營銷和新媒體傳播相比顯得非常落伍，面對新的變化茫然失措，束手無策。為此，孔繁揚認為這是一個很大的痛點，蘊含許多創業機會。對於既熟悉內地電商，又熟悉香港企業的他，完全可以成為香港企業進軍內地電商市場的「橋樑」，為他們提供相關的各種服務。

　　一開始，孔繁揚設想的業務模式很簡單，就是幫助香港商人在內地建立淘寶網店、註冊支付寶賬號、建立微信公眾號和註冊微商網店等基本的服務。但隨着和客戶的深入接觸，他發現許多客戶會有更進一步的後續需求。幫助客戶建立一個微信公眾號或者網店比較容易，但後續的內容維護及運營則需要更大的投入，也給公司帶來更多的創業機會。為此，幫助香港企業進行自媒體營運和微信商城建設的業務模塊逐步得到明確。與此同時，孔繁揚在與內地商家接觸時發現，不少內地的中小企業希望他們的產品能夠走出中國，但卻找不到合適的海外渠道，這對於擁有海外電商經驗、熟悉英文和西方文化的他，又是一個新的商機。他說：「剛開始就是發現香港人不熟悉內地的電子商務運營，我們逐漸參與其中去提供服務，然後在市場中逐步進行摸索。通過接觸市場，我們慢慢發現新的元素，從而使提供的服務模塊逐步增加和完善，商業模式也在這個過程中持續迭代和創新，不斷地演化為今天的模式。」

（四）Zero to One，無極生太極，生生不息

　　孔繁揚將自己的創業公司註冊為「無極科技大中華有限公司」，之所以取名「無極」，是來自道家《周易》的「無極生太極，太極生兩儀，兩儀生四

象，四象生八卦，八卦生萬物」。這是中國傳統哲學陰陽八卦學説的基本思想，「無極生太極」讓原本混沌的世界從無到有，形成了我們這個世界的生生不息，無限循環。孔繁揚希望無極科技提供的電商服務能讓這些傳統的海外中小企業開始進軍內地的電商平台，踏出進入內地市場的第一步，從而實現從無到有、從小到大、由弱變強，不斷突破和成長。另外，他自己開創的事業也能夠實現無中生有，不斷創造新事物，從少到多，由點及面，逐步做強做大。無極公司的域名則為 "China zero to one"，這恰好體現着「中西合璧」的兩層含義：第一，"zero to one" 是硅谷著名的企業家和投資家 Peter Thiel 關於創業管理的暢銷書的標題，強調新創企業更重要的是實現「從 0 到 1」的突破和創新，而不能總是在「從 1 到 N」的複製中進行低水平的競爭；第二，「無極」所體現的無極生太極、生生不息的精髓又是一種東方版的 "zero to one"。中國古老傳統文化思想與西方現代創業法則這兩種相隔數千年的東西方文化在此處竟然有着一些不謀而合的思想內涵，成為孔繁揚創業的初心，也指引着他一步一步去發展自己的事業。

目前，無極科技的業務主要涵蓋三大模塊：一是針對香港和海外客戶的微商城新電商體系，包括微商城的自平台建設、大型電商平台的開店及運營、社交電商的打造與運營、線上結合線下實體門店的 O2O 一體化體系建設；二是企業在互聯網領域的品牌打造及傳播營運，包括企業的個性定位打造、自媒體的內容營運、新媒體的活動策劃、網紅營銷和搜索廣告的口碑優化等；三是針對中國內地商家的跨境電商服務，希望搭建內地企業的跨境電商渠道，幫助中國企業承接「一帶一路」的重要機遇，重點打通東南亞地區的市場，讓中國的品牌產品走出國門，走向世界。對這三方面的業務，孔繁揚總結為三句話：「新電商，用新的方式和思維做電商；造品牌，用新的互聯網手段造品牌；走出去，用新的眼界和高度做跨境。」

無極科技將以移動互聯網運營為手段，能夠與客戶同舟共濟，實施深度合作的模式，與客戶形成共生共贏的共同體，為客戶提供從策劃到落地執行的完整解決方案，從而為廣大中小企業創造品牌價值。無極科技希望通過給

客戶提供優質的服務，幫助更多的商家成就更好的自己。談到對無極科技未來的願景，孔繁揚表示，公司致力於成為客戶在大中華地區的新電商業務增長的合作夥伴，無極將「帶你走進中國，立足中國，再走出中國」。他的願景是今後海外的中小商家想進入中國市場，需要相關的電子商務服務，第一個想到的是無極科技公司。

（五）「共享」式的網絡團隊組合

目前，無極科技的核心團隊共六人，只有創始人兼營運總監孔繁揚，以及跨境電商營運師 Tracy 為全職，其他四人都有自己另外的工作。孔繁揚說，因為目前公司剛剛創立，多宗業務都還在洽談和推進中，暫時不需要那麼多全職員工。這樣一方面可以節約創業初期的成本，另一方面可以依託這四位核心合作夥伴在電商運營方面的豐富經驗，為客戶創造超額價值。

公司的另外一名合夥人曉寧是他以前還在 Shopline 工作時到杭州出差，在咖啡館裏聊天認識的，當時並沒有提及創業的事宜，只是因為投緣而已。曉寧擁有豐富的互聯網市場營銷管理經驗，曾經在阿里巴巴和施強集團的營銷部門工作過，曾為多家企業提供品牌發展戰略及運營解決方案。目前曉寧在杭州擁有自己的創業公司。在無極公司，曉寧作為合夥人之一，負責新媒體策劃以及公司戰略。

Winnie 是無極公司的精準營銷投放運營師。Winnie 擁有六年的網絡精準營銷經驗，主要負責客戶的 SEM、SEO、信息流、DSP 等精準網絡廣告媒介策劃、採購與運營工作。擁有百度專業認證、Google Adwords 高級認證、今日頭條認證等行業認證。Winnie 現在在廣州，是以前孔繁揚在 Hotels.com 工作時的代理商。

棟明是無極科技公司的微信新電商平台戰略專家。棟明擁有 10 多年的互聯網創業經驗，富有戰略心得和產品策略，曾為大企業提供 ERP 定製數據處理服務，現為企業提供微信電商自平台的解決方案，熟悉大型企業的心理和業務需求，同時深度掌握電商發展規律。棟明現在在福建泉州擁有自己

的事業，孔繁揚在 Shopline 工作時跟他有業務合作而相識。

靜靜是無極科技的電商新品孵化運營師。靜靜擁有多年的數據運營經驗，主要負責電商新產品孵化、用戶運營、數據模型設計和公司業務數據監控。她曾經任職於平安保險的數據研發崗、聚美優品的數據分析崗、載信軟件的數據產品經理和數據運營，擁有多次成功的新產品孵化經驗。靜靜目前在成都工作，是孔繁揚在上海的一個電子商務學習活動中認識的。

Tracy 是無極科技的跨境電商營運師。Tracy 是澳門人，在香港接受教育，具有豐富的歐美和港澳臺等地的電商自平台營銷經驗，熟悉自媒體運營手法，開辦教學活動向超過 200 家企業教授自電商之道。Tracy 精通中英文，熟悉港澳臺和海外的市場，目前主要負責國外跨境電商的業務營運，重點針對東南亞市場的社交平台電商業務營運。Tracy 是孔繁揚在 Shopline 工作時的下屬，也是無極科技的第一個全職員工。

在創業團隊的組建上，無極科技公司顯得非常「互聯網」化，多名團隊成員同時擁有自己的事業，充分利用他們的富餘時間「拼湊」在一起創業，是一個「共享式」的虛擬團隊。這樣的一支多元化團隊，都擁有多年的豐富運營經驗，在各自領域各有所長，可以實現優勢互補，協同作戰。另外，來自香港、澳門以及內地多個城市聯合組成的創業團隊，既有內地的電商和新媒體運營優勢，又能夠及時了解香港和海外商家及市場的需求和趨勢，從而能夠融合內地和國際化的營運思維，為客戶在海外與中國內地之間搭建良好的電子商務橋樑。

孔繁揚說，無極創業團隊的組建是一個非常機緣巧合的過程。他認為團隊的組成非常需要緣分和信任，恰好在創業需要團隊支援的時候，這些夥伴們都非常支持和相互配合。他舉例說：「當我準備讓 Tracy 全職加入公司一起創業的時候，我其實心裏沒有底，也對未來的發展方向不清楚。她也沒太明白我要做甚麼，但就是基於對我的信任而跟我創業。團隊其他成員也是看到我的真誠，以及對我的信任感而跟我合作。我一開始都不知道自己具體要幹甚麼，但隨着跟團隊一起交流，才對創業的方向和模式越來越清楚。」

目前孔繁揚主要負責公司的整體營運和海外客戶的拓展，其他人則依據每個人的特長和資源情況相互分工。這樣一個網絡化的拼湊式「共享」團隊，不僅節約了固定成本，而且每個人都是各個領域最優秀的專家，他們背後也都有一個團隊在進行工作上的支持，為無極科技提供堅強的人力資源支撐。除了能力因素，孔繁揚非常強調團隊成員的品格。只有擁有好的品格，才能相互信任地一起共事。特別對於目前這種「共享」的虛擬團隊，大家要以誠為本，才能減少溝通的交易成本。

在領導方式和團隊文化上，孔繁揚信奉「上善若水」。「水善利萬物而不爭，處眾人之所惡，故幾成道。」他説，自己在團隊裏的角色就像水一樣，能放權的東西都會盡量去放權，總是考慮團隊成員的利益多過自身。我希望的是搭建一個平台，讓合作夥伴們發揮出他們的專長和能力。我在工作中更多的是思考一些長遠的戰略和方向。儘管無極公司從事的部分業務可能會與團隊成員目前的本職工作有一些衝突，但更多的是互補。我們需要更大的格局和胸懷來包容彼此。因此，我非常希望創業團隊的成員能通過無極科技這個平台有更大的成就，有更多的客戶和收入，大家能夠一起成長和進步。

二　企業案例分析：跳離舒適區，尋找新機遇

（一）勇於離開舒適區的創業者

香港出生和長大的孔繁揚在大學畢業後，沒有遵照父母的期望，在香港選擇一份安穩的工作，而是離開香港，努力去追尋自己的夢想。他一開始遠赴北京工作，之後輾轉於馬來西亞、香港等地的多家公司，後來又離職到廣東自主創業。彼得‧德魯克認為，企業家和創業者的典型特徵是願意過不舒服的日子，或者説不願意過舒服日子。孔繁揚就是這樣不願意過舒服日子，不安分、喜歡「折騰」的人。他總是主動離開已有的舒適區，積極尋找能讓

自己得到更多成長的工作，努力探索自己更適合的道路，從而比那些在香港過舒服日子的年輕人擁有更多的見識、更寬的視野、更高的格局。而且，多份工作的歷練也讓他積累了自主創業的經驗，進一步催生了創業的激情，最終勇敢地踏出創業的第一步。

（二）充分利用手邊人脈，拼湊搭建共享團隊

創業團隊對創業成功起着舉足輕重的作用，關乎新創企業能否將創業的理念和想法轉化為行動的執行力。但是，多數新創企業卻難以吸引優秀的人才，制約了創業項目的推進。創業拼湊（Entrepreneurial Bricolage）理論認為，新創企業可以湊合着利用各種手邊容易獲得的資源，突破慣例和公認邏輯的限制，賦予資源新的價值。孔繁揚創業之前長期在海外工作，在內地的人脈較為匱乏，短時間內難以組建合適的創業團隊。但他並不屈從於既有約束，而是充分利用通過各種機緣結識的朋友，邀請他們一起「兼職」參與創業，整合利用了手頭可動用的各種可能的人才資源來突破制約，搭建了「共享式」的虛擬團隊。孔繁揚通過網絡渠道進行人力資源拼湊，調動了關係網絡中可利用資源的價值，從而充分挖掘潛能，也賦予合作者新的價值，促進了新創企業的成長。

（三）利用內地電商發展新機遇，爭取海外市場突破

近年來，中國互聯網經濟取得飛速發展，電商交易體量巨大、移動支付領先全球、移動社交日漸普及，而且對全球經濟產生越來越重要的影響。互聯網經濟的發展使企業開展商業運營的交易形態、支付手段和宣傳方式都產生了深刻變革，各種新興業態和商業模式層出不窮。在此背景下，許多香港和海外市場的傳統企業對中國內地市場的新特點非常陌生，但又希望能夠進軍內地市場，或者希望內地的遊客前往消費。孔繁揚看到了海外商家的這一「痛點」，希望通過無極科技的服務，幫助香港和海外商家參與到內地的電商市場，提升品牌影響力，實現成功跨境。另外，隨着越來越多的中國企業

「走出去」，他們對海外市場的開拓產生了服務需求，無極科技也希望解決這個「痛點」來抓住創業機遇。孔繁揚正在努力與客戶形成深度合作的模式，通過創新的理念、方式和手段，給客戶提供完整的解決方案，幫助客戶成功走進中國或走出中國。

三　啟示：「無中生有」，敢想敢做

（一）勇於創新和承擔風險，重塑創業精神

創新創業是推動社會進步的重要力量。但是，創新創業意味着創業者要在充滿變化和不確定的環境中，積極主動捕捉機會，勇於承擔風險，克服困難，努力創造價值。孔繁揚擁有創業激情，在識別到跨境電商和新媒體運營的創業機會後，克服各種資源約束的限制，儘快行動，希望解決市場的痛點。目前，孔繁揚的創業才剛起步，未來仍然面臨許多挑戰，但是，他身上具有的創業精神將有助於無極科技堅持不懈地應對各種可能的挫折，而且不斷進行探索與嘗試，實現業務的突破和創新發展。孔繁揚認為，目前許多香港的年輕人都是在溫室長大的，過慣了舒服日子，經常不思進取，失卻了老一輩香港人白手起家、艱苦拼搏的創業精神。特別是到內地進行創業，要面對更多的變化和挑戰。因此，港澳青年到內地進行創業，應當繼續弘揚創新創業精神，抓住內地在互聯網、高科技和新媒體等方面蓬勃發展的機遇，結合自身實際情況，發揮好港澳的區位優勢，「用艱辛努力，踏平崎嶇」，勇於創新創業，既實現個人事業的發展，也為港澳和內地的經濟注入新的活力。

（二）立足實際，適度拼湊，儘快轉型

無極科技在創業伊始，面對人力資源緊缺的情況，充分利用網絡關係中的合作夥伴資源，採用創業「拼湊」的方式組建團隊，突破了自有資源的限制，實現「無中生有」，保障了創業的順利起步。港澳青年到內地進行創業

的時候，經常會面臨各種資源的約束。面對這樣的情況，創業者不能消極或被動等待，而應當積極主動關注身邊各種可能的資源，進行創新性地整合利用，儘可能地挖掘資源的潛在價值，及時開發創業機會，搶佔市場先機。

當然，這種利用手邊資源進程「湊合」的方式通常是創業初期暫時將就的權宜之計，並非一勞永逸的長久之道。因為拼湊型的解決方案經常是次優的、不完美和非充分有效的，而且習慣於拼湊手段之後容易形成自我強化和循環，制約企業走上正軌，成為創業進一步發展的障礙。因此，孔繁揚及其他創業者在進行資源拼湊的同時，要積極搜尋合適的外部資源，同時努力培育和積累內部資源，構建核心能力，實現創業的穩定和持續發展。

（三）有效積累人脈，構建堅實團隊

孔繁揚在開始到內地創業之前，在東南亞和香港有多年的電商工作經驗，幫助他熟悉了海外市場電商運營的特性，而且積累了海外電商的人脈，從而在很大程度上幫助他針對海外和內地的企業跨境進行創業。在中國內地開展電商運營和新媒體宣傳方面，孔繁揚目前主要借助各地的朋友「拼湊」的虛擬團隊進行支持，但這終究不是長遠之計。孔繁揚在內地市場缺乏足夠的人脈資源在目前掣肘着無極科技創業團隊的構建和市場的開拓，在一定程度上制約着無極科技的進一步成長。因此，港澳青年在準備創業前，應該在相應的行業或地區主動積累人脈資源和社會資本，對市場和用戶的特點深入了解，為將來創業團隊的組建和市場開拓做好準備。港澳青年相對於內地青年而言，擁有更多海外市場的歷練機會和經歷，但對內地市場相對陌生。為此，港澳青年要充分利用在海外的經歷，深耕海外市場，充分累積海外市場資源；與此同時，主動了解和熟悉內地的市場和新興的互聯網經濟，建立與內地市場的緊密聯繫。通過港澳的區位優勢，港澳青年能夠同時背靠海內外市場，成為連接海內外資源和市場的重要樞紐，整合兩邊資源，構築獨特的雙邊市場優勢。

四　案例大事記梳理

2011 年，孔繁揚畢業於香港科技大學工商管理專業；

2011 年，孔繁揚入職北京某家物流企業，任管理培訓生；

2012 年，孔繁揚進入 Home24 馬來西亞公司工作，負責網上商城運營；

2012 年，孔繁揚進入 Lazada 公司工作，負責運營和市場營銷；

2013 年，孔繁揚進入 Hotels.com 香港公司，負責網絡營銷；

2015 年，孔繁揚進入香港「我來貸」，負責網絡營銷；

2015 年，孔繁揚進入香港電商平台 Shopline，任市場推廣經理；

2017 年，孔繁揚在香港創辦無極科技大中華有限公司；

2017 年，孔繁揚到廣州置業，以珠三角為基地，拓展內地市場。

第十四章 思蓓飛躍：借力政府政策，
踏上南沙「創業熱土」

公司名稱：明匯經貿有限公司

創始人：　列家誠

創業時間：2014 年

所處行業：互聯網 + 教育

關鍵詞：　「互聯網 +」，南沙創業，社會企業

訪談時間：2017 年

一　創業者故事：不被改變的
「自閉」創業者

（一）大膽轉型，從研究員到創業者

在創立明匯經貿之前，列家誠是一個不折不扣的研究員。在大學期間，他便跟隨香港教育大學學術副校長李教授進行研究工作。從香港教育大學英語專業畢業後，他在香港大學擔任研究人員。在大學及畢業後的短短數年間，列家誠曾參與超過 30 個技術開發及革新研究。在這個過程中，列家誠所展現出來的解決問題能力、視野及遠見都讓人印象深刻。

相對於創業來説，原本的工作更為穩定，但列家誠不想只做一個安於一隅的零部件，而是「想看到這個世界更多的地方」。他深知創業會提供給自己一個截然不同的維度，在這份未知後面，將會是一個自由度更高、工作量更大、工作維度更廣的信息中心點。所以，畢業一年後，他堅定不移地連同物流公司前主管鄭先生，以及其他三位同學創立了明匯經貿，並且成功申請了科技園培育計劃，獲得 30 萬港元的業務及科技支援基金。

列家誠説，「其實我有一點點自閉」，「我認定的東西，不會輕易被外界所改變」。似乎在他內心裏有屬於自己的一個世界。他身上的特質與喬布斯不謀而合：喬布斯認為，你只需要堅定內心提供一個足夠完美的產品。喬布斯曾經説過："You can't just ask customers what they want and then try to give that to them. By the time you get it built, they'll want something new"。（你不能只問顧客要甚麼，然後想法子給他們做甚麼。等你做出來，他們已經另有新歡了。）作為創業者就應該避免陷入思維的條框，而應選擇忠於自己內心，才能給這個世界帶來偉大的創造，而創造，才是推動世界進步的力量。

放下穩定的研究員工作踏上充滿風險的創業路程，在部分人眼中是不值得的，但列家誠説人生其實充滿各種選擇，而他只是坦然地選擇了另外一條比較未知的道路。他的這種坦然和果斷也無時無刻體現在他創業的過程當中。

（二）結緣教育，連同互聯網成就新項目

「8 歲的時候，我主動跟爸爸要了第一個禮物：一台電腦。14 歲的時候，我開始自學編程，還為我的小學設計了網站。」[1] 列家誠從小就對計算機和編程產生了濃厚興趣。當他第一次看到電腦死機，手足無措的他暗暗立志，一

---

1 〈列家誠：「懶惰」出需求，「思考」出創新〉，2015 年 8 月 25 日（http://www.010lm.com/roll/2015/0824/2264895.html）。

定要把電腦學好。由此可見，這名學語言的香港青年進軍互聯網行業並非偶然，而是興趣和志向所在。

他的個人遊歷則給予他結緣教育的契機。在不同國家尋訪村落的時候，有一個出身於貧窮家庭的小孩做了分享，其渴望接受教育而無門的無力感讓列家誠深有感觸。當他矢志為世界做出一點點的改變時，他的心中也早已畫好「社會企業」的藍圖。「世界上最大的出租車公司（Uber）旗下原來沒有車輛，世界上最大的住宿供應商（Airbnb）也沒有房地產[2]。那一刻，我在想，為甚麼我不可以創建一個沒有老師，卻是全世界最大的學校呢？」——列家誠將共享概念帶入了教育領域。

隨後，在實地調研了哈爾濱、遼寧、四川等地農村地區的教育情況後，他看到了在偏遠地區發展在線教育的機遇，希望利用網絡把更優質的教學資源帶給這些地區的學生。同時，列家誠發現香港的國際化水平、教育文化、對教師的培訓理念有獨特的優勢，所以相比內地的在線教育品牌，香港這個品牌本身就是優勢。

結緣「教育」的志向，連同「互聯網」的愛好，列家誠縱觀全局，下一步需要找到能主攻技術的夥伴。這時，同樣來自香港的危謙容的背景和能力吸引了列家誠的注意，隨即危謙容便受邀並加入了思蓓飛躍，主要負責整個團隊的 IT 和技術層面。不久之後，在線教育項目「思蓓飛躍」應運而生。

列家誠稱，「思蓓飛躍」相比其他競爭對手的優勢在於其能夠涵蓋學習的全方位範疇，同時滿足以下功能：視像學習、視像教學、自動評核、校園管理、教育認知測辦。當評核仍需依賴人手的問題困擾着眾多開發者時，「思蓓飛躍」首先成為市面上唯一一個能處理這個痛點的產品，並額外提供教育認知測辦新功能。

2　〈明匯經貿推出亞洲首個無縫虛擬學習平台〉，2015 年 11 月 25 日（https://www.hopetrip.com.hk/news/201511/266545.html）。

（三）從香港到內地，借力南沙政策

列家誠從微信羣得知廣州南沙要舉辦創新創業大賽的消息後，便馬不停蹄地帶着「思蓓飛躍」參加 2017 年南沙新區「創匯谷杯」第二屆創新創業大賽。最終，列家誠和他的團隊獲得成長組第二名的好成績，隨即收到了「創匯谷」的入駐邀請。[3] 在了解了南沙的創業政策和營商環境後，他決定將公司搬過去。

最初列家誠決定來內地時，他的香港朋友極力勸阻，誤以為內地沒有高鐵，沒有網絡。他坦言，這也是他第一次真正了解南沙的發展狀況，「港資企業在南沙建了很多設施，但是香港人，特別是年輕人，對南沙一直沒有特別的印象。我們贏了比賽後，才知道現在南沙有自貿區，有香港科大的研究院，還有霍英東的基金，南沙區政府也在積極邀請香港人過去開發市場，搞科研」。談及在內地的發展，他說：「來內地三天就找到了投資人，註冊程序也很簡單，政府已經把很多複雜的東西簡單化，這對我們的幫助很大。」當然習慣於香港「代辦文化」的列家誠，在內地發展過程中也難免遇到了行政差異和酒桌文化差異的問題。

如今，「思蓓飛躍」於中國三省已有超過 40000 用戶，產生正收入，不僅是香港科技園網動科技創業培育計劃、JPMorgan NxTEC 加速器、SOW Asia 加速器的傑出成員，還多次於海內外大賽獲獎，包括廣州創新創業大賽亞軍，更曾接受中國新華社、美國彭博、香港經濟日報等邀請訪問，分享成功創業心得。

談及「思蓓飛躍」的未來，列家誠希望它能成為一個大數據的整合平台，從最基本的學習課程材料管理、到知識共享、至評核自動化。除更着力於中國其他省份推廣外，列家誠也於沙特阿拉伯、愛沙尼亞及英國設立代表處，探討相鄰開發中「一帶一路」國家的商機，尋找海外市場機會。隨着公司逐

3　〈港澳青年匯聚大灣區　南沙成創業熱土〉，2017 年 8 月 1 日（http://money.163.com/17/0801/05/CQNRIDUO002580S6.html）。

漸壯大，列家誠期望能有內地員工加入。

　　談及香港青年與內地青年創業的差異，列家誠認為內地青年更加大膽，而當代香港青年與上一代相比會比較勇敢一點，但是仍需多考慮謀略，不可盲從。他相信香港青年只有保有一顆開放的心，才會有更多的機會。

二　企業案例分析：
　　兩地政策助力內地扎根

（一）關注消費者及行業痛點，捕捉商業機會

　　為了解決因地理和空間導致學習差異化的痛點，列家誠利用網絡交換優質的教學資源。而當我們在解決消費者的痛點，在做技術平移或者改進的時候，同時需要關注行業的痛點，因為這種「伸維意識」才是塑造自身企業長久發展力的方向。列家誠從行業角度思考，發現在線學習行業缺乏一個整合性平台，並且其他產品並未解決評核依然需要依賴人手的問題。創業者需要具有合理的思考高度，才能引領企業從解決小的痛點，到站在行業發展高度，解決行業痛點，從而不斷發展新的商業模式，帶動企業和行業發展，做強做大。

（二）抓住政策紅利，壓縮初創成本

　　內地市場龐大、機遇眾多，競爭激烈，港澳青年初入內地，對自然環境、政府政策、商業文化均不了解。為支持創業創新主體，國務院及各部門近年來出台了一系列利好政策。在本案例中，列家誠及時抓住政策機遇，利用香港科技園拿到場地和資金支持，有效地降低了創業初期的成本投入和風險。同時，利用南沙創新創業大賽和相關政策，入駐「創匯谷」，快速嵌入內地市場。由此可見，通過政府相關的政策支持，列家誠成功解決了很多港澳青年初到內地發展面臨的困難和挑戰。

三　啟示：把握海外視野優勢

（一）保持創新開放思維，發揮國際視野優勢

當前，多數港澳青年對於內地發展情況仍然存在較大的誤解，而這種誤解正阻礙他們挖掘內地發展機會。在粵港澳大灣區舉行的青年創新創業對話活動，為港澳青年更好地了解內地提供了一個窗口，港澳青年需要時保開放思維，主動接觸內地商業環境。港澳青年具有國際化視野，更熟知國際交流溝通規則，再加上語言優勢，相比內地人更容易嵌入國際市場。列家誠就是躍然紙上的例子，他發揮作為港澳青年的優勢，在英國、阿拉伯和愛沙尼亞等「一帶一路」國家設立了辦事處，尋找海外市場機會。因此，港澳青年作為中國與沿線國家共建「一帶一路」的天然紐帶和參與者，可以利用「面向海外」優勢，走「國際化」路線，開拓海外市場渠道。

（二）關注政府政策，助推企業過渡

近年來，粵港澳大灣區的興起無疑為香港創業者拓展內地市場帶來東風。在本案例中可見，南沙在吸引港澳青年方面已有明確的定位和計劃。「創匯谷」則專門為澳門創業者設立澳門空間，澳門是一個旅遊城市，其青年創業的方向跟旅遊相關的較多，在圍繞本土的旅遊資源上尤其豐富。除此之外，「創匯谷」還提供有針對性的課題輔導。因此，港澳青年可以通過參加政府舉行的相關活動和大賽，了解內地的創新創業環境，找尋創新創業方向。同時，初到內地的港澳創業青年應積極主動了解和利用國內針對創新創業的政策優惠，助推企業平穩過渡。

四　案例大事記梳理

2014 年，明匯經貿有限公司成立；

2014 年 12 月，「思蓓飛躍」創業項目獲香港科技園網絡科技創業培育計劃支持；

2015 年 3 月，公司正式入駐香港科學園的 Incu-App 中心。

第十五章 中富建博：測量師的 專業創業之旅

公司名稱：中富建博有限公司

創始人：　李國華

創業時間：2002 年

所處行業：建築諮詢服務

關鍵詞：　測量師，綜合諮詢，專業服務，建築科技

訪談時間：2017 年

一　創業者故事：因為專業，所以創業

（一）深耕建築測量，專業型創業

李國華的祖籍是廣東潮汕，潮汕人多數具有經商的傳統，李國華的父親也往來於香港和內地做生意。李國華大學畢業的時候，父親諮詢他是否有興趣從商，一起經營生意。李國華考慮了一下，認為自己還是更喜歡在香港從事建築專業方面的職業。於是，1993 年，在英國攻讀建築專業的李國華大學畢業後，回到他土生土長的香港，進入香港房屋協會工作。

香港房屋協會成立於 1948 年，是一個非營利、非官方的機構，致力於

為香港市民提供可負擔的房屋及相關服務，而且是香港建築和地產行業多個方面的先驅，包括率先從英國引入專業的房屋管理人才，管理所屬的出租屋，發展夾心階層住屋，為政府推行各項貸款計劃，發展長者房屋，參與市區重建，以及協助私人舊樓業主管理和維修樓宇等。[1]

香港房屋協會的業務範疇很廣，發展多項房屋計劃，致力於滿足不同階層的住屋需要，包括出租屋村、郊區公共房屋、住宅發售計劃、夾心階層住屋計劃、資助出售房屋項目、市區改善計劃、市值發展項目、市區重建項目以及「長者安居樂」住屋計劃等。李國華從事的建築測量工作涵蓋的範圍也比較廣泛，包括建築施工前期的勘查、建築設計審查、整個項目建造過程的安全和品質管理的監督，以及如何對房屋進行有計劃的維修和保養等。通過這些工作的歷練，李國華掌握了建築測量的各種技能，也鍛煉了細心、負責的職業素養。這樣的工作經歷不僅讓李國華大學所學的專業在實踐中得到了鍛煉，並且為日後在建築行業的發展打下了堅實的專業基礎。從 1993 年到 2000 年，李國華在香港房屋協會做了七年的建築測量師，成為一名建築測量領域的專業人士，並得到了香港政府的認可，實現了自己大學畢業時的理想。

建築測量師起源於英國，是由於建設領域專業分工不斷細化而逐漸形成的。20 世紀 70 年代中後期，香港的建築和房地產業迅猛發展，然而建築師人才卻供不應求，於是從英國聘請了一批建築測量師到香港屋宇署工作。建築測量師既掌握專業技術，又熟悉法律法規和圖紙流程審批等管理業務，開始逐步在香港受到認可和歡迎。建築測量師的工作內容包括建築設計圖紙的審查、公共及私人樓宇的維修和保養管理、對建築物的各種缺陷進行診斷（也被稱為「樓宇醫生」）、建築物安全檢查、建築物的改造和翻新、為客戶申請各種營業牌照、新樓宇交付使用和舊樓宇出售前的樓房度量、樓宇設施的維護管理、建築物施工及使用過程中出現糾紛時的專家證供和仲裁等，涵

---

[1]　香港房屋協會（http://www.hkhs.com/tc/index.html）。

蓋建築物的建造及經濟問題、與建築物有關的法律問題、建築物維修和項目管理等內容。[2]

要成為建築測量師通常需要具有大學建築測量專業學位，達到規定時間的工作年限，參加考試並通過才能獲得專業資格，而且還應當達到香港測量師學會規定的嚴格的專業標準。香港測量師學會規定，要成為建築測量師應當至少有歷時兩年不少於 480 個工作日的專業實習期。實習期間，需要接受總共不低於 40 小時的專業知識培訓；要承擔一項實踐任務，並表現出具有運用專業手段處理問題的能力；要通過專業面試考查，專業的面試由業內資深人士擔任評委，考查候選人是否具有資格。專業的建築測量師一般在獲得香港測量師學會的專業會員資格一年後，可以申請註冊成為專業測量師。

目前，李國華已經成為一名註冊的測量師，而且是香港測量師學會資深專業會員、香港政府認可人士，並成為非常少有中國人擔任的英國皇家測量師學會董事管理局成員。

2000 年，在香港房屋協會工作了七年之後，李國華遭遇了「七年之癢」。因為香港房屋協會的業務範疇主要為住宅，李國華經過了七年的認真工作，非常熟練地掌握了建築測量的各種工作。但是，隨着工作的持續，李國華覺得在房屋協會的工作挑戰性逐步減弱，每一年的工作情況基本是重複的例行事務居多，學習的新東西越來越少。

於是，李國華在 2000 年選擇了離開香港房屋協會，並接受同行朋友的邀請，加入某家建築顧問公司，主要從事專業的建築顧問工作。在香港房屋協會，李國華是作為業主方（甲方）的顧問角色，而且主要面向住宅。但是在專業顧問公司裏，李國華承擔的是乙方角色，服務的項目非常廣泛，既包括住宅，也有商場、辦公樓、酒店等不同的項目，會面臨不同客戶的各種需求，以及許多不同類別的市場運作方式，擁有許多學習的新機會。而且，通

2　陳建國、唐可為、曹吉鳴：〈香港建築測量師及其專業角色的研究〉，《基建優化》2004 年第 25 卷第 2 期，第 1—3 頁。

過更多方面的專業經驗，可以得到一些範圍更廣的政府人士認可。這些都讓離職之後的李國華得到了更多的鍛煉，積累了更加多元和多樣化服務的經驗。

2002 年，李國華開始創辦自己的公司 United Consulting Limited (UCL)（中富建博有限公司），提供專業的建築服務。

（二）專業綜合服務，提高生活質量

2002 年創立中富建博之後，李國華在 2005 年開始進入中國內地市場。中富建博的定位是提供建築相關專業服務，以支持客戶的核心價值以及提高生活質量，成為客戶的專業合作夥伴。中富建博是一家針對所有土地、建築、物業等領域的綜合諮詢公司，其所提供的專業服務包括項目管理、可行性研究、建築測量、法定提交、牌照申請、設施管理、房地產諮詢和設計施工服務等。[3]

項目管理方面，中富建博能夠通過一套行之有效的方法和框架進行管理，在計劃的時間內爭取客戶的最大利益，實現所有項目的目標。從項目概念發起，到招標、服務及合同採購、工程開工、進度監控、工程竣工、項目收尾及交接、持續維護等這些不同的階段都能為客戶創造價值。具體的項目管理服務內容包括：代表客戶的利益提供獨立的專業意見、識別客戶的要求、協同與監督所涉及的不同服務方、跟監管機構進行聯絡、確保質量標準得到遵守、追蹤和確保項目的時間和預算控制等。

可行性研究服務主要是在項目實施前進行分析和評估，減輕客戶的建設項目和房地產投資的風險。而且，根據客戶對物業投資和資產管理等方面的需求，通過量身定製給出專業意見，幫助客戶做出更好的決定和選擇。建築測量方面，主要通過先進的建築測量技術、工具和方法，為業主、租戶和投資者提供全面的建築測量服務，如預建設條件調查、預購建設調查、預租狀

3　中富建博網頁（http://www.unitedconsult.asia/cs-home）。

況調查、既有建築狀況調查、結構調查、滲水與泄漏調查、建築消防安全評估、測量調查、診斷與建築缺損修復和保養建議等。法定提交指的是客戶需要依法提交文件給政府部門批核時，中富建博的認可專業人士將提供專業建議和幫助做出一切必要的準備，並完成所有必需的步驟和提交。

中富建博還提供牌照申請和設施管理服務。在香港，不同類別的活動或用途的場所（如餐廳、食品企業、酒店、學校、戲院和酒吧等），需要從不同的政府部門申請不同類別的許可證。這些許可證上涉及不同的履約項目，如土地及建築物的使用、消防安全、衞生環保等。從規劃到完成階段，中富建博的認可專業人士將確保客戶的應用場所符合要求。整個過程中，公司將幫助客戶把證明文件和所有的應用程序準備好，與不同的政府部門聯絡，直到所有的申請工作完成。設施管理在於維護和改善建築環境所需的條件，滿足商務、職場和生活需要。設施管理集合了人、建築、工程、技術、企業管理、流程和項目，以建立一個有管理體系的環境。

中富建博同時為多種物業類別提供估值流程和可行性研究等方面的諮詢服務，包括大型的開發項目、商場、寫字樓、市場和個人物業等。此外，中富建博還提供設計和施工服務，主要包括設計施工的前期規劃，範圍開發服務以及項目估算。專業的項目經理協調規劃和設計過程，並監督設計師和承包商之間的工作，項目覆蓋建築、工程和施工。中富建博選擇並管理設計和施工的專業人士，在設計和建設過程中擔任業主代表，協調和管理私人承包商和顧問的設計過程和建設活動。

2007 年，全球領先的房地產服務商戴德梁行的 CEO 邀請李國華到上海擔任中國區的董事兼建築顧問。李國華考慮再三之後，答應了這一邀請，但約定工作期限為兩年。儘管當時他必須把中富建博的業務暫時交給合夥人，在一定程度上影響了公司在內地業務的拓展。但李國華認為，戴德梁行是一個國際性的大平台，自己在這裏可以得到更大的鍛煉，也能積累到更高層次的人脈，這間接地促進自己今後繼續創業，是一種「曲線救國」。例如，在戴德梁行工作期間服務的中國平安、五礦集團、渣打銀行、金蝶軟件等大企

業，讓他積累了許多豐富的大型項目運營經驗。戴德梁行有來自各行各業、非常全面的客戶羣，這些不同背景、不同類別的客戶，在具體的運作方法、項目目標和要求等方面都存在很大區別，這在很大程度上促進了李國華綜合能力的鍛煉和提升。另一方面的挑戰則來自於兩地差異，由於負責的是整個中國內地市場，內地的法律法規和辦事流程跟香港存在不少差異，而且各個地方和團隊的工作習慣、經驗和方式也存在很大區別，但李國華認識到這裏既有香港方面的優勢，也會有內地的長處，總是客觀去分析和看待：一方面發揮在香港工作多年積累的先進經驗，對內地的團隊進行培訓，帶動整個團隊的提升和進步；另一方面也虛心快速地向內地的一些先進做法學習，努力整合雙方優點，以提供更好的服務方案。例如，以前內地的許多商業地產的設計更多的只是從建築工程技術的角度去考慮，李國華便引入了香港在這方面的先進經驗，不僅考慮工程，還充分考慮商業地產的市場需求情況，使得整個項目今後的運營更加成功，讓客戶從中獲得更多增值。

2009 年，在戴德梁行經歷了兩年鍛煉之後，李國華選擇回到自己的公司，繼續創業。李國華笑稱這段經歷就像是去大學讀一個研究生一樣，接觸新的課題項目，可以學習到新的知識和經驗，為今後的發展奠定更好的基礎。他在這期間特別積累了物業管理的經驗，並在原來建築測量師的基礎上，增加持有物業設施管理的專業資格。而且，當年自己帶領和鍛煉的隊伍，現在回過頭去看還是很有收穫的，不僅自己得到了提升，團隊的成員也得到了很大的鍛煉，取得了長足的進步。

李國華說，自己創辦中富建博就是基於自己和合夥人在建築領域的專長和豐富經驗，可以為客戶提供專業服務。目前公司的強項主要體現在四個方面：第一，一站式專業服務。公司擁有多種類別的建築和商業知識，通過綜合性的服務，確保項目成功並有效降低客戶的成本和付出。第二，長期客戶合作關係。中富建博視每一個客戶為長期的合作夥伴，認真傾聽客戶需求，充分考慮他們的最佳利益，不斷優化客戶的業務狀況，構建持續穩定的客戶關係。第三，嚴格的質量控制。中富建博對每個項目和任務都設立嚴格的質

量控制和規格保證，通過日常運營及嚴格的質量管理，確保高水平的質量。第四，創造性思維。中富建博不斷吸收最新元素，憑藉前衛和開放的思維，接受各種挑戰，創造卓越的業績。

目前，中富建博的核心團隊在 20 人左右，許多項目的業務就通過聯營公司進行外包。其中，團隊在香港有 12 人，在內地 8 人，內地的辦公室設在上海。李國華說，在內地的經營模式選擇上，他目前不希望團隊規模太大。因為當年他從戴德梁行離開，返回香港，主要考慮把更多時間放在香港，以陪伴家人。之所以後來又拓展上海周邊的市場，主要是因為一些老客戶的熱情邀約。近期，他主要將重心放在廣東市場，並與廣東當地的一些企業進行合作，抓住粵港澳大灣區的發展機遇，同時逐步拓展「一帶一路」的市場。

（三）推動建築科技創新

近年來，李國華及合夥人注意到新興的互聯網、人工智能、3D 打印等高科技的發展對傳統產業的革新和顛覆，他們認為這些新興科技也將對建築行業產生重要影響，而且速度將不斷加快。於是，2015 年，他們開始在建築信息科技方面進行投資，持續跟進各種新興科技的進展，希望能夠提前佈局。目前，他們已經成功開發出建築信息模型（Building Information Model），並逐步進行推廣和應用。

建築信息模型是建築學、工程學及土木工程的新工具，通過其智能立體過程，以及融合建築、工程和施工專業人士的意見，能夠使項目同步協調和統一管理，實現可視化的建築設計的立體模型，提高設計的精確度，節約設計時間，減少建築質量問題和安全問題，並減少重工和修正。例如，以前傳統的二維設計，在空調風管等方面可能在設計上可行，但在施工過程中會存在一些難以實現的地方。現在通過新的技術手段，可以實現三維設計，在招投標之前就可以更加精確計量，避免浪費時間和材料，減少後期施工成本。而且，基於建築信息模型，可從設計、建造到運營全生命周期實現模擬項目

的施工過程，將管理工作前置，優化管理方案，降低管理風險，提升管理效率。通過建築信息技術，還能夠實現管理工作的數字化，通過大數據分析為管理提供可量化的決策依據。

李國華認為，建築科技的進一步發展，將在許多方面顛覆現有的建築行業。例如，在房屋和樓宇的建造上，將基本實現房屋建築的裝配式技術，先在廠房裏生產基本的造型，然後直接運送到現場進行拼裝就可以快速建造房屋。3D 打印技術的應用，可以使建築設計更加精準到位，使原來傳統設計無法精確的具體細節得到呈現。而且，在此基礎上，可以通過 VR（虛擬現實）技術進行建築真實場景的展示，讓業主、設計單位、施工方和顧問單位能夠在真實的情境下得到有效的溝通。李國華表示，以前的設計模型和圖紙基本上只能供專業人士進行交流，客戶們多數看不懂專業的設計圖紙，但現在通過 3D 打印和 VR 實景展示，普通人也能夠看得清楚明白，於是客戶和專業人士的交流將會更加順暢和深入，也避免事後的爭議和扯皮。此外，現在的無人機技術，可以應用到許多高層樓宇的測量和檢測，實現更加精確的效果。

因為是英國皇家測量師學會的董事管理局成員，李國華清楚地了解到建築領域的這些科技創新，英國和歐美發達國家已經在較早時期就進行了大量的投入，並逐步推廣。李國華認為，目前高科技還在持續進步和發展中，為此，必須更加深入地推進傳統建築行業與高科技的融合，努力投入資源進行創新，才能更好地實現突破和發展。當然，由於是創新，可能還會存在許多不完善之處，甚至會有曲折的過程，但並不能因此就不去嘗試和努力，而應當不斷探索行之有效的可行方案。特別是粵港澳大灣區正在積極打造全球重要的科技產業創新中心，傳統建築產業也將有許多新的升級機會。

2015 年，李國華在深圳前海組建了英建盈科公司，整合了來自測量、建築和工程三方面不同專業背景的合夥團隊，專注於建築科技和信息的創新研發和應用推廣。該公司一方面整合了不同專業背景的人士，並與相關科研機構和高校進行合作，以實現更多跨行業、跨領域的創新；另一方面跟英國

的建築信息模型研究機構合作，將英國的先進經驗和模式引入中國，促進更多的高科技項目在建築領域落地。此外，李國華還充分發揮自己的國際化優勢，邀請英國、新加坡等地的專家，拓展「一帶一路」建設的建築項目。

（四）不忘初心 回報社會

李國華說，他的創業不僅僅是為了金錢利益，而是希望通過搭建一個平台，做一些能發揮自己專長，更值得去做的、有意義的事情。而且，他希望通過創業的契機可以更加自主地嘗試一些新的領域，並將時間分配到自己認為更有意義的事情上。因此，2017 年他在香港組織一批測量師和建築師等，共同發起成立一個非營利組織，發揮大家的專業優勢，去調研一些課題和項目，為政府提供決策參考，以此來服務社會。例如，針對香港政府提出的「2030 年城市規劃」，他們就從建築專業人士的角度出發，提出專業意見，希望為香港未來的城市規劃盡自己的努力。

李國華認為，在創業過程中，有些人選擇努力去把業務規模做大，這是一個很好的方向，但並不是唯一的方向。目前，他認為自己公司的業務已經基本穩定，因此，他「小富即安」，沒有更多去考慮公司規模的擴張，而是更多選擇將自己的專業經驗用於服務社會的公益事業上。儘管從目前的規模和人數來說，中富建博只是一個中小企業，但像這樣的中小企業在香港和許多發達國家非常多，這也是推動經濟發展的重要力量。李國華現在並不想快速把中富建博擴展成為一個大企業，而是精心去做好每個項目的專業服務，然後順其自然地發展，並且將更多時間精力投入到社會公益方面。例如，針對新興技術在傳統建築行業的應用，最近李國華聯合了一些建築師，跟香港大學的教授合作，開設建築信息模型工作坊，舉辦建築科技應用的設計比賽，將實踐界最新的科技應用帶到大學課程裏，讓大學生能夠第一時間了解和實踐最新的建築科技。李國華說，這些到學校裏進行的公益活動，都是無償付出，但也都是自己可以去做、應該去做、去實現價值的領域。對此，他認為，每個人的價值觀很重要，價值觀決定了許多事情值不值得去做，也

對個人的職業規劃和選擇產生影響。如果只是從經濟收入的角度考慮，在香港，作為專業的政府認可人士，完全可以選擇擔任公職，可能收入更高、更穩定。

此外，李國華也希望，通過到內地進行創業，能夠把香港許多先進的建築管理和運營經驗帶到內地，這可能是比盈利更重要的東西。例如，他們在廣州某個地鐵站的統籌規劃顧問，就借鑒了許多香港軌道交通的經驗，考慮如何將地鐵的大量人流合理地引入地鐵站的商業地產中，實現無縫連接，從而挖掘出地鐵站的更多商業價值，並帶給客戶良好的體驗。在建築顧問方面，香港和內地在對待建築顧問上仍存在不少差異，香港基本上比較尊重專業顧問的意見，但內地的許多開發商都比較強勢，會直接干預圖紙設計。內地的監理服務也相對單一，較少涉及綜合性的顧問服務。中富建博希望通過努力，在尊重內地既有傳統的基礎上，逐步引入香港的經驗，使內地的建築顧問往更加科學、專業的方向發展。

李國華現在也積極參與一些香港與內地的交流活動，他希望通過這樣的交流，加強雙方的了解，減少兩地的隔閡，並通過自己的實踐和感受，帶動更多香港年輕人來內地創業。他期待更多香港的年輕人能夠參與到內地的建設和發展中，因為內地的市場比香港大得多，有許多發展空間。當然，他也表示，內地在法律法規和營商環境方面，仍有不少改進空間。他結合自己的經歷，對香港企業來內地創業在市場方面的期待提出三點看法：第一，有沒有市場需求，創業者會考慮這個市場是不是有競爭優勢，能不能發揮專長。第二，法律法規是否透明。許多香港人可能很熟悉香港的法律，但不熟悉內地情況，不太敢過來。因此，要加強內地法律法規的宣傳，讓香港人更加願意和放心地到內地創業。第三，政府部門的服務是否高效、到位，這方面近年來進步很大，但仍有不少提升的空間。

二 企業案例分析：
專業人士的不斷創新

（一）運用專業知識進行創業

建築顧問和綜合諮詢服務的創業是一個相對專業的領域，在執業資格方面具有一定的進入門檻。因此，為了實現自主創業，李國華經歷了多年的積累。在建築專業大學畢業後，他到香港房屋協會從事建築測量工作，經過了七年的經驗積累和歷練，成為香港測量師協會的專業測量師，並成為香港政府認可人士。之後，他又到專業顧問公司戴德梁行從事更加廣泛的建築和物業管理顧問工作，並增加持有物業管理專業資格。這些專業的歷練使他在專業技術、管理經驗、業界人脈等方面都得到了有效的積累，使他在建築專業服務方面的自主創業水到渠成。憑藉多年的從業經驗，李國華在團隊組建、市場拓展、客戶服務等方面都能夠得心應手，讓自己的專業經驗的價值得到有效體現。

（二）先進建築經驗的本土化運營

從 20 世紀 70 年代起，香港的基礎設施和房地產市場蓬勃發展，積累了豐富的建築管理經驗。而近年來內地正跟隨香港的腳步，在基建和地產方面加速投資和發展，對專業的建築諮詢服務有很大的市場需求。李國華充分認識到這一發展機遇，依託自己在香港多年的專業經驗，在 2005 年就到內地創業，希望將香港的先進建築經驗帶到內地，促進內地建築市場效率的提高和效果的改進。由於內地和香港在制度、基礎和習慣等方面都存在不少差異，李國華沒有生搬硬套香港的經驗，而是充分結合內地的實際情況，進行卓有成效的本土化運營。李國華總是充分了解內地的一些既有習慣，再慢慢引入香港的做法，逐步去調整和改變。而且，在這個過程中積極做好溝通，培養客戶習慣，讓內地的業主也逐漸「依賴」專業顧問。李國華希望自己一方面要具有國際的視野和眼光，另一方面要結合當地的實際進行調整，儘量

求同存異，更具在內地發展的適應力。通過努力，中富建博在內地的項目得到了較好的推進，並深受客戶好評。

（三）傳統建築與新興科技的有效融合

李國華在傳統的建築領域已經積累了非常豐富的經驗，但他並沒有因此故步自封、因循守舊，而是積極關注各種新興科技的發展動向，並考慮和嘗試將信息技術、3D 打印、VR、無人機等新技術應用到建築領域的專業綜合服務中，解決傳統做法的一些老問題，並改進用戶體驗，提升服務質量。通過李國華及其團隊的努力，許多新興技術逐步應用到傳統建築服務領域，實現交叉創新，甚至顛覆既有模式。這使李國華在建築專業服務領域的創業增加了許多高新科技元素，增強了企業的競爭優勢，對行業和市場產生了更加深遠而廣泛的影響。而且，這也使新興技術找到了更多用武之地，促進了科技的應用和推廣，實現了新興技術和傳統行業的有機融合。

三　啟示：服務創造價值

（一）香港先進經驗的內地推廣

香港在過去作為「亞洲四小龍」之一，短時間內實現了經濟騰飛，基礎設施和房地產市場也得到了迅猛發展，並積累了許多經驗。這些在建築領域的專業服務經驗有的是從英國等西方發達國家引入的，有的是香港本土在建設過程中自己總結摸索出來的，都是人類在城市建設和房地產建築發展過程中的寶貴經驗和知識累積。李國華正是依靠自己在建築測量、物業實施管理等領域的專業經驗，組建專業團隊，將香港的領先經驗服務於內地蓬勃發展的廣闊市場，從而彌補了內地市場在這方面的缺口，成功抓住商機，創造價值。因此，香港青年在創業過程中，要加強對內地市場的調研，結合自身優勢，思考是否存在一些香港已經較為領先或完善但內地目前還相對落後或者

匱乏的領域，從而將香港的經驗移植到內地，並構建合適的商業模式，促進產品或服務的跨區域流動，更好地推動創業的進展。

（二）用心服務成就口碑

李國華充分利用自己在建築領域的多年經驗，秉承為客戶提供專業化服務以提高生活質量的理念，用心去做好每一個項目，在行業裏積累了良好的口碑，使其創業過程中的客戶基本上都是多年合作的老客戶，或者是客戶、同行推薦的。這一方面得益於李國華的專業技術能力得到廣泛肯定。他是香港測量師學會的測量師、資深專業會員，是香港政府認可人士，還是英國皇家測量師學會董事管理局成員，又擁有香港房屋協會、戴德梁行等大型單位的運營經驗。另一方面，李國華具備良好的專業素養，認真、勤懇、敬業，努力為客戶着想，充分考慮客戶的最佳利益，確保了高水平的服務質量，超越客戶的期望。正是這樣優秀的專業能力加上優質的服務水平，使李國華及其團隊建立了良好的口碑，無須廣告宣傳仍然客源不斷。從營銷的角度看，口碑就是最好的宣傳和廣告。因此，港澳青年到內地創業時，要用心服務，努力去建立自身和企業的良好口碑，逐步建立品牌形象，才能在市場上走得更為順暢。

（三）找準合適的創業定位

李國華根據自己在建築測量和物業管理等方面的專業優勢，並結合自身偏好、家庭與工作平衡等問題，將自己的創業定位明確在專業的建築綜合服務，並主要聚焦在廣東市場。儘管後來由於老客戶的盛情邀請，又前往上海及周邊地區提供服務，但他將這看成一種「順其自然」。隨着公司業務走上正軌，他並沒有進一步去追求業務的擴張和規模的擴大，而是將重心轉移到關注新興科技與傳統建築的融合，以及作為一名專業人士和政府認可人士的社會公益服務上。因而，從某種意義上，李國華目前的創業已經不完全是商業上的考量，而更多含有社會創業的成份。但他認為這是自己的主動選擇，

而且，更加應當去做。這些服務社會的行為儘管不能為企業帶來利潤，但符合李國華自己的價值觀和創業定位。他樂在其中，充滿激情。對於港澳青年而言，如何找到更加契合自己價值觀的創業模式，找準自身定位，是在創業過程中必須去努力思考的一個重要問題。因為創業總是充滿了風險和許多不確定，甚至會經歷許多艱難時刻。如果有清楚明確的價值觀和合適定位的支撐，就能夠幫助創業者更好地渡過難關，實現更好的成長。

四 案例大事記梳理

1993 年，李國華大學畢業後，進入香港房屋協會工作；

2000 年，李國華離開香港房屋協會；

2000 年左右，李國華成為香港測量師學會會員和政府認可人士；

2000—2002 年，李國華進入香港某家建築綜合顧問公司工作；

2002 年，李國華在香港創辦 United Consulting Limited（UCL）（中富建博有限公司）；

2005 年，李國華到內地開展業務；

2007—2009 年，李國華任戴德梁行中國區董事兼建築顧問；

2015 年，李國華在深圳前海組建英建盈科公司；

2017 年，李國華成為英國皇家測量師學會董事局成員。

第十六章　雲端容災：象牙塔技術達人的坎坷創業路

公司名稱：深圳市前海雲端容災信息技術有限公司

創始人：　李德豪

創業時間：2016 年

所處行業：網絡安全

關鍵詞：　雲端容災，大數據，自動演練

訪談時間：2017 年

一　創業者故事：輾轉創業，前海騰飛

（一）走出高校，逐夢商海初心不減

創業之前，香港土生土長的李德豪是香港人眼裏的「學霸」，是象牙塔裏不食人間煙火的科學家。1990 年，李德豪進入香港浸會大學數學系就讀；1994 年，他考入香港大學電機及電子工程系修讀碩士課程，繼年獲選提升為博士研究生，並於 1997 年取得電機及電子工程博士學位，主要研究方向為 III-V 組半導體材料及利用量子阱為主的光電及光子器件。畢業後，李德豪潛心於量子力學方面的研究，同時在香港大學及山東師範大學擔任客席助

理教授，負責有關光學電子的課程。

之後，李德豪逐步將研究方向從純理論的量子力學基礎研究轉向數據備份和網絡安全方面的應用研究，並開始走出象牙塔，與網絡安全行業的政府部門和企業進行合作。談到這次轉型，李德豪説，在香港的大學裏，學者們收入穩定，工作和生活非常簡單純粹，學校和實驗室真的是「象牙塔」，是「桃花源」，除了學術界，研究人員很少與外界往來，「不知有漢，無論魏晉」。這種可以心無旁騖、潛心學術的優越環境，使香港的大學研究不斷取得進步。因此，自己之前的規劃是在高校裏致力於量子力學方面的理論研究，希望能成為一名科學家。但是，1997 年的亞洲金融危機和 2003 年的沙士（SARS）疫情使香港的經濟受到重創，使許多大學教授和研究人員的生活受到了較大程度的影響。這種情況刺激了李德豪，促使這位年輕的博士開始重新思考自己的未來航向。而且，李德豪的哥哥在香港長期從事房地產業務，他一直希望弟弟能夠多參與到市場經濟中，為社會創造更多的商業價值，而不是只會埋首於書齋。李德豪經過慎重考慮，聽從了哥哥的建議，逐步轉向應用層面的技術研發，並積極考慮成果轉化。他希望，通過更多接觸市場和商業的歷練，能提升自己的綜合競爭力，讓自身的生命力更加強大。當遇上新的危機時，自己能夠更加主動去應對，而不是只能被動接受安排。而且，即使自己在商業上的努力失敗了，依然可以依靠已有的專業積累和新的商業鍛煉重新尋找教職，可謂「進可攻，退可守」。

離開學校之後，李德豪加盟香港怡安電腦公司，擔任技術總監，專門研究數據恢復的頂尖技術。2004 年，李德豪與香港新加坡南洋理工網絡技術研究中心合作開發了香港第一套專門用於業務連續和災難恢復的裝置 BizCON Appliance，這一裝置被數十間香港政府機構和國內外公司採用，李德豪也因此被香港 IT 界稱為「香港的土產發明家」。因此，儘管開始投身商海，李德豪仍然希望能充分發揮自己的技術優勢，保持在學校裏從事研究的那份初心，研發出好的產品來服務客戶。

（二）起步香港，初次創業歷盡坎坷

在怡安電腦工作幾年之後，李德豪於 2008 年在香港創辦了 BizCONLINE Limited，專注容災儲存業務。所謂容災，源自英文 disaster tolerant 或 disaster recovery，指的是可以容忍災難發生而不影響業務繼續運行，在國外也被稱為「災難恢復」。具體而言，就是當電腦的應用系統和數據庫受到不可抗力影響的時候（如水災、火災、地震、海嘯、颱風以及大規模騷亂乃至戰爭），能夠通過啟用在異地實時在線的備用系統和數據立即接管，確保用戶數據的安全，保證運營和交易順利進行。容災技術因此被譽為維繫互聯網世界正常運轉的「守門人」。

李德豪通過繼續研發，利用雲儲存技術，將傳統的容災由硬盤或服務器備份進一步延伸至雲端，並且在 2009 年自主研發出世界首創的每天自動演練（Daily AutoDrill）的雲端容災技術。自動演練，指的是該系統除了定期備份，還每天進行自動演練和報告，讓系統支援所有工作站的災難恢復。通過雲端容災中心的自動演練，將給 IT 系統每天進行一次健康檢查，對數據進行備份和審計，確保備份數據的可靠。而且，能夠提前預判系統中存在的各種問題，一旦發現數據系統存在異常，將立刻生成報告，防範災難的發生。[1]

李德豪的自動演練雲端容災技術在香港成功申請了三項專利，而且受到了香港 IT 界的好評。他立刻招兵買馬，廣泛宣傳，積極在香港市場進行產品和市場推廣。但是，與 IBM、EMC 這些容災備份領域的全球大品牌相比，相關的政府部門和機構對剛創業的李德豪仍然缺乏足夠的信任，不敢成為他的新技術的「小白鼠」。雲端容災先進技術「叫好不叫座」，市場開拓步履維艱。

此時，恰巧香港富豪龔如心千億遺產案的一位律師的電腦在開庭前出現了系統崩潰，依靠李德豪的數據恢復技術成功找回了資料，這成了

1　〈香港團隊「BizCONLINE」前海創業記〉，《深圳特區報》2016 年 1 月 19 日第 A6 版。

BizCONLINE 的第一單業務，讓李德豪看到了市場的曙光，自信滿滿。為開拓用戶，李德豪甚至在香港賣了一套住房，依託此成功案例，進一步加大市場宣傳。然而，李德豪的「賭博」卻沒有換回市場的認可，公司的業務依然沒有太大的起色。畢竟，像這位律師的這種意外事件還是屬於小概率事件，業務頻次不高。無奈之下的李德豪，只能逐步削減開支，把公司的人數減到最少，解散市場人員和行政人員，只留下研發部門。甚至到後來，他自己還跑到別人的公司裏打工掙錢來補貼 BizCONLINE，以維持最基本的運行。

（三）轉戰佛山，二次創業由喜轉憂

在香港艱辛創業多年後，李德豪開始將眼光投向內地，特別是毗鄰香港的廣東省，希望在內地開闢新市場。2012 年底，香港科技園和廣東省佛山南海區政府合作建設「粵港創新圈」的首個粵港聯合孵化器「創享藍海」啟動，BizCONLINE 成為首批入駐的 5 家香港創新型企業之一。2013 年，李德豪憑藉其多年的容災技術經驗，以及多項容災技術專利，在南海區申報「自動演練雲端容災中心」項目，獲得南海區「藍海人才計劃」的 A 級人才稱號，同時獲得最高級別的 300 萬元創業啟動資金。之後，李德豪還參加了首屆佛山市青年創業大賽，並進入前十強。

佛山的各級政府給了李德豪包括各類高新技術獎金在內的許多支持，這使李德豪在這裏似乎擺脫了在香港初次創業時留下的陰影，重新拾回了創業的信心。他發現，在佛山有非常發達的製造業產業集羣，除了大型龍頭企業，以中小企業居多，而他們目前多數尚未建立容災備份系統。而且，佛山市政府積極為李德豪牽線搭橋，包括引薦像佛山市志願者服務網等公共性互聯網項目的容災業務。李德豪料想，這將是一個非常有潛力的大市場。於是，2014 年，他把香港的團隊帶到佛山，並且和廣東省數字證書認證中心開展合作，準備開始發力佛山市場，將佛山打造成為雲端容災之城。

然而，現實卻給李德豪潑了一盆冷水，市場的反應大大出乎他的意料。

首先是佛山的許多中小企業原本在銷售和財務等方面的信息建設就不夠規範，而且非常擔心泄露企業的隱私信息，他們根本就沒有意願將數據進行網絡容災備份。李德豪説，即使他主動聯繫這些中小企業，想免費幫他們進行雲端容災，他們仍然不願意。其次，那些龍頭大企業都已經有了在信息系統方面的長期合作夥伴，並不認可剛進入內地且尚處於創業階段的李德豪。再次，內地一些機構的採購經常需要通過中介機構代理或經辦，並抽取一定佣金，剛進入內地的李德豪不熟悉這其中的「潛規則」，都是自己及香港團隊直接電話跟客戶溝通，最後經常「只聞雷聲，不見雨點」，白白耗費許多精力。後來開始熟悉行情的李德豪經人介紹，花大價錢請了一位跟當地有關機構熟悉的銷售，但最後還是沒有甚麼效果，還浪費了幾十萬元的「業務費」。

無奈之下，李德豪開始尋找另外一種拓展市場的方式，即通過跟清華紫光、浪潮集團等大型企業合作，希望借助國內這些知名品牌企業，進軍大型企業的容災備份市場。但是，合作的效果卻非李德豪所願。因為這些合作的大企業目前在品牌和市場上都處於強勢地位，他們在整個容災項目上主要還是推廣自己擁有的產品或者目前市場上比較成熟的產品，只會把一些「難啃的骨頭」或者「邊邊角角」留給李德豪，而這些部分技術難度大、風險大，利潤卻很低。

在佛山努力了兩年多，雲端容災業務遲遲未能打開市場。李德豪從一開始的滿懷希望、信心滿滿，到四處碰壁、失望至極。他深刻進行了反思，發現主要還是自己和從香港過來的團隊對內地的市場特點和經營方式不夠了解，這背後的本質是亞文化的差異。當然，李德豪依然保持樂觀。他説，儘管剛到內地走了一些彎路，但這也是必須要交的學費，相信經過前期的學習，以後就能夠避免許多錯誤。於是，李德豪不再直接聘請銷售，而是思考新的經營模式，在佛山主要通過招聘技術人員進行研發。與此同時，恰好「大眾創業，萬眾創新」的國家戰略提出，李德豪開始攜雲端容災的項目參加各種創新創業比賽，積極尋求新的機會。

（四）移師前海，三次創業雲開月明

2015 年 12 月，李德豪及其團隊參加了中國（深圳）創新創業大賽，在來自全國的近 4000 個項目的激烈角逐中脫穎而出，獲得了信息科技行業團隊組一等獎，並引起了許多投資人的興趣。而且，通過此次參加深圳的比賽，李德豪第一次接觸了深圳前海青年夢工場。由前海管理局、深圳青聯和香港青協三方在 2014 年 12 月發起成立的前海深港青年夢工場，是一個主要是通過行政制度改革，提供一站式拎包服務，引進多家孵化器，致力於重點幫助香港年輕人實現創業夢想的國際化服務平台。在這裏，成功入駐夢工場的團隊能夠得到租金減免，讓團隊省去創業初期的租金煩惱，可以全身心投入創新創業中。此外，夢工場的服務平台還提供融資、法律和會計等方面的一站式諮詢服務，幫助創業團隊解決創業過程中的各種問題和困難。前海青年夢工場還有每天往返於深港兩地的跨境巴士，方便香港人士上下班的往來。

李德豪立刻就被深圳前海的各種便利服務和優惠措施所吸引，特別是早在香港創業初期就與他熟悉的香港互聯網專業協會會長洪為民先生此時也到深圳擔任前海香港事務首席聯絡官，他大力推薦李德豪到前海創業。於是，2016 年，李德豪進駐前海青年夢工場，註冊成立了深圳前海雲端容災有限公司，開啟了新的創業之旅。這一次李德豪充分汲取了之前的經驗和教訓，終於在這裏「守得雲開見月明」，實現了事業的騰飛。

首先是前海和深圳的平台給 BizCONLINE 的企業品牌進行了很有力的宣傳和推廣。開發開放前海，是國家在深圳經濟特區成立 30 週年所作的戰略決策。前海將在「一國兩制」框架下，努力打造粵港現代服務業創新合作示範區。2012 年 12 月，習近平總書記在黨的十八大後離京視察的第一站就是前海，並對前海開發開放做出重要指示。因此，近年來前海吸引了全國乃至全世界的目光，經常吸引各地的政要和官員前來考察，這裏也經常舉辦各種創業比賽並吸引眾多投資機構參與。雲端容災通過前海這個平台得到了廣泛的宣傳，讓更多的人了解容災業務的內容、原理和重要意義，也清楚了李

德豪的技術實力。通過前海的平台影響力，許多合作機會紛至沓來，雲端容災的市場拓展速度得到大大提升。

其次，李德豪吸取了在佛山拓展市場時的教訓，開始改變直接銷售的經營策略，而是在各個地方尋找熟悉當地市場的公司進行合作。李德豪通過擁有的領先的自動演練技術和多年的容災經驗，與各地的合作商成立聯營公司，由他們去拓展當地市場。李德豪形象地比喻為這是在各地建立「容災醫院」，處理當地的容災問題。而 BizCONLINE 的主要工作就是培養各地的「容災醫生」，並且不斷研發出各種新的容災「藥物」和「治療方案」。BizCONLINE 已經在廣東江門、雲浮等地建立了合作企業，為當地用戶在物理、虛擬或雲計算平台的關鍵業務方面提供連續保護及快速恢復。當前，李德豪的主要任務是：一方面帶領技術團隊持續進行研發，不斷豐富和完善雲端容災方案，並且積極突破創新，保持技術的領先；另一方面作為公司的首席聯絡員，參加各種會議和論壇，推廣雲端容災，尋求各種合作。

最後，公司積極推進大數據和容災技術的交叉融合，實現雲端容災服務的升級。隨着大數據時代的來臨，李德豪及其團隊也將其融合應用到容災恢復中，研發出基於自動演練的數據挖掘分析技術，並受到廣泛關注。雲端容災的第一步是通過備份、異地容災和遷移等方法對數據進行保護，因此容災中心就集聚了大量生產、開發和測試的數據，並形成一個大數據池，在此基礎上就可以進行大數據的挖掘和分析工作。通過與大數據的結合，容災數據中心將不僅僅是成本中心，而且可以成為大數據分析的業務和利潤中心，使商業模式發生質的飛躍。因此，當正在深入實施大數據戰略的貴州省銅仁市了解到 BizCONLINE 的核心技術和運作模式後，表現出濃厚的興趣，立刻邀請李德豪到銅仁市共同建設大數據容災中心，而且當地政府在土地、廠房和設備等方面給予了許多優惠。目前，這項工作正在積極推進中。李德豪也正在積極跟湖北、廣西和福建等地的政府和相關機構密切接洽，爭取建立更多的大數據容災中心。

（五）展望未來，雲端容災逐鹿全球

隨着全世界政治局勢日趨複雜導致局部地區動盪因素的加劇，以及各種自然災害事故的頻繁發生，互聯網數據的安全備份問題日益引起各國政府和許多企業的重視。統計數據顯示，全球容災市場規模達數千億美元，中國的容災市場規模在 2020 年也將超過百億元。[2] 但是，目前中國市場上的容災業務卻大部分被美國的品牌搶佔，中國的儲存備份企業還基本沒能打入國際市場。

其實，李德豪已經擁有了一定的國際化經驗。在 2014 年，東南亞某國的大選引發政局動盪，持續的罷工和交通封鎖引發暴力事件，跨國零售巨頭樂購公司在動亂地區的門店運營面臨極大危機。對樂購這樣全球採購、跨國零售的大企業而言，一旦某個局部區域的後台數據系統癱瘓，將會引發全球性的訂單、採購和資金的停滯。於是，BizCONLINE 通過雲端容災服務，成功為樂購化解了這次危機。2016 年，在香港雲科技論壇（ClOUD TECH FORUM）上，前海雲端容災公司憑藉與樂購在容災領域的合作，擊敗 IBM、亞馬遜和微軟等世界知名企業，榮獲最佳雲通信和協作、最佳備份技術和最佳客戶關係管理三項大獎，引起了廣泛關注。

因此，李德豪希望憑藉自己在容災領域的核心技術和豐富經驗，能夠逐步走向國際市場，使 BizCONLINE 的雲端容災為全球提供服務。他說，現在創業一定要有大格局，要有全球眼光，然後安排好計劃，一步一步去行動。他將此總結為「志、信、劃、動」四個字：「志」強調的就是格局和視野，要有將中國的容災中心建成國際性標準的志氣；「信」指的是要有信心，要自信；「劃」強調的是必須有規劃和計劃，有些目標不能一下子達成，需要分步去規劃安排；「動」強調的是行動和執行力，這是目標能否實現的關鍵。當前，特別隨着「一帶一路」倡議的實施，許多「走出去」的中國企業，在境外經常面臨更多的不確定因素，對數據備份安全有着更多的需求和更高的要

2　〈香港團隊「BizCONLINE」前海創業記〉，《深圳特區報》2016 年 1 月 19 日第 A6 版。

求，給雲端容災的業務發展帶來了新的機遇。

目前，李德豪在雲端容災的國際化方面已經做出了新的探索，即通過跟各地政府合作建立容災中心，為全球企業提供服務。例如，在貴州省銅仁市建立的大數據容災中心，首先是為貴州當地及周邊省份提供異地災備和數據服務，而最終是希望將中國的數據中心資源服務、容災技術和雲服務輸出到海外，使之成為國際大數據容災中心。李德豪說，中國在將來應該依託已經建立的互聯網基礎設施優勢，建立若干個數據中心，在數據備份和國際容災中扮演重要的角色。BizCONLINE 未來的目標是使雲端容災成為跨區域和跨國界的服務，使公司成為容災領域的國際標準和技術輸出方。

依託前海這個全世界矚目的熱點，李德豪的國際交流日趨頻繁，雲端容災服務吸引了「一帶一路」沿線國家甚至歐洲國家的興趣，許多國際合作正在逐步洽談中。李德豪也經常被邀請參加一些國際論壇，向全世界推廣雲端容災。例如，2017 年 9 月，李德豪在中國—東盟防災減災與可持續發展論壇上作為重要嘉賓發表了題為《網絡信息安全的最後防線：備份容災 —— 領導世界的新標準》的演講，介紹了 BizCONLINE 的自動演練容災新標準，以及大數據容災中心的建設與服務情況，使其關於容災的新思路和理念進一步得到宣傳推廣，雲端容災穩步邁向國際化的新征程。

二　企業案例分析：
成為容災領域的國際標準

（一）專注核心技術十餘載

目前，人類的許多工作主要依靠電腦和網絡來進行。因此，如何保證電腦信息和數據的安全，以免由於突然的災難發生而影響業務執行，是互聯網時代非常重要的問題。香港大學電子專業博士畢業的李德豪為了更好地解決這一問題，十餘年來潛心於研發容災儲存業務，將傳統的容災服務由硬盤或

者服務器備份延伸至雲端，進而開發出每天自動演練的雲端容災技術，並取得多項國內外專利。正是基於這麼多年深耕核心技術研發和積累，使李德豪成為容災領域名副其實的專家，並在各種創業比賽和人才項目中脫穎而出，獲得投資人的青睞，成為各地政府招商引資建立大數據災備中心的「搶奪」對象。這十多年裏，李德豪只做容災這一件事，他的眼裏只有「容災」兩個字。在這個充滿各種誘惑的年代，李德豪的專注非常難能可貴，生動地詮釋了「一萬小時定律」和「工匠精神」。

（二）百折不撓，樂觀創業

李德豪儘管擁有容災的核心技術，但在創業路上卻一波三折，歷盡坎坷。由於容災備份是一個長期的系統工程，而不是簡單的一次性交易業務，大型企業和政府部門都更願意選擇 IBM 等知名品牌，多數中小企業卻缺乏容災備份的意識，或者擔心在備份時信息泄露。因此，處於創業初期的 BizCONLINE 舉步維艱，甚至要依靠創始人李德豪變賣房產來維持基本開支。轉戰佛山之後，儘管得到了政府的有力支持，卻由於不諳內地市場規則，依然困難重重。直到後來到了深圳前海，通過業務模式的調整才慢慢走上正軌。

雖然歷經波折，李德豪卻屢敗屢戰，樂觀面對。他相信自己的技術的價值和市場需求，「是金子總會發光」。創業之路從來都不是一帆風順的，誠如馬雲所講「今天很殘酷，明天更殘酷，後天很美好，但絕大多數人死在明天晚上，看不到後天的太陽」，因此，在困難中繼續堅持，善於總結和調整，在荊棘中殺出一條血路，是創業者必須具備的素質。

（三）國際標準，本土運營

李德豪的自動演練雲端容災技術堪稱世界級的標準，而且，隨着業務模式的逐步迭代調整，他又融合大數據技術，通過建立大數據容災國際中心，使企業的技術和服務達到國際標準，為全球企業提供服務。雖然只是一家初

創型企業，但是李德豪對自己的技術標準卻從未降低要求，他希望能依託中國目前在互聯網和大數據領域的後發優勢，使雲端容災向海外輸出，成為國際標準。這裏李德豪擁有的核心優勢，是依靠其多年的鑽研和累積而成的。也正是依靠這樣國際領先的技術，才使其在深圳前海實現創業的騰飛。當然，在具體運營上，李德豪充分吸取之前失敗的教訓，通過在各地區尋找當地合作商負責市場，結合自己提供的技術和培訓，充分本土化運營，才逐步在市場拓展上取得突破。所以，李德豪目前的成功在很大程度上得益於其「頂天立地」的策略，即技術上頂天，達到國際上領先的標準；市場上立地，充分依託每個地區的合作夥伴實現本土化。

三　啟示：好種子要找好土壤

（一）做好創業前的市場調查

　　李德豪的前兩次創業失利在很大程度上是由於其將精力主要放在技術的研發上，缺乏足夠的市場調查，這點非常值得後來的創業者借鑒。由於雲端容災服務涉及企業的核心數據，大企業一般已經擁有長期合作的單位，小企業又擔心數據泄露，而個人購買服務的頻次又低，這些情況原本通過嚴密的市場調查分析就可以在創業前基本掌握。但李德豪卻未進行充分的調研就貿然投入，為此多走了一些彎路，多交了不少學費。特別是到內地創業後，內地的市場特點跟香港存在許多差異，又使李德豪摔了不少跟頭。因此，港澳青年到內地創業時，應當多花工夫去進行市場調查，充分了解和熟悉內地市場的各種特點和習慣，不能想當然進行決策，才能使創業之路更為順暢。

（二）積極參與各類創業比賽

　　目前，在「大眾創業，萬眾創新」的浪潮下，國家和各級政府都在舉辦各種創新創業比賽，積極搭建服務平台，為擁有創意、創新技術和新商業模

式的創業者提供展示機會，也為創業者、創業平台、投資者和政府主管部門提供了很好的交流機會。李德豪正是通過參加佛山和深圳等地的創新創業大賽，成功展示了其自主研發的自動演練雲端容災技術，使大家更清楚其核心技術及價值所在，也讓人們更加體會到容災服務的重要意義。而且，創業比賽的許多評委和創業導師極富經驗，能給予創業者專業的指導，幫助他們更好地完善商業計劃書，促進創業機會的實施，做好創業風險的防範。正是通過參加創業比賽的機會，李德豪才成功入駐深圳前海的深港青年夢工場，並吸引風險投資，而且逐步改進商業模式和擴大品牌影響力。因此，港澳青年到內地創業時，可以先撰寫商業計劃書，並積極參加各種創業比賽，再根據反饋意見進行修改和完善，為正式創業做好準備。

（三）尋找合適的創業土壤

　　對比內地和香港的創業環境，李德豪深有感觸。他說，以前的香港過於依靠地產和金融等產業，擠壓了科技創新產業，造成富含科技含量的「種子」缺乏成長的「土壤」，當然，現在情況有了一些改變，但是進展依然緩慢。他自己為此組建了「首選香港創新科技協會」，希望以此加強與政府有關部門的溝通，共同推進香港的科技創新發展。因此，他說，創業者在創業初期，要儘量選擇到創業氛圍濃厚的平台，讓自己的創意種子能夠在肥沃的土壤裏生根發芽，茁壯成長。相關的政府部門和創業園區要儘量給予資金、場地、人才引進、市場開拓等方面的支持和幫助，給創業者提供更多業務嘗試的機會。港澳青年到內地創業時，要根據自身的創業模式，立足具體情況，結合產業配套、市場規模、交通設施、政府支持等相關條件，妥善選擇合適創業區域，以利於創業的順利推進。

四　案例大事記梳理

1997 年，李德豪獲得香港大學電機及電子工程博士；

2004 年，李德豪發明 BizCON 災難恢復裝置，被稱為災備簡化先驅；

2008 年，把 BizCON 推到雲端並創立 BizCONLINE Limited；

2012 年，BizCONLINE 由南海與香港科技園合作建設的首個企業孵化器「創享藍海」引進佛山；

2014 年，BizCONLINE 在南海成立全國第一個雲端容災中心；

2015 年，BizCONLINE 代表香港參加全國創業創新大賽，榮獲優秀企業；

2015 年，BizCONLINE 獲得中國（深圳）創新創業大賽互聯網行業賽冠軍；

2016 年，李德豪成立深圳市前海雲端容災信息技術有限公司；

2017 年，BizCONLINE 與貴州省銅仁市合作建立國際大數據容災中心。

第十七章 瓏大科技：非典型香港理工女的夢想與征途

公司名稱：深圳市瓏大科技有限公司

創始人： 蔡汶羲

創業時間：2016 年

所處行業：動畫、文件管理、互聯網

關鍵詞： 計算機，電子商務，動畫

訪談時間：2017 年

一 創業者故事：一波三折，緣聚前海

（一）極具電腦天賦，大學兼職創業

2001 年，蔡汶羲進入香港城市大學計算機科學專業就讀。多數香港女孩子選擇文科或商科，因此選擇計算機專業的蔡汶羲似乎顯得有些另類。她說，因為家裏經濟條件比較差，小時候基本沒甚麼玩具，真正擁有的第一件「玩具」其實是一台電腦。在初中的時候，親戚的家裏有電腦，自己經常跑去玩，並喜歡上了電腦。於是，蔡汶羲就央求父母給自己買了一台，並開始用心琢磨電腦的各種功能，無師自通地學會了很多電腦的操作。正是基於

此，她在報考大學時選擇了計算機專業。這個專業選擇不僅跟多數同齡女生不一樣，在蔡汶羲的家裏也顯得「另類」。她說，家族裏的人們多數是文科生，許多選擇當老師，還有不少做生意，她的選擇在家裏和社會上都顯得比較「非典型」。

大學期間，蔡汶羲開始考慮兼職賺錢。與許多同學選擇到餐廳和酒店等打工不一樣，蔡汶羲尋思的是如何利用專業知識來創造價值。她知道自己對軟件編程很有興趣，也非常有天分，希望能充分利用好這一專長。當時，互聯網經濟方興未艾，由於香港昂貴的店面租金和人工成本，有一些商家開始希望能夠在網絡上經營店舖。但在當年，電子商務的模式和各種基礎支撐條件並不完善。要想在香港開展網絡銷售，必須購買一定的網絡空間，而且需要購置服務器。這樣不僅費用很高，而且需要很多技術支持。於是，蔡汶羲從網絡上找到一些開放的代碼，並進行修改，使之成為可以在香港應用的網上商店。然後，她再將網上商店的空間進行區隔，出租給需要在網上開店的商家。這種出租而非出售的方式更受到許多中小商家的歡迎。針對這些中小商家普遍對網絡技術不熟悉的特點，蔡汶羲還幫助他們解決服務器等技術問題。於是，憑藉自己的技術專長和契合實際的服務，蔡汶羲的大學創業頗為成功，並賺取了「第一桶金」。

可惜的是，由於當時的電子商務在支付、物流和購買習慣等方面缺乏足夠的基礎，而且香港的本土市場相對狹小，既有的傳統零售又非常發達，使得香港的網絡零售市場一直沒有得到太大的發展。蔡汶羲的大學創業在此環境下，未能實現大的突破，基本停留在「兼職」的狀態。

（二）職場歷盡波折，創業夢想永不停歇

2005 年，蔡汶羲大學畢業後，進入中銀香港工作，成為一名 IT 系統的管理員。這是一份在外人眼裏看來很不錯的工作：銀行白領，工作穩定，收入頗豐。但是，蔡汶羲僅僅工作了一年就辭職了。她說，這段時間剛好中銀香港要把所有電腦從 Windows 98 升級為 Windows XP，因此她在這一年

的工作就是把所有機器的系統進行更新，確保順利過渡。那時候上司認為她的工作出色，未來兩年要讓她繼續從事這個項目。在蔡汶羲看來，這個項目的工作太缺乏挑戰性，而且持續時間長，於是她選擇了離職。

2006 年，從中銀香港離職後，蔡汶羲進入惠普 (HP) 公司工作，擔任系統顧問。惠普公司通過收取不菲的服務費，為許多大公司提供服務器的技術支持。在這裏，蔡汶羲的工作極富挑戰性，她被要求在半年內通過微軟認證系統工程師，才能轉為正式員工。蔡汶羲順利通過並如期轉正。有趣的是，中銀香港也是惠普的用戶。有時候，中銀香港的服務器出現問題了，她就以惠普的系統顧問身份回到「老東家」，指導當年自己的上司開展工作。儘管這份工作內容跟蔡汶羲最感興趣的軟件編程並非完全契合，但這個過程中積累的服務器知識使她受益匪淺：她更加完整地了解各種類型的電腦和網絡的軟硬件設備及整個生態系統的運作。

隨着在惠普公司工作時間的增加，蔡汶羲逐漸熟悉了常見的流程和問題，意識到核心的關鍵問題主要還是依靠微軟公司的工程師解決，工作又逐漸失去挑戰性。於是，在業餘時間，蔡汶羲重操大學時的「舊業」，繼續為有需求的用戶提供電商服務。在重新「兼職」的過程中，她接觸到了天津的 Shop NC，這是一家致力於為企業用戶提供電商平台搭建及配套系統服務的軟件企業。蔡汶羲剛開始希望購買 Shop NC 的一些軟件，並結合香港的實際情況進行二次開發，以更好地滿足香港企業的需求。但是她在跟對方深入交流之後，發現了 Shop NC 的軟件有不少值得改進之處，並且正處於初創期的 Shop NC 的計劃和理念跟蔡汶羲的許多設想不謀而合。

於是，2008 年，在惠普公司工作兩年多之後，蔡汶羲離職並獨自一人北上天津，參與到 Shop NC 的創業中。她主要負責電商平台的流程優化工作，並且希望擁有一定股份，而不是工資。Shop NC 的創始團隊初步答應了她的要求。蔡汶羲在此努力工作，發揮自己在香港兼職創業積累的經驗和熟悉軟件操作的優勢，為公司設計了賣家分銷平台等前沿產品。但是大約半年之後，蔡汶羲被告知，如果她在法律文件裏成為公司股東，由於她的香港

身份，公司將成為中外合資企業，使企業的所有權性質和適用的管理制度產生變化，因此可能難以操作。無奈之下，蔡汶羲只好離開 Shop NC，重新回到香港。

2009 年上半年，剛回到香港的蔡汶羲接到了之前惠普公司同事的邀約，邀請她擔任項目經理。但未承想，上班第一天就被家裏的衣櫃門砸到腳趾而導致骨頭斷裂，必須住院和休息 3 個月。當時由於對方要求立刻入職，蔡汶羲還未曾跟惠普重新簽訂正式合同，也沒有繳納保險。這使蔡汶羲不僅沒辦法上班，還必須自費付醫療費。蔡汶羲經歷了職場生涯的又一次意外。

2009 年下半年，蔡汶羲經朋友介紹，進入 ASK IT LTD 工作。這是一家跟惠普公司有深度合作，主要在香港從事手機 APP 開發的企業。蔡汶羲負責領導開發團隊，開發出了一些可以應用於商業零售的 APP，卻囿於當時整體的商業環境，這些 APP 一直未能得到有效的推廣。如今的蔡汶羲笑言自己當年是領先得太早了，結果成了先烈。她負責的產品要是趕上後來整體的技術和商業環境配套成熟的好時機，應該就有很大的可能性獲得成功。由於在香港遲遲打不開局面，蔡汶羲希望能夠到內地拓展業務。公司老闆很欣賞蔡汶羲的技術能力和商業直覺，就答應了她的要求，而且給她投資，讓她一邊繼續在 ASK 工作，一邊到內地創業。

2010 年，蔡汶羲到北京開始創業。合作對象除了香港的 ASK，還有之前天津 Shop NC 的同事等北方當地人。這段時間，恰好手機 APP 業務正在興起，市場需求很大。於是，蔡汶羲在北京接了很多訂單，並大量招聘員工。根據合作協議，香港 ASK 的老闆主要負責投資，不管具體的運營；蔡汶羲也進行投資成為合夥人，兩位北方的合作夥伴則憑技術入股，現場主要由蔡汶羲和當地合作夥伴負責。具體運營方面，蔡汶羲主要負責外部市場，兩位當地人負責技術和項目管理。但是，在項目開發過程中，蔡汶羲跟兩位當地的合夥人之間卻出現了溝通障礙。她想關注和跟進項目的具體執行情況，卻被認為超出了分工職權，管得太多。結果，由於合夥人項目管理不善，導致公司接的許多訂單無法如期完成或者實現不了原計劃的功能，因此也未能收

到客戶的後續款項。這樣的情況使蔡汶羲兩頭受氣，在外面被用戶投訴，在公司內部又出現意見分歧，而且最後虧的又是自己的錢。更痛苦的是，由於許多訂單無法按期完成，款項難以收回，公司又招募了許多員工並進行了大量的前期投入，導致公司的資金鏈斷裂。蔡汶羲不得已裁撤了大部分員工，並留住少部分員工希望繼續運作。但是，由於公司已經投入近兩年的時間，卻遲遲無法實現盈利，香港的投資方開始失去耐心，並中止了投資，蔡汶羲只好選擇離開。這是蔡汶羲創業之路的第二次滑鐵盧，為此她還付出了一大筆「學費」，甚至要變賣香港的房產才能繳納得起。當然，這次短暫的創業經歷使她在業務擴張、團隊溝通和項目管理等方面積累了許多經驗。

2012 年，蔡汶羲返回香港，進入自動系統（香港）有限公司，擔任業務發展經理，主要負責政府項目的售前工作。自動系統公司參與了香港許多政府部門 IT 項目的建設和實施，在政府的信息系統中有很高的市場佔有率。由於許多信息系統之間相互不相容，而自動系統公司的強項是能夠整合這些不同功能的系統，滿足香港政府的綜合性要求。許多 IT 企業的售前往往不太熟悉技術，但蔡汶羲既有服務器等硬件經驗，對軟件和 APP 開發又熟悉，因此，在業務拓展上得心應手，深受客戶喜愛。蔡汶羲在這裏工作了將近三年的時間，直到一次偶然的機會，讓她開始了內地的再次創業之旅。

（三）緣聚前海創業，無心插柳柳成蔭

2015 年，一香港朋友給蔡汶羲介紹了一位客戶，希望她能夠幫忙開發和運營管理一套電子商務平台，在內地和全球從事歐洲品牌毛衣的銷售，這又燃起了蔡汶羲的創業夢想。於是蔡汶羲選擇離開自動系統公司，到深圳註冊了瓏大科技公司，招聘人手開始創業。雙方約定，等該網上銷售平台項目上線後再按內地三家公司的平均價格來收費，初期的租金和部分人工費用由委託方先墊付。但是，等到該電商平台開發完畢之後，對方卻反悔了，這使蔡汶羲非常無奈，只能感嘆自己創業路上的命運多舛。

這時候，給蔡汶羲介紹業務的朋友給她引薦了新的項目。但是，這次的

項目跟蔡汶羲之前的經歷基本無關：承接一家企業的短視頻動畫製作的外包業務。蔡汶羲再次面臨着抉擇：要麼回到香港重新找工作，要麼留在深圳從事動畫製作的創業。蔡汶羲慎重考慮之後，選擇留在深圳繼續創業。儘管這次的跨度有點兒大，但由於委託方的需求比較穩定，技術難度不是很大，蔡汶羲還是很快適應了新行業，重新組建團隊，製作出了符合要求的動畫短片。

目前，深圳瓏大的動畫製作業務開展得頗為順利，給公司帶來了穩定的現金流。公司也從原來深圳白石洲搬到了前海青年夢工場，享受更好的創業平台服務。回顧這次創業的轉型，蔡汶羲說，不幸之中的萬幸是招募到了一些動畫製作方面的優秀團隊，讓業務能夠順利開展。目前，瓏大科技在深圳共有 6 位員工，負責攝影和動畫製作等；在香港還有 3 位兼職的，負責動畫後期的粵語配音等。當然，公司成立後，也遇到了心懷叵測的員工，還跟公司發生了勞動糾紛，讓她又交了一筆「學費」。

在員工的管理上，蔡汶羲實行充分的人性化管理，給予員工高於同行的工資，並且解決他們住宿和餐飲等後顧之憂。她對員工管理有自己的一些獨特理念。她認為，每個人出來工作都是為了更好地生活，企業要麼儘量給予高一些的工資，要麼能讓員工在工作的地方學習到更多東西、看到更美好的願景和得到更大的發展空間。蔡汶羲說，她信佛，相信因果和業報。因此，每個人都要清楚，想要得到更好的回報，就必須有更多的付出。在瓏大科技，只要你能給企業創造價值，就不用擔心會被虧待。在工作過程中，蔡汶羲更喜歡直接的溝通，而不是拐彎抹角，允許員工犯錯誤，但希望不要犯同樣的錯。

關於自己出來創業，蔡汶羲說，這既有一些因緣際會，也有必然因素。當年她在大學的時候，技術能力是同學中的佼佼者，在計算機編程方面有較好的天賦，在企業實習時也深受好評。但自己卻不希望今後一直從事寫代碼之類的技術工作，而自身的性格似乎也不擅長成為專門的銷售，因此，她就慢慢向着更加偏向管理和創業的方面發展。從這個角度而言，創業算是職業規劃中的應有之義。她也笑言，以前在企業打工的時候，因為認真負責，技

術精湛，經常能夠指出上司的缺陷，因此領導們都説做她的上司壓力很大，所以還是自己出來創業更好，不用擔心給上司壓力。

目前瓏大科技主要從事動畫製作的現實確實出乎蔡汶義自己的意料，她以前從未想過自己會有一天涉足這個行業。「既來之，則安之」，憑藉着她一貫的認真精神，以誠信為本，公司的動畫業務逐步走上了正軌，而且深受客戶好評，「無心插柳柳成蔭」。隨着在行業裏的進一步發展和口碑傳播，陸續有客戶找上門來，但蔡汶義吸取了上次北京創業時盲目擴張的教訓，不敢再輕易接單，而是希望先立足當前，做精做細，注重質量，不求速度。

（四）探索求變，摸着石頭過河

儘管目前瓏大科技在動畫業務方面的進展頗為順利，但蔡汶義認為這畢竟不是自己最擅長和體現優勢的領域，因此需要探索新的方向，使自己更多的創業夢想得以實現。目前，瓏大科技正在拓展的第二塊業務是 Laserfiche 在中國市場的銷售。Laserfiche（立時飛訊）是一個企業內容管理系統，總部在美國加州，主要可用於企業內部的文檔管理、Web 內容管理、人員協作、記錄管理、數字化文件管理、工作流管理（能夠很方便地將企業當前的工作審批流程加入到工作流中）、追蹤管理和掃描管理（能夠高效地將圖片等內容掃描進系統中）等。自 1987 年推出以來，Laserfiche 企業內容管理軟件已經獲得全球各地 35000 多個組織的信賴，被用於管理、保護和共享信息，幫助企業實現信息管理的一體化及無紙化。目前，深圳瓏大是 Laserfiche 在中國內地第一家活躍授權代理商，這也是蔡汶義頗以為自豪的地方。她説，Laserfiche 是一家全球知名企業，能夠把代理權交給自己這樣的初創公司非常罕見，這主要得益於自己當年在自動系統（香港）公司工作時的機緣。當時跟 Laserfiche 有一次合作項目的機會，他們在香港的負責人對蔡汶義的技術和人品都非常欣賞，後來，得知她來深圳創業，就把內地的代理權給了深圳瓏大。蔡汶義説，她在工作和創業過程中，最注重的就是認真、質量和誠信，從不去坑別人，而且會有些強迫症般地去注重細節，正是這樣的累積讓

自己建立了良好的口碑。因此，儘管在職場和創業過程中經歷了不少坎坷，但仍然有許多人看好她，願意把業務放心地交給她。

雖然 Laserfiche 擁有領先的企業信息系統的數據化管理經驗，也擁有包括美國國防部等大型組織和企業等許多客戶，但在中國內地卻遲遲未能打開局面。蔡汶羲說，這裏有時機和消費習慣等問題。近年來，國內的互聯網特別是移動互聯市場迅猛發展，阿里巴巴的釘釘和騰訊公司的企業微信逐步佔領了企業移動辦公平台市場，使得 Laserfiche 更加難以開拓。儘管 Laserfiche 具有更高的綜合性功能和安全私密性能，但多數中國企業似乎更在意價格，寧願使用免費的產品。蔡汶羲比喻道，她在中國要推廣 Laserfiche 就好比要去非洲賣那種符合人體工學設計的跑鞋，但是同時旁邊卻有一家企業在免費派送拖鞋。雖然跑鞋質量更好，很多人還是寧願選擇免費的拖鞋。

但是，蔡汶羲仍然看好 Laserfiche 的未來，她說，有不少企業通過大量員工用傳統方法進行文件的錄入，文件管理系統的水平也比較低，採用 Laserfiche 可以優化內部流程，實現跨部門實時的文檔共享，減少很多人工成本。目前，在珠三角已經有企業購買了該軟件，正在考慮如何推進實施。另有多家企業也在洽談中。蔡汶羲說，相對於現在從事的動畫製作，其實 Laserfiche 才是自己的老本行。可是，令她比較無奈的是，因為 Laserfiche 的業務只是「代理」，沒有自己的技術專利，也講不出「好故事」，在入駐各種創業園和孵化器的時候，往往不受歡迎甚至遭到「歧視」，使其業務開拓更顯困難。蔡汶羲說，其實這是一種誤區，因為創業有許多種類型。擁有自主技術的高科技創業當然最好，但這是一個產業鏈，高科技產品也需要一個各環節、各方面配合生態系統。深圳瓏大雖然不擁有 Laserfiche 的技術專利，但擁有市場代理和推廣權，這是在幫助高科技產品落地。當前，政府非常注重香港和內地的融合，可是多數香港人擅長的並不是高科技，香港人更擅長的是將國外的先進產品或服務引入內地，把國際標準引進來並予以實施，促進內地在「軟」環境和管理水平上的提升、更快地跟國際接軌。因

此，她希望內地的創業政策和各種孵化器今後能更加關注這種類別的創業，才能更好地發揮香港的優勢，實現香港和內地更加緊密的合作。她也期待 Laserfiche 這個項目在未來能夠得到更多的關注和發展。

深圳瓏大正在積極籌劃第三塊新的業務，即一個名為「先聲」的有聲書平台。蔡汶羲說，目前雖然市場上有一些有聲書平台，但基本是免費模式，而且尚未找到合適的營利模式。因此，隨着這些免費平台不斷燒錢，在投資人的利潤要求下，他們只能不斷壓縮聲音製作人的利潤，同時也可能存在盜版行為，聽眾將越來越難聽到高質量的作品，最後形成惡性循環。為此，「先聲」的平台目標是希望成為一個有聲書方面的「類 Apple Store」模式。首先，聽眾可以在平台上獲得豐富的免費或付費的正版內容及其即時更新，還可以利用打賞功能支持喜歡的作品和作者。聽眾有兩個選擇，要麼採取付費，要麼通過瀏覽或點擊廣告實現免費；其次，廣告客戶可以在該平台上投放各類廣告，並且基於大數據分析得到精準的效果反饋，收穫宣傳效果；再次，聲音製作人可以通過平台獲得各種技術支持、版稅分成或者廣告分成等。

「先聲」還將建立定期的激勵和淘汰機制，下架質量差的節目，以提供更多優質的產品。之後還將逐步結合文字 IP 和公司目前的動畫製作，進一步完善平台的生態系統。在平台的搭建方面，剛來深圳時搭建的那個準備毛衣銷售的電子商務平台恰好閒置着，因此派上用場，只需對一些流程和細節做進一步的優化。

目前，「先聲」項目正在密切跟投資人接洽中。而且，按照內地的監管政策，該項目涉及文化傳播的行業，必須有內地的合資單位，並報主管部門審批。對此，蔡汶羲表示，她正在積極跟有關部門和單位進行溝通，努力尋找合適的突破點。她說，創業有時候必須天時、地利、人和，有人才、有想法，市場有需求，還需要有價值觀接近的資金支持，每個環節都很重要。內地有不少創業項目，更多只是希望尋求拿到融資，然後爭取轉手賣個好價錢，蔡汶羲表示不大接受這種模式，她更願意把創業當作長期事業來經營。她希望自己的項目更多地吸引的是長期的戰略投資者，而不是只尋求短期收

益的財務投資者。

　　關於創業歷程的感受，蔡汶羲說，其實是一個「摸着石頭過河」的過程。在瓏大科技正在進行和計劃中的三個項目中，Laserfiche 和「先聲」項目還未得到足夠的支持，而計劃之外的動畫項目業務進展頗為順利。因此，儘管創業過程中經歷了不少波折，但整體上還是令人滿意的。當前，瓏大科技更多的是「等風來」，加快創新和探索，加強與投資者的溝通，希望尋找到合適的方向和路徑，儘快走出關鍵的下一步。

二　企業案例分析：
誠信做人，堅毅創業

（一）做事先做人

　　無論是在職場打工，還是自己創業，蔡汶羲都非常注重誠信，而且認真細緻地保證工作質量。在第一次創業失利時，儘管不是自己的直接責任，但她仍然變賣了香港的房產用於賠付客戶損失和清退員工。正是依靠這樣積累下來的良好個人品牌，使她擁有很高的信譽，贏得了很多同事和客戶的信任。正是基於這樣的機緣，才給她帶來重新創業的機會。在創業的過程中，又持續不斷有熟悉的人推薦和介紹新業務給她，但她囿於人手和精力而沒有全部承接。因此，做事先做人，如果建立了良好的口碑，將是創業者的創業項目最有力的宣傳和廣告。

（二）樂觀面對各種挫折

　　蔡汶羲在職場工作和創業過程中，經歷了不少挫折，甚至是「屋漏偏逢連夜雨」。第一次北上天津參與 Shop NC 的創業卻由於香港身份而成為障礙，不得已返港後剛準備上班卻突然意外生病，導致沒有工作而無法繼續供樓只能出售房產。第二次北上北京創業卻由於跟合夥人溝通不暢導致擴張太

快而失敗，只好再次變賣房產進行賠償。第三次前往深圳前海創業先是客戶對做好的項目突然反悔，接着又遭遇某位員工的不合理請求直到訴諸法律。面對這些坎坷經歷，蔡汶羲沒有退縮，而是越挫越勇，樂觀面對。在心態上，信佛的她對困難總是坦然接受。在行動上，她積極應對，不斷尋找新的突破方向，並逐步取得了成功。正是她的堅強，才得以穩住目前創業項目，並積極拓展新的項目。

（三）及時擁抱創業中的變化

蔡汶羲到深圳進行第三次創業的初衷並不是從事動畫製作。動畫並不是她擅長的，她之前的經歷也從未跟動畫有關，她甚至從來都未曾想像過會有一天跟動畫行業打交道。好朋友介紹的動畫製作業務是臨時的意外，蔡汶羲考慮之後發現，自己如果想留在深圳繼續創業，似乎別無選擇，於是愉快地擁抱了這個意外，並且用心去運營，最終獲得了客戶的高度認可。動畫事業使她收穫穩定的現金流，從而開始在深圳站穩腳跟，解決了生存問題。在創業過程中，面臨着許多不確定性，經常會有突然的意外和變化，創業者應當結合自己當時的實際情況，以開放的心態去面對變化，做出相應的調整，走出合適的創業之路。

三　啟示：做好溝通，控好風險

（一）做好與內地合作方及員工的溝通

回憶起 2010 年第一次到北京創業失利帶來的慘痛經歷，蔡汶羲依然心有餘悸。她說，當時很重要的一個原因是跟內地的合作方之間溝通出現了障礙，導致她無法及時了解項目執行的進度，最後因為無法按期交付而收不到錢。因此，合作團隊之間必須加強相互的信息溝通，求同存異，而不是互相隱瞞問題。當然，這裏除了個人的性格和溝通習慣以外，還有香港和內地特

別是和北方地區的文化差異，在創業合作過程中，一定要多了解各方的文化特性，確保溝通順暢。2016 年到深圳前海創業後，與個別員工在工作分工安排、薪酬福利等問題上也因為香港的習慣做法與內地處理方式存在差異，導致最後對簿公堂，浪費了許多時間精力。儘管這一情況也屬於非常偶然和意外的小概率事件，但是香港青年到內地創業時，還是應當儘可能地做好跟合作方和員工的管理溝通，儘可能減少摩擦和誤會，使創業過程更加順暢。

（二）儘可能地熟悉內地的相關法律法規

由於中國內地和香港在公司法、稅法和勞動法等法律上存在許多差異，許多到內地的香港創業者需要一個重新適應和習慣的過程。蔡汶羲的首次內地創業因為一開始不清楚內地在中外合資方面的規定，只能遺憾地離開了天津的 Shop NC；後來到深圳前海創業又因為對勞動合同法和股東責任不夠了解，在面對不良員工的爭議中陷於被動；計劃拓展「先聲」項目時則由於涉及內地對文化傳播產業的管制問題而頗費周折。經歷了這些教訓之後，蔡汶羲逐步學會去熟悉公司運營和投資涉及的法律法規，避免碰壁和走彎路。因此，港澳青年到內地創業時，應該事先在法律法規方面多做功課，確保創業項目合法合規，減少不必要的麻煩。

（三）加強創業過程中的風險管理

新創企業往往自身能力有限，在資金、人才和市場方面都缺乏足夠的資源，而創業過程中存在的諸多不確定性、外部環境的突然變化經常容易使那些管理不善的創業企業面臨嚴峻挑戰，甚至是滅頂之災。蔡汶羲第二次到北京創業時，就因為擴張太快而內部管理跟不上，導致資金鏈斷裂。因此，如何結合自身實力，穩扎穩打，不盲目擴張，在適當的時候學會做減法，是創業者必須注意的問題。蔡汶羲重新到前海創業時，就吸取了上一次創業的慘痛教訓，量力而行，不盲目接單，確保質量和產品交付。

此外，由於目前瓏大科技的主要業務是承接動畫製作的外包業務，「雞

蛋在一個籃子裏」，這又是另一種創業風險。如果將來哪一天這部分業務得不到保證，公司將面臨很大的困難。「人無遠慮，必有近憂」，蔡汶羲在動畫業務走上正軌以後，積極尋求新的業務，減少依賴單一業務的風險。因此，港澳青年創業過程中，要樹立風險防範意識，不盲目樂觀，多學習，多總結，「戰戰兢兢，如履薄冰」，走好每一步，如此才能在創業道路上越走越穩，越走越遠。

四　案例大事記梳理

2005 年，蔡汶羲獲得香港城市大學計算機科學學士；

2005—2006 年，蔡汶羲就職於中銀香港，從事服務器的系統管理；

2006—2008 年，蔡汶羲擔任惠普 (香港) 公司的系統顧問；

2008 年，蔡汶羲北上天津，參與 Shop NC 的創業；

2009—2012 年，蔡汶羲擔任 ASK IT LTD 的手機 APP 部門經理；

2011—2012 年，蔡汶羲赴北京創業，同時繼續在 ASK 的工作；

2012—2015 年，蔡汶羲擔任自動系統 (香港) 有限公司的業務發展經理；

2016 年，蔡汶羲創辦深圳瓏大科技有限公司；

2017 年，深圳瓏大科技進駐前海深港青年夢工場。

第十八章 豐善科技：科技創造美好生活

公司名稱：豐善綠色科技（深圳）有限公司

創始人：　黎高旺

創業時間：2017 年

所處行業：風電

關鍵詞：　風力發電，垂直軸，綠色能源

訪談時間：2017 年

一　創業者故事：讓再生能源無處不在

（一）一隻海鳥引發的創新

黎高旺來自香港南丫島。這裏是香港第三大島，也是著名影星周潤發的故鄉。南丫島以前的居民主要以打魚為生，自從 20 世紀 70 年代香港經濟騰飛後，許多年輕居民從島上搬出，南丫島便沒有再進行行業開發，目前依然保留着傳統的漁村風貌，島上至今不使用汽車，寧靜而古樸。儘管已經不再居住在南丫島上，但黎高旺經常會和父親一起回到老家，享受在漁村的靜謐時光。相比較於城市的喧囂，黎高旺更喜歡大自然，喜歡田園風光和漁村生活，也非常注重環境保護。

2008 年的某一天，黎高旺和父親黎金明回到南丫島祭拜祖先，順便去

參觀香港電燈公司在島上裝設的大型風力發電設施。當時剛好有一隻海鳥被正在颼颼轉動的風力機輪葉打到，鮮血淋漓的場面使黎金明父子受到很大的觸動。父親對黎高旺說，這個綠色環保的風能裝置怎麼成了海鳥「殺手」呢？風力發電機只能這樣子設計嗎？沒有別的類型和做法了嗎？能不能做一個比這更加安全、安靜，並且效能相當的風力發電機呢？

從這以後，黎金明父子就開始在工餘的時間構思及探索新型的風力發電裝置，希望能夠設計出更加安全和環保的風力發電機。他們在外觀網罩、動力裝置和安全效能等方面不斷進行測試，使之能夠更加環保、穩定和更具動力。

其實，黎高旺和父親並非風力發電科班出身。父親在香港的水務部門從事設備安裝和維修保養工作，對水務行業的技術難題極富經驗，具備簡單的機械設備操作能力。黎高旺的工作輾轉多地多個行業，但基本上都是從事技術型的工作，對技術有一定的基礎和經驗。黎高旺說，他和父親都有一個癖好，拿到一個物件後，總是千方百計想方設法將其拆開，了解裏面的構造，然後再重新組裝回去，從中獲得一種滿足感。特別是父親黎金明小時候經常隨爺爺出海打魚，那時候只是用簡單的小船配一支槳一個帆就可以，父親經常看到爺爺在逆風的狀態下行船而且還能往前走，就感到非常好奇，因此，對進一步了解風力的作用和原理產生了獨特的興趣。

因此，黎高旺和父親都屬於「實踐」派，理論訓練匱乏，但基於興趣和工作經驗累積了技術經驗，對風電設備的設計主要採取依靠既往經驗進行不斷嘗試的「笨辦法」。當時，他還沒學會電腦設計，只能製作簡單的模型進行測試，然後根據測試出現的問題再次改進，反反覆覆在材料、大小和角度等方面進行不斷調整。黎高旺比喻道，當年他們就像不知道密碼而要開密碼鎖一樣，只能窮盡各種辦法進行嘗試。當時，黎金明父子白天都有工作，只能利用假期和晚上的時間，他們放棄了假期休息、聚會和旅遊的安排，潛心於風力發電裝置的設計。這樣持續不斷地努力，整整進行了六年的時間。直到 2014 年 8 月，「六年磨一劍」，他們終於設計出一款仍顯粗糙和簡陋，

但基本符合預期的風力裝置，黎高旺將此稱為 1.0 版本。

該創新的風力發電產品設計成型後，黎高旺就考慮申請專利。由於在香港申請專利的費用較高，他就選擇到北京的國家知識產權局申請發明專利，並獲得了批准。發明專利批准後，2015 年恰好香港政府加大力度資助科創項目，黎高旺憑藉其專利和市場應用前景獲得評審通過，獲得政府資助，進入科學園的科技培育計劃，正式入駐香港科學園，繼續優化產品的設計，並逐步考慮其商業化過程。

（二）早早出道，輾轉多個行業

在從事風力發電行業的產品創新和創業之前，黎高旺就出來工作了，並且經歷了許多不同行業。

20 世紀 90 年代初，在香港讀中學期間，由於家裏經濟條件不好，14 歲的黎高旺就利用假期打零工賺取零花錢。從小對物件構造的技術活感興趣的黎高旺沒有選擇到服務業打工，而是到五金行業做藤鐵工藝的學徒，學習從鐵器的鑄造、開口、剪裁、上漆到安裝等工藝流程，鍛煉了動手能力，積累了一定的技術經驗。1993 年，黎高旺讀完中五（相當於內地的高中二年級）就開始出來工作了。他剛開始在快餐店工作了一段時間，後來又在醫學化驗所從事化驗工作。一年多之後，他到飛利浦電氣在香港投資的益電半導體，從事機械維修工作。1995 年，黎高旺到香港無線電視公司，成為一名大型主機操作員。儘管這是一份穩定的工作，但由於覺得過於程式化，簡單枯燥，黎高旺工作三年後選擇了離開。1998 年，隨着第一波互聯網科技創業潮的興起，許多新的門戶網站和網頁界面紛紛誕生。黎高旺到香港明星劉德華旗下的 Andylau.com 公司工作，成為網絡技術助理，保障劉德華和粉絲在網絡上的順暢交流與互動。這幾份工作看起來跨度較大，又涉及不同類型的技術，但黎高旺依然遊刃有餘。他表示主要還是依靠自己的自學和動手能力。

2001 年，黎高旺離開 Andylau.com，開始與朋友合作，從事廣告策劃

設計、舞台燈光音響等設備的佈置工作，並由開始的小打小鬧接零工，到逐步有所成長，具備一定規模，但黎高旺依然在尋找新的機會。2006 年開始，黎高旺經人介紹，開始接觸內地的一些產業園的開發和商務運營項目。2006—2009 年，黎高旺擔任在陝西西安附近的中遠醫藥物流園開發項目的項目經理，主要負責物流園的拆遷、畫紅線、「三通一平」、證照辦理，以及招商引資等工作，但該項目的進展並不如意。2009 年開始，黎高旺又在朋友的推薦下，到新疆投資礦產。由於對當地技術和管理人員的工作都不滿意，黎高旺就在新疆親自負責礦產勘探和項目的財務工作。該投資持續了 4 年多，卻一直在賠錢，甚至連具體的礦藏情況都未能探明，使資金鏈走向斷裂的邊緣。2012 年，黎高旺從新疆的項目退股，重新回到香港。

這四年裏，黎高旺基本都待在新疆，使自己從一個香港人變成了一個別人眼裏的「北方人」。這四年裏，也是黎高旺和父親開始研發風力發電裝置的時期。父親主要在香港家裏進行測試，畫出簡單的模型圖。父親雖然有較為豐富的實踐經驗，但是他只小學畢業，不會電腦操作，只會簡單的基本運算。黎高旺則在新疆遠程進行溝通，幫忙進一步對設計進行優化、電腦製圖和做出更複雜、準確的計算。黎高旺說，就是因為他在新疆，所以才會使該產品的研發進度這麼慢。2012 年底他回到香港以後，研發的速度就加快了，並終於在 2014 年研發出了 1.0 的版本。

對於自己之前這些跨度大、頻繁更換的工作經歷，黎高旺表示，不管經歷好不好，只要你懂得「利用」它們，從中進行體悟，它們都是好的。如果是失敗的經驗，將會使今後少犯甚至不犯同樣的錯誤，少走一些彎路。如果得到一些成功，它會讓人更清楚自己的價值是甚麼，更適合甚麼。光聽別人說是沒用的，必須自己去做。他認為只有少數人可以一開始就非常明確自己想要甚麼，大多數人必須儘量去嘗試之後才明白自己想要甚麼。

而且，遊歷在多個行業多個地方，會讓人的視野和格局更寬廣，性格變得更加包容。黎高旺表示，他之前到內地主要在陝西和新疆待了多年，很喜歡和習慣西北人那種豪爽的性格，再加上自己的體型比較高大，因此看起來

越來越像一個北方人，而不是純粹的香港人了。由於在內地跟來自不同地方的人接觸，黎高旺還學習了各地的普通話口音，使自己現在的普通話發音變成了大雜燴。

黎高旺評價自己的親身經歷時表示，前面這麼多的工作使他進一步明確了自己的一些特質。例如，更喜歡技術類的工作，更喜歡親近大自然，喜歡到戶外特別是野外走走，而不喜歡待在充滿鋼筋水泥和擁擠人羣的大城市。他在工作中也發現了自己在社交能力和領導力方面的潛能，具備管理者的素質，在團隊中比較善於「帶節奏」，聚攏各方面的人在一起共事。而且，不喜歡流程化流水式的工作，更喜歡充滿挑戰、需要創造力去不斷解決難題的工作。當然，他也反思了自己的一些錯誤。例如，選擇到新疆投資礦產，因為投資了一個不熟悉的行業，而且對當地環境的困難估計不足，導致最後以失敗收場。

（三）持續優化設計，顛覆傳統模式

黎高旺說，風力發電是目前全球對於氣候變暖而催生多項綠色能源發展中最重要的方式之一。但是現有的風能發電裝置均為柱立式安裝，佈置及安裝成本高，相對其佔地空間，風能利用率低，結構相對不穩定，難以在更多風力資源豐富的地方安裝，如建築物頂部、地形較複雜的地區等。儘管目前風能電容量及裝機率連年處於高增長水平，但受限於其設計不足和大型風車的安裝限制，風電應用依然較為局限，陸地風能資源遠未被充分利用，90%的近岸風能沒有被使用；而且，現有的風能發電裝置對於周邊的生物會造成較大危害以及產生較大的噪聲。

豐善科技的設計則能夠較好地規避上述缺陷，是多數設計為世界首創的風能發電產品。該設計為獨特的垂直軸設計風力發電裝置，效能比以往提高了 3 倍，風能利用率可達 44%。特別是其獨特的風速環境設計，工作風速範圍大，微風至強風（3.4—17 米 / 秒）環境均可發電；傳統的水平軸需要根據風向的改變調整朝向，但垂直軸設計則不用，而且無論在任何情況下都不

會產生逆風阻力。只要有風，哪裏都適合安裝，風場、山頂、樓宇外部、海邊都可以，處處都可以是風場。採用全方位導流和內轉子設計，核心輪葉發電，安全美觀，並且配有柵格或圍網防止動物進入，保護周邊動物尤其是鳥類。外觀設計四平八穩，採用四點支撐，比現有單柱式風力發電機安全牢固，體積越大越穩固，對地基的要求低；可以實現單元式堆疊安裝，無須考慮佈置間距，往高處發展只需堆疊或使用塔架，可靈活地依附到建築物上，避免坍塌意外；外表塗裝容易定製，較好地實現與周邊環境的融合。而且，垂直軸的材料物質成本和機器成本比水平軸低得多。因此，豐善科技的風電裝置將在設計、效能和效率等方面對傳統的風力發電設備產生顛覆。

　　黎高旺進駐香港科技園後，開始籌劃對其設計的風電產品進行測試。因為按照規定，要將新技術應用於大規模風力發電之前，必須進行至少一年的產品和環境測試。但是，香港科技園要求在測試前必須提交專業的建築物調查報告，確保安全，而且只允許半年的時間。但是，在香港進行建築物的專業調查費用昂貴，時間也無法滿足試驗要求。此外，黎高旺還接洽了香港「零碳天地」，這是香港一個專門從事綠色建築的環保技術應用的非營利機構，而所在區域的風力環境不理想，不符合風力發電裝置的試驗要求。恰好此時深港兩地合作在深圳建立孵化器，幫助香港創業者內地創業。黎高旺綜合考慮之後，決定北上深圳，並最終落戶深圳南山的深港青年創新創業基地。

　　黎高旺在深圳一邊抓緊優化產品性能，一邊積極籌劃安裝正式的工程機進行試驗。他說，項目產品的優化設計工作離不開一次又一次的仿真模擬結果與試驗原型的測試數據對比。而且，通過使用計算機仿真技術，可以花費比以前更短的時間來開展複雜的計算和推導。最新的 3D 打印和加工工藝技術的進步，使試驗的原型機零部件製作成本更低，耗費時間更少。黎高旺還積極尋求香港和深圳的高校進行產學研合作，彌補自身理論基礎薄弱的缺陷，以避免模擬過程的重大錯誤和減少非預期試驗結果的錯誤採用。在香港，他們聘請了香港浸會大學的研究人員對風電工程機進行結構工程學計算；與香港城市大學合作，由對方負責對核心的發電技術和電子技術做進一

步的研發。在深圳，豐善科技則積極與南方科技大學和哈爾濱工業大學深圳研究院合作，利用它們專業的風動實驗室和相關設備開展試驗。與此同時，他們正在密切與深圳南山智園等單位接洽，準備安裝工程機在戶外進行實質性的試驗。

在研發風力發電機的同時，黎高旺注意到了風能和太陽能的整合趨勢，以及許多國家對微電網的推動。於是，黎高旺就在風力發電裝置的頂部增加了太陽能發電板，使風力發電變成了風光發電系統。當多個風光發電單元組合在一起後，各個單元的控制系統會連接在一起發揮作用，作為一個羣組來管理，組成風光能源站。風光能源站可以依附在各種不同的建築物上，也可以自身成為一個建築物。站內可以增加倉庫、能源倉、電池組倉、充電站、無人機中繼站、蓄水站、信號基站、監測站等設施。黎高旺測算過，以佔地面積 6.25 平方米、高度 12 米的風光能源站為例，可以在 6 米 / 秒的風速下每月發電 200 萬瓦，能夠應付 10 個家庭的每月用電，或者 1 平方公里的公共照明、給排水和通信用電需要。

而且，多個風光能源站可以組成風光能源網，通過人工智能實施能源管理，自動計算以及學習網絡區域的發電規律和用電需求，實現無人值守工作；自動平衡網內各個能源站的電儲量，在兼顧網內公共及居民用電後，將多餘發電輸送至傳統主電網，為網內社區創造更多經濟效益。風光能源網可以風光能源站為節點，實施全自動的物聯網生態，如全自動交通、自動貨運、水資源配送、無人機巡邏、自動化養殖、道路精準定位、氣候及環境監察等功能。

風光發電單元、風光能源站、風光能源網相互連線而成的風光能源系統，是一種創新的微電網系統方案，在共享太陽能發電設備佔地面積的同時增加了風力能源的採集維度，設備下方也可以作為多種用途的空間，可實現更高密度的再生能源採集及轉換。

風光能源系統能覆蓋傳統太陽能及風能設備所不能及的地方，將在更多地方實現發電並串在一起，而且可以將傳統需要的「大型設備」分解為各個

小型部件，實現「化零為整、化整為零」的靈活佈置方式。以前的城鄉發展模式是「先有人、再有村、後有電」，主電網大部分情況下都需要具備一定的消費人口基數後才能滿足其電源供應管道鋪設的成本效益；但是如果通過微電網的廣泛應用，可以能源站為據點一步步擴充電力網絡的覆蓋面，提供生活基礎電力，「讓更遠的地方亮起來」，使各個地區以及國家的發展具備更多可能。

（四）打仗親兄弟，上陣父子兵

豐善科技的核心團隊成員除了黎高旺自己，從 2008 年產品的創意開始，到設計成型，到逐步優化完善，父親黎金明是他創業路上最堅定的支持者和重要夥伴。從 2014 年開始，叔叔黎冠麟加入創業團隊，他擁有多年大公司的運營和銷售管理經驗，主要負責新市場拓展。但由於目前產品還在試驗階段，尚未有實質性的市場開拓，因此黎冠麟大部分時間仍然在香港。此外，原來在香港從事進出口貿易的表弟蕭英豪（Victor）也加入創業團隊，擔任黎高旺的助理，並會代表公司參加各種路演。真可謂「打仗親兄弟，上陣父子兵」。

然而，黎高旺還是認為公司太缺乏人才了。他說，缺的主要是有長遠「創業」心態的人，而未必是目前能力有多強的人。因為，如果有良好的心態，知識和能力可以在工作中慢慢累積。他發現現在許多年輕人都很浮躁，急着要賺快錢，缺乏應有的耐心。他希望員工能夠主動思考，增加工作中的創造力，想在老闆前頭，舉一反三，而不是說一做一，說二做二，被動應付。不要有「打工」的臨時心態，而是有一起打拼事業的長遠心態，共同渡過創業的艱難日子，共同見證企業的成長壯大，一起走到最後。當然，黎高旺認為員工的忠誠和誠信也是非常重要的因素。要能夠認同企業的理念，以整體利益為重，而不是只顧盤算個人的利益。

黎高旺說，他和父親從 2008 年開始研發產品到目前，已經投入 400 多萬元了，經歷了許多艱難時刻。眼下，這個艱辛的歷程似乎已經看到了勝利

的曙光。然而，黎高旺表示，其實越接近成功的一刻就越難熬，仍然有很多挑戰和不順可能會發生，導致自己無時無刻不在懷疑自己會不會成功。這種不確定性很令人恐懼，令人難受。不過，不論最後結果如何，他還是非常感激創業的這段歷程帶給自己的收穫以及因此創造出來的許多機會，今後還是要繼續堅持。

黎高旺進一步表示，現在香港的許多年輕人由於成長的環境較為優越，被家裏寵壞了，養尊處優，失去了拼搏和吃苦精神，缺乏勇於冒險的創業精神。他們更喜歡按部就班地工作，喜歡到金融、地產和保險等高薪行業打工，而不會選擇去創新創業。他形象地比喻道，這些人給自己建立了一個圍城，在圍城裏可以「衣食無憂」。這個圍城讓自己顯得安全了，但是也把自己困住了。如果在具備理性的思考能力的同時，有樂觀的冒險精神，才能提高創業的成功率。

談及創業的動力和初心，黎高旺說，這一點他和父親從一開始考慮得很清楚，他們不只是為了賺錢，更多的是為了改變風電行業的現有設計，給這個行業創造不一樣的價值，讓科技給人們帶來更加美好的生活。因此，在創業階段可能無法給合夥人更多的「享受」，而只能滿足基本的生活需求。但是，只要合夥人對公司有價值，他完全可以給予股份或者期權激勵，先滿足別人的要求，在創業過程中搭建更好的平台去成就他人，而自己是最後拿錢的那個人。他很清楚自己的學歷、水平、人脈、社會地位等方面的局限，因此，必須「有捨有得」，努力去付出更多才能換取別人的投入。他說，自己和父親其實對物質的要求都很低，三餐吃飽即可。他如果只是想要個人發財，其實有許多捷徑可以很快實現，不至於這麼多年辛苦創業。他和父親最大的夢想是希望豐善科技的風電設計能夠實施，能夠得到這個行業乃至世界的認可，為這個社會做出貢獻。

二　企業案例分析：多方嘗試而後專注

（一）六年磨一劍，彰顯工匠精神

黎高旺和父親發現現有風力發電設備的缺陷後，就致力於設計出更加安全環保的裝置，使人與自然更加和諧。為此，父子倆立足於已有的實踐經驗，在六年的時間裏，犧牲了晚上和節假日休息的時間，不斷努力嘗試，經歷了無數次的失敗，終於研發出了不同於既往傳統的垂直軸風力發電機。該發明獲得了國家專利，並且成為黎高旺開始創業的重要基礎，也是公司的核心技術所在。黎家父子的專注、執着和創新精神很好地詮釋了工匠精神，這是豐善科技重要的「軟實力」，是公司在表面上難以直接觀測到的核心競爭力之一。在香港乃至內地，各種浮躁之風日盛，黎高旺父子這樣「六年磨一劍」的精神更顯難能可貴，非常值得創業者學習借鑒。

（二）勇於嘗試，更好地定位自己

人生就是一段不斷定位自我的旅程。有些人比較幸運，很早就能夠明確自己的定位和方向，但是，多數人需要在持續的嘗試和試錯中去不斷重新認識自己、發現自己，找到人生的目標和方向，並努力為之拼搏和奮鬥。特別是歷盡坎坷之後明確的定位，就像一座遠方的燈塔，讓人在各種茫然或誘惑面前依然能夠清醒和奮進。黎高旺中學畢業後就出來工作了，輾轉於香港和內地之間，從事過多種行業、多個崗位，用他自己的話説，「三十六行，我估計幹了二十行」。通過這樣的歷練，他發現自己不喜歡那些按部就班的事務性工作，更喜歡挑戰性、創造性的工作，而且具有一定的領導力。正是基於這樣的認識，他走上了自主創業之路。此外，由於之前這些曲折的經歷，讓他在後來的創業過程中，能夠以更加平和的心態去面對各種挫折，能夠吸取之前盲目投資的教訓，專注於風電能源，理性決策，勇於冒險，樂觀創業。

（三）整合資源，重在創造價值

創業是一個不斷整合資源以把握機會、創造價值的過程，黎高旺的創業歷程很好地體現了這一點。在風力發電裝置的基本模型確立以後，他積極整合香港浸會大學和香港科技園的資源，希望加強對產品的改進和測試。由於在香港受到政策和試驗條件的制約，他轉戰深圳南山，充分利用深港青年創新創業基地的各種資源和政策支持，推動創業項目的進展。在深圳，他又充分依託南方科技大學、哈爾濱工業大學深圳研究生院的研發和實驗室資源，繼續優化風力發電設備的設計。黎高旺認識到自身在理論方面的欠缺，因此在產品設計之後，求助於這些高校的科研人員，幫助其在產品設計的理論基礎和設計原理方面進行把關，尋求改進意見，確保產品的可靠。此外，相對於許多創業者希望「短平快」地賺錢，或者希望尋找到合適的投資後快速退出的方式，黎高旺父子更多的是希望自身的產品能給行業和社會創造價值，而不是追求個人的經濟利益，這才是創新創業應有的「初心」，才是真正推動社會進步的力量。

三　啟示：永葆創業初心

（一）內地就業歷練後再創業

內地與香港在制度、亞文化和政策方面都存在不少差異，一些到內地創業的香港青年剛開始可能會存在諸多不習慣和不適應之處。黎高旺到深圳創業之前，已經到內地工作多年，這讓他熟悉了內地的風土人情和工作風格，從而在創業過程中，能夠更加從容應對。因此，香港青年在到內地創業之前，最好先選擇到內地工作一段時間，深入某個具體的行業，了解其運作之道和商業環境，了解內地最新的科技進展，並積累人脈，從而為自己今後更加順利地創業做好準備，通過這樣的「循序漸進」，儘量避免走彎路，提高創業成功率。

（二）好奇心和不滿是創新的重要動力

黎高旺從小就對各種玩具或物件的構造具有強烈的好奇心。基於這樣的好奇心，讓他努力動手去了解和熟悉各種器件，並努力探尋背後的原理。正是這些點滴的累積才使他能夠在風力發電裝置上創新成功。而他和父親之所以投入數年的時間去研發新的風力發電裝置，在於對傳統設備的不滿，特別是傳統設備跟他們秉承的人與自然和諧相處的理念不相符。這樣的不滿，成為他們創新創業的動力所在，他們希望能夠創造出不一樣，創造出更加科學、更加人性化的產品。因此，我們對周圍的各種事物，不要熟視無睹，而應該始終帶着好奇心，「處處留心皆學問」，這才是創新的重要靈感源泉。對現狀的不滿往往蘊含着創業機會，值得我們去充分利用和把握，並創造性地解決問題。

（三）大膽創業，小心決策

創業經常會伴隨着冒風險，因此，創業者需要「膽商」，勇於承擔風險。但這並不意味着創業者就可以盲目決策。黎高旺總結自己的創業歷程，認為創業既需要樂觀的冒險精神，同時也要理性地進行思考和決策。他說，現實中，光看到好的一方面敢闖敢衝和只看到不好的另一面不敢闖不敢衝的都大有人在，但能夠將這兩方面都看到而且結合着往前走的人就很少，這些人就屬於那些成功的創業者。反觀現在許多香港的年輕人，過於養尊處優，過於追求安穩，失卻了拼搏和承擔風險的創業精神，這從長遠來看將損害香港的競爭力。因此，香港青年應該弘揚創新創業精神，大膽創業，穩妥決策，為香港經濟發展注入新的活力和動力。

四　案例大事記梳理

1994—1995 年，黎高旺在香港益電半導體任機械維修員；

1995—1998 年，黎高旺在香港無線電視有限公司任大型主機操作員；

1998—2001 年，黎高旺在香港 Andylau.com 任網絡技術助理；

2001—2006 年，黎高旺任策劃傳藝製作及項目總監；

2006—2009 年，黎高旺任中遠醫藥物流園（西安）開發項目經理；

2008 年，黎高旺和父親黎金明開始研發新的風力發電裝置；

2009—2013 年，黎高旺任新疆奧亞特進出口貿易有限公司礦產勘探項目經理；

2014 年，黎高旺父子研發出垂直軸風力發電裝置 1.0 版本，並取得國家專利；

2014 年，豐善再生能源有限公司成立；

2016 年，風力發電裝置持續優化，先後推出 1.1 版、1.2 版、1.3 版；

2017 年，豐善綠色科技（深圳）有限公司成立；

2017 年，風力發電裝置推出 1.4 版本的工程機，並完成仿真測試。

澳門篇

第十九章 跨境説：
為創造而生的數字中樞夢

公司名稱：珠海橫琴跨境説網絡科技有限公司

創始人：　周運賢、方華

創業時間：2015 年

所處行業：電子商務

關鍵詞：　地緣優勢，青年創業谷，創新商業模式

訪談時間：2017 年

一　創業者故事：
「看到的世界都是你的」

百年間，澳門作為國際化都市，不斷與國際接軌，近年來更是成為互聯網發展的「藍海」。因與內地一海之隔，避免了來自京東、阿里巴巴等行業巨頭的直接衝擊，許多「雙創」幼苗得以在此扶植成長。但同時，澳門地域狹小，博彩業一業獨大，地域和產業的限制讓很多澳門青年的創業夢想受到制約，而一河之隔的橫琴，則為想要創業的澳門青年提供了廣闊的空間。

2015 年 6 月，位於橫琴口岸，僅與澳門大學橫琴校區一路之隔的澳門

青年創業谷正式啟用，這個佔地 12.8 萬平方米的現代化眾創空間，不失時機地為向內地市場進軍的澳門青年搭建起了一個靈活的「跳板」。在此契機下，越來越多像周運賢這樣的澳門青年受到開放政策的召喚，來到橫琴開拓自己的創業天地，與內地及其他地區的創業者進行思想碰撞，一較高下。

（一）歸國下海，胸懷遠志

每個工作日的早晨，澳門青年周運賢都會從澳門家中出發，驅車 10 餘分鐘來到位於橫琴的公司上班。2015 年 9 月，周運賢帶着名為 Bringbuys（閲時即購）的項目正式進駐橫琴澳門青年創業谷。

周運賢祖籍梅州，出身革命軍人家庭，自幼在家庭環境的薰陶下，賡續着「和致祥、謙受益」的客家規訓，形成了奮進、執着的性格特質。從美國加州理工畢業後，周運賢技術移民到了澳門，從事互聯網工作。一直有着創業夢想的他，從幾年前開始謀劃跨境電商項目，與其他六位曾就職於阿里巴巴、騰訊等知名企業的歸國海歸創立了粵港澳網絡科技公司。[1]

在外界看來，剛過而立之年的周運賢是個不折不扣的熱血青年，在日常生活中，他酷愛跑車，享受風馳電掣的速度與激情，在速度中磨練膽識和氣魄，現兼任澳門模擬賽車協會副會長；在創業中，他夢想着在橫琴建設數字自由貿易中樞，推動中葡、中拉貿易暢通，深化三者之間的貿易合作，其研究成果《數字中樞的構建與中國對外開放政策研究》發表於國家級刊物，得到了經濟專家、學者的高度評價。從初創粵港澳網絡科技公司到跨境説，周運賢接連創造出了變更傳統經貿模式和生活方式的眾多奇蹟，團隊和他也在此過程中積累了大量的 IT 和電商實戰經驗，獲得了多項技術專利。

（二）獨具慧眼，敢為拓荒之先

事實上，產業結構單一的澳門，早已讓周運賢深感難施拳腳。橫琴新區

1　〈澳門貿促局創建平台助跨境説尋「天使」圓夢飛翔〉，《澳門日報》2016 年 2 月 25 日。

澳門青年創業谷的成立，對周運賢而言，無疑是新的曙光，這個曾經一派田園風光的邊陲海島，被賦予了推動粵港澳融合發展的歷史使命，也提供給廣大澳門創業者無限的商機。

2015 年 7 月，帶着「所見即所買，實現閱讀與購物一體化的線上體驗」的想法，周運賢向創業谷遞交了「跨境說」項目企劃書。兩個月後，「跨境說」以專家組評審第一名的成績入駐創業谷[2]，頗受內地政府、媒體及公眾的關注；不到三個月時間，就獲得「天使基金」的青睞，拿到了一筆高達 2000 餘萬元的風投。

據周運賢回憶，團隊乍駐之時，創業谷還處於施工期，配套設施仍不完備，連便利店都沒有，員工吃飯都需要自帶或者等很長時間的外賣。即便條件艱苦，周運賢仍然篤定自己的內地創業夢，看準了創業谷的發展前景，認為「沒有理由不成功」。

正如其所預見的，創業谷勢頭良好，開園不到一年，已吸引上百個項目入駐，其中 93 個為澳門項目，企業註冊資本超 5000 萬元，融資破億元。周運賢說，短短幾年時間內，橫琴出台了一系列優惠政策，不斷完善基礎設施建設。而對於像他們這樣滿懷志向的澳門青年創業者，橫琴也在積極探索，努力為他們提供優越的創業條件，經專家組評審後，可享受免租免水電的優惠，基本上是拎包入駐，還主動為他們提供政策諮詢服務，幫助澳門創客了解內地的營商環境，對創業初期的創客予以極大便利，減輕了很多負擔、成本。

（三）「看到的世界都是你的」

近年來，在電子商務衝擊下，人們的購物方式發生了翻天覆地的巨變。與此同時，國內自媒體的發展風頭一時無兩，微信、今日頭條等手機軟件逐

---

2 〈在橫琴逐夢的澳門青年〉，《南方日報》2016 年 4 月 21 日（http://www.southcn.com/nfdaily/nis-soft/wwwroot/site1/nfrb/html/2016-04/21/content_7538803.htm）。

漸覆蓋 12 億移動互聯網受眾。

值此契機，受啟發於美國留學期間接觸的 Bringhug 概念，周運賢萌生了將娛樂和消費相結合的想法。「『看到的世界都是你的』，是跨境說的切入點。簡單而言，就是圖片、視頻加購物車。用戶將所見到的中意商品拍照或者截圖，添加到閱時即購的各種風格的購物車內，就可以看到商品的價格。」周運賢說，如果把編輯好的內容分享到微信朋友圈、微博等社交平台，朋友和粉絲便可以直接購買，分享者還可以得到一筆數額不等的推廣佣金。

根據上述創業構思，周運賢團隊自主研發出了智能購物軟件 Bringbuys（閱時即購）項目，以自媒體編輯器和鑲嵌式智能購物車綜合應用為基礎，改變了傳統電商運營方式、自媒體營利模式和人們的消費習慣。它的與眾不同之處，在於利用自身的大數據優勢，將產品植入微信公眾號和手機軟件，用戶在閱讀文章、觀看影視作品的同時就可以看到產品資訊並直接購買或收藏，不需要跳轉頁面，充分展示產品，為客戶提供更有效的產品推廣。而不需要跳轉的前提是，該商城已與 Bringbuys 的編輯器實現互通。目前跨境說已建立自主電商品牌 —— 歐拉商城，與編輯器相互連通，但對於京東、阿里巴巴等國內大型電商，尚未完全接通，體驗有待進一步改善。

（四）因地制宜，突破瓶頸

不到半年時間，跨境說不斷開拓貨品新渠道、尋找市場機會，新增了近 1 倍員工，平均年齡僅為 28 歲。和創業谷大多數項目一樣，跨境說的成員以澳門青年和內地青年為主。在澳門，周運賢及其團隊主要服務於政府機構，對接政府項目，所以運營方面均為熟悉當地環境的澳門人；在珠海橫琴，則偏重於電商行業的發展，在內地互聯網、電商人才儲備良好的利好條件下，技術開發方面的僱員多為內地青年。

周運賢認為，不同的地方文化對人們工作理念、特點的形塑具有一定影響。澳門的同事做事更具條理性，重視在工作和生活兩者之間達到平衡；內地的同事更富於競爭意識，拼勁十足，一心想把事情做得更好，為應對較緊

急的任務，甚至可以廢寢忘食地加班趕時。

但在他看來，較之於地域的潛移默化，良好制度的確立更顯重要。「不管在何地，人事摩擦的發生不可避免。沒有衝突肯定是騙人的，但這些都可以很快克服過去，因為我們有一個完善的制度，用制度來管人，而不是靠心情辦事。」周運賢發現，在年齡基本為「90後」的團隊裏，很多事情均可通過良性溝通得以解決，原因即在於內地員工也能養成按制度辦事的習慣，甚少受到內地倚重人情的行事風格影響。

縱然在人員管理上如魚得水，周運賢坦承，在初創階段，團隊也遭遇過兩地差異帶來的挑戰。周運賢表示，兩地消息傳播的方式有別，澳門多用Facebook、Google、Blog等通信工具，少用微信等社交工具，通信工具和社交工具分離，自媒體並不發達；而國內微信大為風行，將圖片、通信、社交結合起來，催生了大量生產優質內容的自媒體人。這使得他們在戰略決策上曾一度陷入迷障。「進入一個新的市場，有一個熟悉當地市場的夥伴，這樣道路會比較順暢。我覺得在這方面我們缺少了一些指引和風向標，如果有了這些指引，我們的產品在投入市場時就會更有效。」周運賢說。

經過較長時間的深入觀察和自主摸索，周運賢團隊最終形成了為自媒體人服務的宗旨，並構思得出兩個順應當下時勢的投放渠道：直播和自媒體大號。雖然直播在走下坡路，但周運賢認為如果運用得當，仍有一定作為；此外，他敏銳地覺察到了「網紅」已不再備受追捧，內容運營者卻越來越受重視，「大家已經開始懂得剝開表面的虛華，注重內容」。周運賢透露，有實力的自媒體大號將可能成為推動跨境說發展的助力劑。

（五）從孵化走向成熟

創業過程中，周運賢深感碰壁是常事，但貴在專於一事。剛開始，跨境說潛心在工具的開發上，但由於管理層的決策失誤以及對現實需求的誤判，公司後又成立了自主的電商品牌——歐拉商城。但經實踐證明，這一做法毫無必要，兩者的運營思路是截然不同的，如此莽為直接導致了公司在經營

上蒙受虧損。

從 2016 年底開始，周運賢團隊對公司戰略重新做出部署，又重新投入到工具、APP 的開發上，並且希望只專注於做一件事情，把它做到盡善盡美。

經過一年半的發展，跨境說團隊創造了一種全新的消費體驗，並且已經基本實現了對外資本的對接，企業人員也由初級創業階段的七八人擴大到了100 多人。公司向創業谷申請了更大的辦公空間，這裏將成為跨境說項目走向國際市場的推廣中心，為中國和拉美地區葡語國家企業進行經貿往來、文化交流提供最底層的服務。[3] 周運賢及其團隊正在通過大數據、雲計算，主動為用戶推薦感興趣的商品，把葡語系國家的產品銷往內地，把內地廠商的產品銷往葡語系國家，進一步打通了國內與葡語系國家的貿易通道。

現在，跨境說項目成了創業谷的標桿，前來參觀交流的訪客絡繹不絕，在近期舉辦的澳門創業大賽中，該項目還獲得了創新影響力大獎。未來，周運賢及其團隊希望打造數字中樞，「全球買，全球賣」，在橫琴實現數字的自由貿易。

二　企業案例分析：
反向電商的本土複製

（一）內地優勢的發現運用

澳門本土缺乏互聯網相關技術人才，辦公場地成本也相對較高。與此相對的，近年來內地創新創業浪潮興起，政府支持政策力度逐漸增加，而橫琴創業谷作為國家級眾創空間，為澳門創客提供了成本低廉甚至免費的辦公場地、會議中心等基礎配套設施，同時落實宣傳推廣、政策諮詢、金融服務等

3　〈周運賢：讓想像力為琴澳數字中樞夢插上翅膀〉，2017 年 5 月 17 日（http://zh.house.qq.com/a/20170517/017355.htm）。

多項便民舉措。

周運賢意識到澳門地域和產業的限制後，選擇來到創業谷，利用內地得天獨厚的政策和人才優勢，將「跨境說」打造為珠海橫琴的明星項目。

（二）兩地青年優勢互補

在創業谷，大多數項目都是澳門青年與內地青年合作創辦的。不同地區的文化差異，給兩地青年創客們帶來了一定的挑戰，但也有利於優勢互補。內地青年追求高效率，拼勁十足，凡事做了再慢慢完善；而澳門青年節奏緩慢，做事更具條理性，往往等想法透徹了再去實施，重視在工作和生活兩者之間達到平衡。人事管理方面，周運賢通過確立完善的制度，在條例的框架下，充分發揮兩地青年的特點，更好地實現企業的戰略目標。

（三）突破傳統商貿模式，進軍反向電商領域

跨境說是繼美國硅谷之後全球第二家、國內唯一一家從事反向電商的企業。企業創始人周運賢從留學經歷中得到啟發，將娛樂和消費相結合，帶領團隊開發出閱時即購的 bringbuys 項目，以自媒體編輯器和鑲嵌式智能購物車綜合應用為基礎，利用自身的大數據優勢，將產品植入微信公眾號和手機軟件，用戶在閱讀文章、觀看影視作品的同時就可以看到產品資訊並直接購買或收藏，改變了傳統電商運營方式、自媒體營利模式和人們的消費習慣。

三　啟示：政策紅利壓縮初創成本

（一）找到熟悉當地的引路人，更利於本土化實現

內地市場龐大、機遇眾多，競爭亦頗為激烈。港澳青年初入內地，對自然環境、政府政策、商業文化均不了解，唯有深度本土化，才能讓機遇最大化，從而更好地從眾多競爭對手中突圍。如案例中的周運賢進入內地也同樣

面臨着不熟悉的問題，但由於他主動與內地建立聯繫，最終化解了由此帶來的負面影響。因此，進入一個新的市場時，最好能夠找到一個熟悉當地市場的夥伴，幫助自己了解國內商業環境，避免初期屢遭碰壁。

（二）抓住政策紅利，壓縮初創成本

2015 年，李克強在政府工作報告中提出「大眾創業，萬眾創新」。推進大眾創業、萬眾創新，是發展的動力之源，也是富民之道、強國之策。為支持創業創新主體，國務院及各部門近年來出台了一系列利好政策；同年，面向兩岸暨港澳以及海外和歸國留學青年的創業創新基地 —— 橫琴新區澳門青年創業谷也正式投入運營，全面提供政策支持、融資服務、共享設施等 8 類服務。案例中，周運賢及時抓住政策機遇，利用創業谷有效地降低了創業初期的成本投入和風險。因此，初到內地的港澳創業青年宜積極主動了解和利用國內對創業的政策優惠，助推企業平穩過渡。

（三）探索發現新的商業模式，將風口轉化為機遇

只有創新的商業模式和精細化管理才能使企業保持健康、穩定的發展。「跨境説」通過改變傳統電商運營方式、自媒體營利模式和人們的消費習慣，發現內容創業時代的新商機，成為創業谷的標桿。因此，港澳創業青年在對自身的經營方式、用戶需求、產業特徵及技術環境等具備了一定的理解和洞察力後，也應探索發現新的商業模式，提供全新的產品或服務、開創新的產業領域，抓住創業的風口，並將其轉化為發展機遇。

四　案例大事記梳理

2015 年 9 月，「跨境說」以第一名的身份入駐橫琴澳門青年創業谷並成立中國珠海橫琴跨境說網絡科技有限公司；

2015 年底，「跨境說」獲「天使基金」青睞，融資近 3000 萬元；

2016 年，創始者周運賢代表中國企業家，遠赴葡萄牙、比紹幾內亞參加國家商務部組織的中葡論壇，並發表主題演講《連接中國最好的平台》；

2016 年 4 月，創始者周運賢榮膺第二屆珠澳國際創業節珠澳十大創業榜樣人物；

2016 年 6 月，創始者周運賢榮獲橫琴・澳門珠海青年創業谷創業之星的稱號，企業獲贊 2016 年度最具創新力電子商務平台；

2016 年 11 月，企業獲得澳門商務大獎創新金獎；

2016 年 12 月，企業與騰訊、大粵網等媒體獲得創新影響力大獎。

第二十章 中華月子：
打造專業的月子品牌

公司名稱：中華月子集團 (澳門)

創始人： 孫永高、鄭嘉虹、甘達政

創業時間：2017 年

所處行業：服務業

關鍵詞： 月子，二孩政策，創新

訪談時間：2017 年

一 創業者故事：
醫學畢業生的非典型創業

（一）棄醫從商，初次創業折戟沉沙

孫永高祖籍廣東中山，從小在澳門長大。2003 年，從廣州暨南大學醫學院畢業後，孫永高沒有直接從事臨床醫生的職業。談及此，他說主要有兩個原因：一是發現自己的興趣和專長不大符合當醫生的要求，主要是記憶力不好，記不住龐雜的各種醫學和藥學知識；二是當時恰好遇上「非典」(SARS) 肆虐，許多醫院和診所都受到嚴重影響，使醫學院的畢業生更加難以就業。但是，孫永高在大學期間積極參加各種社團活動，鍛煉了自己的組

織協調管理能力和社交能力，這使他對商業運營和管理方面的工作產生了濃厚的興趣。因此，他回到澳門後，選擇到私人診所從事醫療美容方面的顧問工作，同時兼職做房產經紀和保險業務。

通過兼職，孫永高不僅學習了房產、保險和投資理財方面的業務知識，還進一步鍛煉了自己的口才，個人綜合能力顯著提升。於是，2005 年開始，孫永高辭去了醫療顧問的工作，全職加入友邦保險公司，負責醫療理賠的審核工作。這份工作需要對客戶的醫療理賠涉及的費用合理性進行專業性的審核，這既讓孫永高所學的專業知識派上了用場，又讓他較好地發揮了自己的特長。在這家大型保險公司裏，孫永高接受了系統的培訓，管理統籌能力和演講能力不斷提高。

在友邦保險工作期間，孫永高憑藉之前從事房產經紀兼職時積累的經驗和人脈，開始在澳門和內地投資房產。在他的努力和積極運作下，投資很快有所斬獲，購置了多處房產。但隨着在友邦保險工作年限的增加，他開始覺得打工的職業發展受到很多限制，有些時候難以發揮自己的主動性和創造性，於是產生了創業的念頭，希望做出一番屬於自己的事業。

2010 年，恰好有一家正在開拓市場的香港餐飲連鎖企業找到孫永高，希望他加盟，從事餐飲的投資和運營。正有創業打算的孫永高簡單考慮之後，就離開友邦保險，進入餐飲業。孫永高拿下了該餐飲品牌在廣東省和澳門的代理權，開始了創業之旅。由於在內地開餐飲店的註冊和裝修等環節需要涉及工商、稅務、食品藥品監督管理局、消防和物業等多個部門，孫永高的澳門身份在辦理上存在諸多不便。而且他對內地的許多商業規則和習慣不夠熟悉，在店舖裝修等方面遇到不少障礙。面對諸多不便，孫永高只好將在廣東的店舖掛在一位朋友名下，並由他代為負責前期籌備的具體事務。這位朋友是孫永高之前做房產經紀的時候認識的。朋友在內地有許多優質房源信息，並經常介紹給孫永高，孫永高在內地的許多房產投資也是這位朋友介紹的，這些房產投資後都升值不少，這使孫永高更加信任他，就將新開拓的餐飲事業的日常運營全權託付給他。

　　孫永高的餐飲創業推進速度很快，兩年左右的時間就開了六家餐廳，其中兩家在廣東，四家在澳門。由於餐廳的前期投入較大，孫永高只好開始出售之前投資的一些物業，用於發展餐飲事業。儘管是連鎖品牌，但孫永高並沒有墨守成規，千篇一律，而是結合每家餐廳的地段和周邊競爭情況，認真研究，周密分析，進行獨特的定位，做出特色。例如，在廣東市場，他推出了公交車、雀籠等主題餐廳，深受市場歡迎。在澳門，主要在寫字樓和中小學附近，針對白領或學生中午時候對餐飲的需求特點，提供快捷的套餐，生意非常紅火。

　　由於在澳門的餐飲生意非常忙碌，人手又特別緊缺，孫永高越來越難以騰出時間和精力對廣東的兩家店舖進行管理。因此，廣東的生意主要依靠內地的那位朋友運營。未曾料想，正是由於疏於管理，給孫永高的餐飲生意埋下了嚴重隱患。廣東的兩家店投入運營之後，客人不斷增多，也開始做出了品牌，但卻遲遲不能扭虧。在預期盈虧平衡期過後，仍然不斷需要孫永高往裏投資。剛開始孫永高沒有太在意，考慮可能發展客戶和打出品牌還需要一些時間和投入，依然信任這位朋友。然而，後來業務得到很大發展，客人越來越多，餐廳經常人滿為患，但就是一直不見贏利。孫永高開始起了疑心，就前往廣東進行了解和調查。「不查不要緊，一查嚇一跳」，原來這位朋友不知從甚麼時候開始居然到澳門賭博，輸了好多錢，因此將餐廳的錢都挪用了，而且已經借了好多高利貸。孫永高說，由於自己在內地的店舖和一些物業名義上都是掛在他名下，因此大多數房產都已經被他賣掉了自己卻還矇在鼓裏。更嚴重的是，他還留下了一屁股債需要孫永高來償還。

　　無奈之下，孫永高只好停掉餐飲業務，出售房產，用於填補窟窿。就是這樣一位曾經非常信任的朋友，卻讓孫永高的餐飲創業前功盡棄。回首這段經歷，孫永高認為自己太大意了，過於輕信他人，而且缺乏對過程的管理控制。因此，他說，今後創業，一定要選擇合適的合夥人，並且及時做好溝通與過程把控。

（二）投身公益社團，伺機東山再起

2013 年收掉餐飲業務後，孫永高開始反思和調整，繼續等待合適的創業機會。在等待的過程中，他並沒有閒着，而是充分發揮自己的專長，進行半兼職性質的創業，並積極參與各種社團和公益活動。

孫永高註冊了一家「帥」商業策劃公司，幫助中小企業進行業務策劃。他說，有許多企業有好的產品，但缺乏好的營銷推廣方案；而另外一些企業可能擁有好的創意，但不知如何轉化成具體的執行方案。於是，他充分利用自己的商業運營經驗，為這些企業提供策劃方案，待方案順利實施後才收取諮詢費或者換取少量股份。此外，有許多創業者或企業需要申請政府資助，以及參加各種路演展示，但由於缺乏經驗，儘管項目不錯，卻展示不出應有的水平，得不到評委的肯定。孫永高說，自己在這方面比較有心得，因此也經常幫助別人撰寫商業計劃書或者政府項目申請書，以及代為進行項目講演，都取得了較好的效果。近年來，隨着孫永高承接項目的增加，以及用戶的好評，使他逐步做出了品牌。他在這方面也收穫了許多新的知識，增加了對不同行業的了解。

2015 年，友邦保險澳門公司籌劃一個新的部門，專門負責大企業的醫療保險和退休金等保險和福利的業務。這是由原來的醫療保障部門和退休金部門合併成立的，專門針對機構客戶。孫永高原來在友邦工作的上司就邀請他回去，擔任部門負責人。在這裏，孫永高再次發揮了企劃能力和社交方面的特長，帶領團隊連續兩年實現了超過 100% 的業績增長。而且，通過這個平台和項目，孫永高接觸了許多大企業的高管，學習了管理經驗，開闊了視野，拓展了人脈。近期，由於有新的創業打算，孫永高剛剛離開友邦保險。

與此同時，孫永高也進一步挖掘自己在演講與口才方面的天賦。從 2014 年至今，他參加了多場國際演講協會澳門區和香港區的即興演講比賽、評論演講比賽、備稿演講比賽和幽默演講比賽等賽事，獲得了十多項的冠軍和亞軍。孫永高說，自己喜歡表達，而且對於如何組織語言和演講有獨到的經驗，水平在鍛煉中也日益提高。因此，現在孫永高經常受邀參加一些公開

演講和培訓，多次擔任大型活動的策劃及主持工作，並深受歡迎。他說自己非常愛好演講，喜歡表達和跟別人分享。他在演講中總是能夠根據主題和場合去進行恰當的安排，又會有所創新，增加舞台展現的元素，增強演講內容的說服力，演講自然會有比較好的效果。他還積極組織全澳小學生講故事大賽等賽事，讓更多小朋友從小就懂得溝通和演講的重要性，學習相應的知識和技巧。目前，孫永高擔任國際演講協會澳門普通話演講協會會長、廣東話演講協會副會長，並努力推動協會參與配合社會發展需要，為澳門年輕人提高溝通能力、演講技巧和領導能力做出貢獻。

除此之外，孫永高還參加各種社團活動，服務澳門社會。目前他擔任澳門商業協商合作會創會副會長、中澳青年文化聯合會創會副會長、澳門中山僑界青年聯誼會副會長、澳門中山青年協會副監事長、澳門婚禮及宴會統籌協會創會理事長等兼職，積極參與澳門和內地的各項經貿、文化和創新創業交流活動。孫永高說，通過參與這些社團活動，他進一步熟悉了澳門各行各業的人士，向他們學習人生經驗和商業運作經驗。與此同時，他也會向別人分享自己的從業經歷，並充分發揮自己在演講口才和策劃方面的特長，打響個人品牌，廣交朋友，互利共贏。隨着澳門與內地交流合作的持續深入，特別是近年來中國內地「大眾創業，萬眾創新」的浪潮的蓬勃興起，各種新興技術和商業模式層出不窮，湧現了許多新的商業機會，孫永高積極帶領社團成員到內地進行參訪、學習和交流，了解祖國內地新的發展情況，以及政府對創新創業的扶持政策，讓大家從中看到發展商機，尋求合適的創業項目及合作夥伴。

孫永高在參與各種活動的過程中，也在尋找新的創業目標，希望能再次拓展自己的一番事業。功夫不負有心人，在參加社會活動的過程中，孫永高結識了同在澳門的兩位年輕人，並且發現大家相互欣賞，有許多共同的創業理念，而且在能力、性格等方面有很強的互補性。這兩位其中一位是甘達政，出生於 1985 年，在澳門和內地從事多項投資業務，富有創新創業精神，而且同樣熱心各種公益和社會活動。甘達政目前是永燊集團的共同創辦人，

兼任澳門愛國青年教育協會監事、「一帶一路」經貿文化促進會創會理事長、中華文化產業促進會秘書長和澳門十三行文化貿易促進會青年事務部委員。另外一位是鄭嘉虹，出生於 1986 年，是孫永高在暨南大學醫學院的學弟。鄭嘉虹是泌尿外科專科醫生、澳門註冊執業西醫、國家執業醫師、暨南大學醫學博士研究生，目前已經在澳門開設多家醫療中心（診所和藥店）。孫永高說，他們三個人相互認識以後，感覺非常投緣，大家剛好又都有創業的意向，正在尋找合適的機會和夥伴，因而彼此都有「眾裏尋他千百度，驀然回首，那人卻在燈火闌珊處」的感覺。之後，三個人通過一段時間的深入交流，找到了共同感興趣，又能發揮各自優勢的創業項目：中華月子。

（三）繼承中華傳統，科學發展現代月子產業

　　孫永高說，準備進入月子產業也是因緣際會之下的一種偶然。在廣東中山有一家從事家政服務的企業在當地運營了十多年，擁有十多家分店，具有較強的品牌影響力，但近年來業務有所停滯，缺乏新的增長點。該企業聯繫到甘達政和孫永高，希望他們能夠幫忙出謀劃策。甘達政和孫永高了解企業的相關情況以後，就建議立足於既有的服務和品牌優勢，往月子中心方面進行相關多元化。但是，在諮詢過程中，企業新接班的「企二代」卻對該轉型方向不感興趣，合作態度也不好，令甘達政和孫永高相當失望。於是，他們倆和鄭嘉虹聚會的時候，就商量着一起合作在月子產業方面進行創業，三位年輕人討論之後一拍即合，迅速開始研究創業方案。

　　中華月子的創業團隊經過分析後認為，隨着中國「二孩政策」的全面實施，以及新生代父母的生活習慣和消費觀念的變化，月子產業的需求非常巨大，而中國現有的醫療體系和母嬰食品用品市場等均無法滿足懷孕期間及分娩後的醫療護理等所產生的需求。儘管中國的各個地方都有自己地方特色的風俗傳承着月子文化，但由於很多缺乏與現代醫學及科學的有機融合，經常被現代社會誤解。許多老人在月子方面固守的傳統習俗和現代母嬰護理醫學往往存在差異，使年輕一輩和父母之間產生分歧，造成家庭和社會的不和

諧。針對此，孫永高及其團隊將依託其在澳門的醫療資源和中西醫結合的優勢，引入現代月子理念，既傳承中醫學的精華和傳統月子的智慧，又融合西方醫學的科學及技術，使傳統月子習俗系統化、科學化和規模化，轉型為現代月子產業。

孫永高説，現代月子產業不僅只是體現在嬰兒出生後，而是延伸到懷孕前的準備、整個孕期過程的安胎養胎、生產時的醫護以及生育後的完全康復；不僅只是嬰兒的單純餵養，而是拓展到全面照顧產前的胎兒以及產後的嬰兒身心健康以及成長教育等範疇。現代月子產業可以在孕前、孕期、產前和產後整個時期，提供預防、護理、康復以及助長等醫療相關的服務，讓母親和嬰兒都能夠健康快樂。現代月子產業還包括月嫂的專業培訓和考核認證、母嬰的居家及外出的安全和便利、胎兒及嬰兒的培養教育等。通過現代月子文化的普及，讓母嬰和大眾都能了解和掌握月子專業知識，而且減少家庭和社會對母嬰護理存在分歧而產生的矛盾。

孫永高介紹道，目前臺灣是全球現代月子服務普及率最高的地區。10多年前的臺灣，只有約 5% 的新生嬰兒會使用月子中心以及到戶月嫂服務，但現在，臺灣有約 70% 的新生嬰兒會使用各種不同形式的月子服務。目前在中國內地，月子服務市場還沒有得到認知、普及和重視，即使是在較發達和富裕的北上廣深地區，也只有約 5% 的家庭選用月子服務。儘管近幾年在內地也建立了許多月子中心，但從目前情況看，還存在許多不專業和不規範的地方。因此，隨着二孩政策實施和觀念的變化，他對月子產業的發展前景非常看好。月子是中華民族的傳統文化，隨着其逐步現代化，還可以逐步「走出去」，拓展國外市場。

孫永高立志於將「中華月子項目」打造成為最專業、最全面的綜合性月子品牌，具體包括三大基礎項目和兩個高端品牌。三大基礎項目為月子培訓、月子中介和月子配套。月子培訓主要為中年婦女及有興趣投身月子產業的人士，有興趣學習照顧母嬰的準父母及長輩提供正確陪護的知識和技巧，並且為準月嫂及現職月嫂提供考核及認證制度。同時，為廣大的長輩父母

們開辦親子育兒班、月子相關課程以及月子餐營養教學等一系列月子專業課程，普及月子文化的知識和技能。月子培訓將通過和相關的醫療單位、培訓機構和政府部門合作，建立正規的培訓課程、考核及認證機制，成為具有專業性、合法性和權威性的培訓單位和考評機構。專業的月嫂培訓和充足的月嫂人力儲備將為保證中華月子的長遠發展打下扎實的基礎。孫永高說，專業、高標準的月嫂培訓將成為中華月子的核心競爭力之一，他們要跟醫學院校合作，培訓出一般機構達不到的高水準的優質月嫂和明星月嫂。

月子中介主要為孕婦和產後母嬰提供新生兒家庭待產及陪月服務，為月嫂提供發展機會。中華月子的中介業務將與有潛力、有優勢的商業機構和醫護單位建立合作聯盟關係，以成就合作夥伴賺取最大的合理利潤為目標，以最快的速度壯大規模，確立中華月子品牌，普及現代月子文化，締造現代月子潮流。月子配套主要包括月子餐和月子禮等。中華月子將為母嬰提供月子食療、月子配套用品以及為親友提供禮品和紀念品服務等。這方面，中華月子將連接海外和內地的母嬰產業物流鏈，讓優質產品順暢進出中國，同時與一些專門的母嬰產業供應商建立合作關係，為用戶提供優質、便捷的服務。

中華月子還將逐步發展「中華皇族月子中心」和「中華皇族月子國際」這兩大高端品牌。中華皇族月子中心主要針對高端人羣提供一站式的高端專業的陪月服務和高水平的醫療護理服務。中華皇族月子國際主要針對在海外生育的高端客戶提供國外的月子服務。這兩個高端品牌對服務和醫療水平都有更高的要求，具有較高的門檻，也是競爭對手比較難以模仿和複製的內容。

目前，中華月子除了孫永高、鄭嘉虹和甘達政三位聯合創始人，還組建了專業的運營團隊。其中，劉兆楊是孫永高在醫學院的本科同學，目前是澳門註冊的中醫師和國家註冊的催乳師，已經具備多年的月子服務和月嫂培訓從業經驗。劉兆楊將在中華月子擔任中醫師和月子導師。孫家偉是孫永高的弟弟，擁有多年的連鎖藥店管理經驗，是澳門最年輕的藥房總監。孫家偉將在中華月子擔任母嬰用品總監。鍾添漂是孫永高的小舅子，目前是兒童遊樂園的策劃推廣師，他將在中華月子擔任培訓認證總監。吳藝倫畢業於臺灣成

功大學，目前是匠心室內設計工程的執行董事、澳門文創推動協會理事長，他將在中華月子擔任品牌設計總監。孫永高説，這些團隊成員都是在各自領域裏的專業人士，相互之間優勢和能力互補，具有很強的協同效應。當然，目前的核心團隊還是他和鄭嘉虹、甘達政三人，他自己有醫療知識的專業基礎，又擁有行政管理和創業管理經驗，負責全面統籌工作；鄭嘉虹醫生是醫療領域的專業人士，能夠提供各種醫療和營養方面的資源；甘達政經常組織和參與各種社團與華僑聯誼活動，具有很廣泛的人脈，有助於公司的融資和品牌推廣。

孫永高説，中華月子主要有醫療、社團和華僑三方面的主要優勢。醫療優勢體現在，目前的團隊成員中，有三位具有中醫、西醫臨牀醫學學位，兩位持有職業醫生資格證；他們具有中西醫和醫療相關管理工作的豐富經驗，並且擁有龐大的醫療網絡人脈，能為中華月子提供專業知識、技術和充足的人力資源。社團方面，團隊核心成員都具有豐富的社團運作經驗，在多個社團擔任領導角色，能夠充分利用社團的平台和資源，為中華月子的發展創造有利條件，獲得各種優勢的信息。華僑網絡方面，創始團隊成員都是僑界代表，多次參加國家或地方省市僑界舉辦的活動，有廣闊的華僑網絡。全球6000多萬華僑的力量，成為中國與世界有效連接的重要橋樑，既能夠推出去，亦能引進來。因此，這些華僑網絡一方面有助於中華月子吸收全球華人優秀的月子經驗和模式，進而打造更加專業和優質的現代月子中心；另一方面有利於將中華月子的業務拓展至全世界，輸出中華優秀傳統月子文化。此外，通過社團和華僑的平台，可以有更多機會和渠道跟相關的政府部門進行溝通與對話，有助於獲取更多的政策支持。

中華月子已經在澳門成立，並正在進行各種路演和展示，參加多項創業比賽，以吸引更多投資和合作者。中華月子目前已獲得 2017 全澳青年創業創新大賽、深港澳青年創新創業大賽公開組冠軍，吸引了多家投資機構的關注。在內地，中華月子正在推進跟有關醫療單位和學校合作，希望合作培養具備良好醫學基礎的專業月嫂和陪護人士。同時，中華月子努力在珠三角尋

找合適的場地，以儘早建立月子中心和培訓基地。孫永高希望用兩年左右的時間，在內地建立完善的培訓基地，打造一批專業的月嫂及月子團隊，並且開始設立門店和月子中心，逐步打響品牌。在第三年左右，開始設立高端的中華皇族月子和中華月子環球品牌，並開始籌建月子村。第四年開始，希望中華月子能夠逐步走向海外，為海外華人乃至全世界人民提供月子服務，弘揚月子文化。

當然，中華月子在創業過程中，仍然面臨着許多風險和不確定性，需要創業團隊加以妥善應對。例如，目前國內的月子中心和月嫂服務已經逐漸興起，中華月子需要考慮如何在競爭中更有效地吸引客戶。中華月子的經營模式怎麼能夠避免被複製和抄襲，以及如何確保精心培訓的月嫂和看護人員不流失或者少流失，這些都將是其面臨的重要挑戰。而且，隨着中華月子在國內市場的開拓，對資金有大量的需求，是否能夠籌集到足夠的資金仍面臨考驗。此外，在澳門，中華月子的品牌可以順利註冊，但是在內地，該品牌估計很難在工商局進行註冊，需要創業團隊考慮新的應對方案。

二 企業案例分析：
傳統月子模式的現代轉型與創新

（一）搶抓「二孩政策」的重要機遇

隨着國家「二孩政策」的全面實施，以及人們消費理念的變化，越來越多的現代女性喜歡選擇聘請月嫂或到月子中心，接受專業的月子服務。特別是中國人口基數大，經濟發展水平不斷提高，這為中華月子這樣的創業項目提供了良好的機遇。孫永高説，他們籌劃的中華月子不僅僅提供月子期間的服務，還包括懷孕前的準備、懷孕期間的安胎養胎、生產時的醫護、產後的康復以及嬰幼兒出生後的養育等內容，而且將依託團隊的醫療資源和社會網絡優勢，為有需求的客戶提供高端月子和海外月子服務，打造最專業、最全

面的綜合性月子服務品牌。中華月子敏銳地識別出新的政策和社會環境下所帶來的月子服務這一快速增長的需求變化，發揮專業和資源優勢，努力創出品牌和特色，有效解決痛點。

（二）融合中華傳統月子文化與現代科技

月子文化是中華民族的重要傳統之一，但隨着時代的發展更迭，特別是西方文化的影響，許多傳統的坐月子的習慣開始被「嫌棄」，特別是年青一代的理念跟許多地方的傳統習俗和老一輩的觀念之間存在越來越多的分歧。因此，如何有效揚棄地繼承傳統月子文化，已然成為中國社會發展過程中的一個重要問題。中華月子致力於將現代西方醫學的理念和技術融入傳統的坐月子方式中，去蕪存菁，摒棄一些傳統習俗中的誤區，實現傳統坐月子與現代科學的有機融合，提供全方位的專業月子服務，推廣科學健康的月子文化，甚至使現代月子文化走出國門，服務全世界。隨着整個社會的發展和變遷，許多傳統的生活方式也遭遇嚴重挑戰，亟待更新和轉型，這為創業者提供了良好的解決問題的機會。

（三）有效整合各方資源

創業過程中經常面臨着資源匱乏的情況，或者如何將手邊各種有用無用的資源加以整合的問題。孫永高及其團隊在創業過程中，非常善於利用團隊成員的各種資源，並且借用身邊可觸及的相關資源，實現創造性的整合，打造中華月子的獨特優勢。孫永高立足於創始團隊良好的醫學背景和身邊的各種醫療資源，對傳統的坐月子方式進行優化和改革，彰顯中華月子的現代性、科學性和專業性。由於地處澳門，中華月子的創始團隊具備各種社團和華僑網絡的優勢，有助於吸收全球華人的先進經驗，在更大的範圍內籌集和整合各方資源，打響品牌，拓展市場。因此，通過立足自身優勢，充分合縱連橫，中華月子方能發揮放大效應，實現快速擴張和成長。

三　啟示：挫折後的累積再出發

（一）積極參與社團和培訓活動

孫永高說，近年來他通過參加各種社團組織的內地參訪和交流活動，對內地的許多新興產業、政府政策和運作模式有了更深刻的理解，更加感受到了內地市場的巨大吸引力，同時也收穫了一些項目合作對接的機會。此外，他積極參加港澳有關部門和內地知名高校聯合舉辦的各種培訓活動，先後赴北京大學、清華大學和復旦大學等高校參加培訓，學習了先進的創新創業管理經驗，認識了許多優秀的同學和各行各業的精英，收穫了同學情誼，拓寬了人脈，為尋找創業合作、融資和團隊打下了良好的基礎。特別是通過學習而相互熟悉的同學，有更好的信任基礎和更為純粹的友誼，能夠增加互信，減少溝通成本，避免重蹈之前被內地合作夥伴欺騙的覆轍。因此，在港澳青年到內地創業的準備階段或者過程中，在時間精力允許的情況下，應當積極參與各種社團組織的赴內地參訪交流活動，以及各種高質量的培訓，增進自己對內地各方面的了解，而且收穫更多優質人脈，為創業順利進行提供前期積澱。

（二）樂觀面對挫折，持續奮進

孫永高在中華月子的創業之前有過一次內地的創業經歷，但最終遭遇重大失敗，甚至使他傾家蕩產。但是生性樂觀的孫永高並沒有就此被擊垮，而是樂觀面對，並在經歷了短暫的消沉期後，迅速調整自己的定位和方向，積極參與社團和公益活動，發揮營銷策劃的優勢，不斷挖掘自身在演講和口才方面的潛力，進一步鍛煉能力、積累資源和打造個人品牌，伺機東山再起。就是在這個時期，他遇到了具有類似創業理念又能力互補的鄭嘉虹和甘達政兩位年輕人，組成了核心創業團隊，為再次創業奠定了堅實基礎。而且，通過這段時間的錘鍊，孫永高的演講和表達能力得到了很大的提升，幫助他在中華月子的項目推廣和展示上駕輕就熟，廣受讚譽，使該項目能夠得到各方

較好的認可。創業之路並非一帆風順，甚至充滿各種曲折。因此，港澳青年
到內地創業時，一定要擁有樂觀的心態和強大的內心，才能更加從容地應對
創業路上的各種風雨，並且在不斷堅持中走到最後。

（三）發揮港澳的中外樞紐優勢

澳門在制度和文化各方面都體現着中西合璧，在「一國兩制」的框架下，
更能夠發揮其獨特的橋樑優勢。中華月子的核心團隊都積極參與澳門的主要
社團和海外華僑的有關經貿、文化、醫療等領域的相關活動，構建了連接海
內外的各方網絡。通過這些網絡，既能夠吸收全球華人在坐月子方面的先進
經驗，並引入中國內地，又可以利用這些網絡，為內地的客戶提供全球性的
服務，充分體現澳門會通中外的優勢。特別是隨着「一帶一路」倡議的實施，
中華月子可以進一步加強與沿線國家華僑的合作，提供獨特的月子服務，弘
揚中華傳統優秀月子文化。因此，港澳青年在創業過程中，要充分立足於港
澳特有的連接內地與全球的區位和制度優勢，從而做出創業項目的特色。

四　案例大事記梳理

2003 年，孫永高畢業於暨南大學醫學院；

2005 年，孫永高加入澳門友邦保險；

2010 年，孫永高開始在廣東和澳門創辦餐飲店；

2013 年，孫永高停止所有的餐飲店業務；

2013 年，孫永高註冊「帥」商業策劃公司；

2014—2017 年，孫永高先後獲得十餘項國際演講協會香港澳門區演講
比賽的亞軍和冠軍；

2016 年，孫永高和鄭嘉虹、甘達政聯合籌備並創立中華月子集團；

2017 年，中華月子獲得全澳青年創業創新大賽、深港澳青年創新創業
大賽公開組冠軍。

第二十一章　寶奇科技：
讓兒童在遊樂中學習成長

公司名稱：澳門寶奇科技發展有限公司

創始人：　施力祺

創業時間：2017 年

所處行業：兒童遊樂

關鍵詞：　商場，兒童遊樂，二孩政策

訪談時間：2017 年

一　創業者故事：
澳門「90 後」的內地創業夢

（一）不甘安穩，北上創業

施力祺出生和成長於澳門的一個經商家庭，父親長期往來於泰國和中國從事貿易，母親從事地產業務，外公經營超市，舅舅從事紅酒貿易。因此，他從小在耳濡目染之下，對商業運營並不陌生。2012 年，施力祺進入澳門的聖若瑟大學，主修政治學專業。大學期間，他積極參加學校的各種社團活動，並從大三開始在澳門中華新青年協會（簡稱新青協）兼職。新青協是澳門的一個非營利組織，以清新、創意、求變為訴求，團結澳門廣大青年以服

務社會為宗旨，通過一系列的活動來凝聚青年、服務民眾和參與社會。[1]

施力祺在新青協中幫助籌備環保公益、創新創業和澳門青年到內地交流等各種活動，頻繁接觸政府部門和各行各業的專業人士，組織能力得到了很大的鍛煉。令施力祺印象深刻的是，有一次由於新青協的人手不夠，他必須獨立負責與政府部門商談有關環保活動的組織和籌備工作。當時，他還只是一個社會經驗尚淺的大學生，第一次跟政府部門打交道，使他內心感到一絲志忑。但是，經過這次活動的歷練，他積累了經驗，也逐漸增加了自信。

一次組織新青協成員到內地參觀創客空間和大學生創業園的經歷，使施力祺受到了強烈的震撼。在深圳、廣州和上海等地的交流，讓施力祺直觀地體會到了內地年輕人創新創業的熱潮和濃厚的創新創業氛圍，尤其是創業孵化器提供的豐富的創業服務、大學生創業園提供的多樣配套和支持等，都讓生長於澳門的施力祺感到煥然一新。此後，施力祺便密切留意內地創新創業的相關資訊，並暗下決心，若以後有合適的機會，一定要來內地創業。

2016年，施力祺大學畢業後，繼續留在兼職的澳門新青協工作，組織和安排協會的各項活動。但是工作一段時間之後，施力祺開始意識到，儘管新青協是一個良好的平台，但對自己而言，卻越來越缺乏挑戰性了。他說：「許多澳門人會喜歡這樣的安穩工作。但是，我卻不習慣安靜地坐在辦公室裏，不喜歡這麼年輕就選擇安逸的工作。」他希望在年輕的時候，多拼搏一番，以免留下遺憾。於是，2017年初，施力祺離開澳門新青協，北上上海，開啟了在內地的創業之旅。

（二）搶抓二孩政策紅利，拓展兒童遊樂事業

施力祺準備創業的時候，考慮過多個創業方向。其中之一是餐飲行業，將港澳流行的茶餐廳和一些特色小吃帶到內地。但施力祺重新思考之後，認為有特色的餐飲比較依賴廚師，而自己本身也缺乏餐飲行業的經驗，對支撐

1　澳門中華新青年網站（http://www.my.org.mo）。

餐飲店快速發展的團隊和管理模式也很難做出準確判斷，因此最終放棄餐飲業。除此之外，施力祺也考慮過目前更「流行」的互聯網科技、手機 APP、文創產品等項目，但冷靜分析之後，他意識到自己沒有高科技方面的優勢，也缺乏從事文創產業的藝術細胞，因此，他選擇不盲目跟風。

施力祺注意到，內地自 2016 年全面二孩政策實施以後，兒童數量將逐年上升，未來數年對兒童娛樂場所的需求將越來越大。伴隨着消費升級，大量家長比以前更願意將錢花在滿足小朋友遊玩中，特別是那些能夠通過遊玩來促進素質和能力的鍛煉的項目。施力祺說，自己從小剛好比較愛玩，熟悉各種兒童的娛樂設施，也有耐心去陪小朋友進行娛樂。而且，施力祺從中學時期就在澳門從事拓展訓練的義工工作，擁有素質拓展訓練的教練證，這與兒童遊樂訓練有許多共通之處。此外，施力祺的女朋友在澳門從事小朋友的鋼琴教學工作，兩人經常分享關於兒童成長與教育的資訊和看法，對兒童教育已有一定的基礎認識。因此，施力祺最終決定將創業方向放在兒童遊樂這個具有巨大潛力的市場，並進行進一步聚焦。

2017 年初，施力祺創業的起點是上海松江，之所以選擇上海，主要有三方面的原因：第一，施力祺在澳門有位熟悉的長輩是上海人，他多年前投資移民到澳門，但目前仍長期在上海有自己的事業，主要從事各種安防產品的銷售和安裝，擁有多年的創業和企業運營管理經驗。施力祺在內地創業主要與他合作，剛創業時的辦公室也先借用這位合夥人現有公司的辦公室。施力祺說，因為自己畢竟相對缺乏經驗，特別是內地的環境和企業運營跟在澳門存在一定差異，通過跟這位長輩合作，可以讓自己在適應內地的規則方面少走彎路，更快地得到學習和成長。第二，施力祺和合夥人商量之後，決定將創業的重點聚焦在商場中庭的兒童遊樂上，至此，能否在大型商場的中庭拿到合適的場地就至關重要。通過家裏長輩的牽線搭橋，施力祺主動結識某家大型商業地產公司的高管，並跟該地產公司達成合作，能夠較為方便地進入其所屬的各地商場。這家地產公司的總部設在上海，因此到上海進行創業將便於業務聯繫。第三，上海是中國的經濟、交通、科技和會展中心，匯集

了最新的各種行業資訊，可以讓施力祺第一時間了解到兒童遊樂行業的最新情況；而且合作的商業地產公司的項目主要佈局在長三角，在上海創業，往來長三角各地的交通也較為方便。

（三）定位明確，用心運營

在業務定位上，施力祺和合夥人經過仔細分析和商量，最後敲定將公司的戰略定位重點放在二三線城市的兒童拓展遊樂項目上。全面整理了市場上的兒童遊樂項目後，施力祺將自己的項目特色定位於拓展類的遊樂。商場中庭已有的傳統兒童遊樂項目更多的只是滿足小朋友簡單的遊玩，缺乏素質提升和能力鍛煉的元素。而施力祺引進的項目作為拓展類的兒童遊樂，綜合了素質拓展、智力開發、能力提升、體能增強、冒險和娛樂等元素，主要針對4—10歲的小朋友。不僅可以讓孩子們快樂地玩耍，還鍛煉了小朋友的身體素質，不斷塑造勇敢、頑強的性格品質，提升小朋友的實踐能力。通過這樣的拓展項目，寓教於樂，有利於釋放小朋友的天性，也可以讓家長參與互動，促進大人和小孩的親密關係。

之所以定位於二三線城市，主要是目前在北上廣深等一線城市的競爭激烈，運營費用高。對於像澳門寶奇科技這樣的初創企業而言，資金實力還不雄厚，必須避開一線城市的鋒芒。而在二三線城市，這種拓展類的兒童娛樂項目還較少，新穎性強，能夠更快地吸引家長和小朋友的注意力，打響品牌，更快地開拓市場。而且，項目合作的大型連鎖商場的許多門店恰好位於二三線城市，為施力祺在項目選址上提供了很大的便利性。目前，公司已經在江蘇的鹽城和宿遷成功開展了兩個項目，市場反響甚好。

寶奇科技經營的這種拓展類兒童娛樂項目對現場運營人員提出了更高的要求。在拓展類項目娛樂過程中，不少小朋友一開始會存在膽怯、恐高、緊張等問題，需要現場教練耐心去引導，甚至通過棒棒糖、巧克力等手段進行鼓勵，或者「連哄帶騙」。因此，施力祺及合夥人也經常謀劃如何更好地招聘更加合適的人員，以及這些教練在現場如何更加恰當地把握和拿捏兒童的

心理，從而讓小朋友喜歡上這樣的娛樂項目，並從中有學習和收穫。正是這些小細節的用心，讓寶奇科技在同類遊樂項目中脫穎而出，也讓更多的家長放心把小朋友交給他們。

在業務定位和品牌推廣上，寶奇科技主要立足於差異化，而非打價格戰。施力祺說，他觀察到，在內地的許多兒童遊樂節目，更多的是考慮在價格上做文章，通過打折和減價的方式來吸引家長。但是，施力祺認為這樣的價格戰最後只能在服務上降低品質，不是兒童娛樂項目的初衷。寶奇科技的差異化重點在於主要往小朋友身上着手，吸引他們的興趣，並寓教於樂。例如，在萬聖節，他們就靜心策劃了活動，給小朋友開 Party，並準備了小面具、花燈和糖果等來吸引孩子們的參與。

目前，施力祺還在着手談判多個城市的場地，希望能夠儘快推進更多項目。除了目前的拓展類兒童遊樂項目，公司計劃在寒假推出水晶球娛樂項目。相對於拓展類，水晶球是短期運營的項目，成本更低，回收周期更快。

（四）國際視野，本土運營

談到自己到內地創業的特點和優勢時，施力祺認為其中一個典型特徵就是在澳門擁有國際視野優勢。他說，兒童的拓展類遊樂項目在香港和澳門已經較為成熟了，自己經常會到港澳的商場去考察，並從中學習與借鑒，汲取他們有優勢的地方帶到內地。另外，在澳門可以更加便利地接收國際化資訊，包括 Twitter、Facebook、YouTube 等渠道傳播的信息。他會經常關注歐美等發達國家關於兒童遊樂項目的最新動態和發展趨勢，思考如何將其引入寶奇科技的項目，從而讓內地的小朋友能更快地接觸到最新的遊樂內容，讓他們跟世界上其他國家和地區的小朋友同步享受新穎的遊樂項目。施力祺希望通過自己的努力，能夠建立讓兒童在遊玩和學習中取得互補平衡的一套體系。

在具體的項目運營上，施力祺充分依託合夥人在內地的經驗和團隊優勢。目前，拓展項目設施的安裝主要依靠合夥人原有電子設備的一些安裝師

傅，日常運營的經理也是合夥人在內地多年的老部下，富有現場安裝經驗。在宿遷和鹽城的兩個項目實施本土化管理，現場的管理和維護人員都是在當地招聘的。因為是專門面對兒童的娛樂項目，因此平時周一到周五整體業務量不大，但週五晚上和周末，及國慶節等節假日，以及寒暑假都是營業高峰期。目前，除了每個項目 4—5 個全職人員，繁忙時段主要聘請兼職。施力祺說，項目的服務還是依靠這些現場人員來具體執行，因此主要是要求這些服務人員有耐心，喜歡和小朋友玩在一起。別的方面，公司會充分給予授權和支持。特別是經過幾個月的運作之後，兩個項目都進展良好，業務也走上了正軌，當前僅需要他對當地的賬目進行檢查和管理。但是，施力祺並沒有停下腳步，而是將更多的時間和精力投入到下一步業務的拓展和創新上。

二　企業案例分析：
　　創業定位明確而務實

（一）突破安穩，敢拼會贏

　　或許是在商業氛圍濃厚的家庭中成長的影響，也可能是籍貫福建晉江的他所具有的閩南人「敢拼會贏」的創業精神在起作用，讓施力祺不滿足於跟多數澳門同齡人一樣在澳門過安穩舒服的日子，而是選擇自主創業，希望能夠闖出一片自己的天地。施力祺說，目前澳門的大學畢業生多數選擇到政府部門和賭場的辦公室，或者一些奢侈品店從事銷售工作，他們認為這樣在澳門的「小確幸」生活還是挺好的。當然，每個人的選擇無所謂對錯，都有合理之處。但施力祺還是希望能夠趁年輕的時候，多一些拼搏。創業都是存在風險的，也充滿諸多不確定，年輕的施力祺敢闖敢拼，選擇了一條少有人走的路，並且逐步取得了成績，在他身上體現的是澳門經濟社會轉型發展的新動力。

（二）識別合適的創業機會

許多剛畢業不久的年輕人創業的時候，經常習慣於盲目跟風。近年來許多澳門年輕人在創業時，往往扎堆兒在奶茶店、咖啡館、手機 APP 和文創產品等行業，最後多數難以有實質性的進展。施力祺在尋找創業機會時，沒有隨波逐流，而是冷靜地、周密地分析自己的內部條件和外部環境。他能夠對自己有清醒的認識，發現自己並不具備高科技的基礎，也缺乏從事文創產品的藝術細胞，所以去尋找新的方向。施力祺注意到內地二孩政策開放以後將給兒童遊樂市場帶來新的增長機會，此時如果着手佈局將有助於在幾年之後滿足這一波新二孩的需求。而施力祺自己恰好喜歡跟小朋友玩，又擁有拓展教練的證書。同時，囿於目前的資金實力限制。施力祺將創業重點定位在二三線城市的商場中庭的拓展性兒童遊樂項目上。通過務實的市場分析和明確的戰略定位，寶奇科技的創業起步整體較為順利。

（三）重在質量，用心服務

對於公司業務運營的精髓和與競爭對手的差異化，施力祺認為自己重在遊樂項目的品質和服務的用心，而不是依靠價格戰去贏取用戶。他結合自己在澳門成長的經驗，認為擁有一個寓教於樂的童年非常重要。因此，他希望自己的項目能夠真正讓小朋友在遊玩和「訓練」中鍛煉品質、提升能力，有所收穫。如果要依靠便宜的價格來吸引客戶，將不得不降低質量。施力祺認為，除了設備的質量和安全，在陪護小朋友的過程中，能否真正用心去陪伴、關愛，是服務過程中的關鍵因素。只有用心，才能讓小朋友喜歡上這個項目，並樂此不疲，經常光顧。此外，小朋友又是非常特殊的一個羣體，他們的時間和行程經常與父母的行程有所關聯，又存在差異。如何充分考慮父母的習慣，平衡好家長和小朋友的需求，讓一家人都能在商場中各取所需，滿意而歸，也是寶奇科技用心服務的一個體現。正是這樣以顧客為中心的努力，讓開業不久的寶奇科技就收穫了一批忠誠客戶。

三　啟示：尋找合適的內地合作方

（一）找到合適的合夥人和合作單位

內地跟港澳在制度、文化和政策環境上都存在不少差異，許多港澳青年來到內地創業時，在跟相關政府部門和利益相關單位打交道時，經常存在諸多不習慣、「不接地氣」，但他們卻往往不知道問題出在哪裏，或者在走了許多彎路、交了學費之後，才能有所體會。這導致他們經常錯過一些好的商業機會，也影響創業項目的執行。創業本身就充滿着諸多不確定，如果再加上陌生的環境、陌生的團隊，更容易使創業者面臨更大的壓力。在這方面，施力祺無疑是幸運的。因為他在內地的合夥人是相互熟悉信任的長輩，而這位合夥人又在內地具有多年的企業管理經驗，不僅能夠幫助他解決在當地的許多具體問題，還能夠輔導施力祺儘快地熟悉和適應內地的環境和規則，讓他少交學費，少走彎路。此外，通過家庭成員的網絡關係找到的合作單位，又非常契合施力祺在內地開展業務的場館需要，使其在長三角二三線城市的業務運營擁有較大的優勢。

因此，港澳青年到內地進行創業的時候，要儘量尋找一些熟悉當地又值得信任的合作夥伴，依託他們儘快切入當地市場，自己也在這個過程中，逐步去熟悉和適應內地的商業運營，從而使創業之路走得更為順暢。

（二）緊抓內地發展機遇，做好定位

內地的經濟社會發展處於不斷改革和轉型的階段，中央也不斷出台新的政策。例如，2016 年開始全面放開的二孩生育政策就對當前及今後相當長一段時間的相關產業產生了巨大影響。施力祺看到了這個機遇，並結合自身的實際情況，將項目定位於二三線城市的商場中庭拓展類兒童遊樂。正是這樣順應政策變化趨勢，又客觀務實的定位，使其創業項目開局良好。因此，港澳青年要多關注和了解內地的各種政策動態，周密分析，並充分利用港澳及自身的優勢，抓住合適的機遇，趁勢而上，順利發展。

（三）不賺快錢，重在持續

在當前「大眾創業，萬眾創新」的浪潮下，許多年輕人紛紛投身其中，誕生了許多創業項目。但是，這其中有不少年輕人只是盲目跟風，或者心態非常浮躁，只想着怎麼賺快錢，以及怎麼儘快「燒錢」，背離了創新創業的初衷。施力祺儘管非常年輕，卻有着非常沉穩的心態。他說，要把創業當成一份長期事業來經營，要穩當，站穩腳跟，走得扎實。特別是回想自己2017 年 5 月到上海開始創業，到 8 月份才開始簽約第一個項目，這個過程非常令人難受和焦慮，創業的熱情最容易在這時被消磨殆盡。他說，這個過程很關鍵，一方面對未來有目標和憧憬，另一方面需要學會忍耐。當然，憧憬不要太遙遠，而是有個「小目標」，慢慢在實現小目標的過程中，「不知不覺」地拼出大目標。企業的發展不要過於追求一時的速度，關鍵是能夠實現持續發展和基業長青。

寶奇科技在運營兒童拓展類娛樂項目過程中，在保證產品質量和安全的同時，非常注重品質和項目的持續性，希望項目的發展能像小朋友一樣茁壯成長。港澳青年到內地進行創業時，要注意擺正心態，注重穩健發展和持續經營的理念，不圖一時的快錢，而要思考創業所創造的價值本身，「不忘初心，方得始終」。

四　案例大事記梳理

2012 年，施力祺就讀於澳門聖若瑟大學；

2016 年，施力祺大學畢業後，進入澳門中華新青年協會工作；

2017 年，澳門寶奇科技發展有限公司成立；

2017 年 5 月，施力祺到上海開始創業；

2017 年 9 月，江蘇鹽城的兒童娛樂項目開業；

2017 年 10 月，江蘇宿遷的兒童娛樂項目開業。

第二十二章 安信通科技：
做「善解人意」的機器人

公司名稱：安信通科技 (澳門) 有限公司

創始人：　韓子天

創業時間：2015 年

所處行業：機器人

關鍵詞：　身份識別，機器人，天機 1 號

訪談時間：2017 年

一　創業者故事：
以政策優勢，促技術變革

（一）學而優則創

　　創辦安信通科技 (澳門) 有限公司之前，韓子天已經在澳門科技大學科研處處長的位置上服務了 12 年。即使在「大眾創業，萬眾創新」如火如荼的內地，如此「資深」的科研處長辭職進行自主創業仍屬罕見，況且是在以博彩和旅遊業為主要產業的澳門。韓子天說，辭職出去創業確實進行了一番掙扎，但也屬自然而然、逐步發展的結果。

韓子天在廣州出生和長大，1993 年在廣州大學（原廣州師範學院）物理系本科畢業後，他來到澳門大學工商管理學院攻讀決策科學方向的工商管理碩士，研究生畢業後開始定居澳門，先後在天網資訊科技（澳門）有限公司擔任技術總監、澳門青雲路科技股份有限公司擔任總經理。2002 年，他還短暫回到廣州，擔任了一年的廣州大學華軟軟件學院院長助理。從 2003 年 9 月開始，到 2015 年 5 月，韓子天一直在澳門科技大學，擔任系統工程研究所副教授、博士生導師，以及學校科研處處長。

韓子天在大學期間刻苦學習，勤於鑽研，為今後在軟件和系統工程方面的研究打下了堅實的數理基礎。在之後的工作中，他繼續保持勤奮學習的熱情，在技術和管理領域繼續深造和開展學術研究。在取得澳門大學的工商管理碩士後，1996—2000 年，他又在暨南大學計算機學院進修了計算機軟件應用碩士課程；2003—2008 年，他到華南理工大學工商管理學院攻讀博士，獲得管理科學與工程博士學位；2011—2015 年，他到復旦大學進行管理科學與工程博士後研究；2015 年 6—12 月，到美國新澤西理工學院離散事件系統實驗室擔任訪問研究員。

韓子天在澳門科技大學的研究和科研管理工作也取得了不俗的成績：發表國內外學術論文 30 餘篇，取得了專利等 20 餘項知識產權，多次榮獲亞太地區和澳門政府的科技獎勵。他還組織建立和完善了澳門科大的科研管理制度、科研成果轉化制度等，推動澳門科大的科研工作不斷取得進步。然而，在進行科學研究和科研管理工作的同時，韓子天仍然不斷思考着如何將科研成果更好地進行轉化和應用。他說，自己一直從事的是信息系統和系統工程方面應用研究，在科研管理的崗位上也不斷強調要將高校的學術研究和產業進行結合，實現「學以致用」。就是這麼持續思索和尋找的過程，促使他從學者和科研管理者一步一步邁向創業之路。

不過，儘管現在已經不是一名全職教師，而是一名創業者和企業管理者，但韓子天表示，自己還是更喜歡韓老師這個稱呼，而不是被稱為韓總。韓子天說，其實到目前，仍然經常會有人不大理解他自主創業的選擇，因為

相對於在澳門科技大學當科研處長這樣的「安穩」日子，創業意味着要面對許多風險和不確定性。他說，自己原來也是想着一輩子待在澳門科大的，創業算是因緣際會。當然，重要的還是因為自己的創業夢想和行動力。目前，儘管創業路上有許多艱辛，但自己「累並快樂着」，他覺得自己是幸運的，能在最好的時代，最好的年華，與最精幹的團隊共事，做最前沿的科技產品，還有被最好的投資人鞭策着、教育着。這種幸運甚至讓他覺得睡覺都是浪費人生。

（二）致力於「懂人」機器人

韓子天的科研團隊原來的研究領域並沒有跟機器人直接相關，而主要是身份識別和網絡安全方面的軟件系統。多年的研究讓韓子天在該領域取得了豐碩的成果，擁有專利等知識產權 20 多項，其中，「基於 SVM 降維的小型網絡入侵檢測器」專利榮獲 2012 年澳門特別行政區政府首屆科技發明獎三等獎；「Singou 基於二次認證技術的密碼管理器」榮獲 2014 年度亞太資訊通訊大獎（APICTA）優異獎（資訊安全類第二名）；「基於機器人技術的 Singou 會議展覽電子簽到系統」榮獲 2015 年度亞太資訊通訊大獎（APICTA）優異獎（旅遊類第一名）；「基於 DAA 的逆向二次認證技術」榮獲 2016 年度澳門特別行政區政府科技獎科技發明獎三等獎。此外，團隊的技術還榮獲 2014 年澳門資訊通訊大賽第一名、2015 年中國軟件交易會最具競爭力軟件獎等諸多榮譽。

但是，儘管這些軟件技術取得了專利和收穫了獎項，卻難以直接體現其作用效果，而需要嵌入或整合到相應的設備上。此時，機器人行業的硬件經過前期的發展，已經日趨完善。於是，韓子天的研究團隊就思考如何將身份識別的軟件運用到機器人身上，將兩者有機融合，使機器人設備不再是只會簡單的機械性操作，而是能夠開始識別人、理解人、解放人。這樣，此前與機器人沒甚麼直接關聯的韓子天開始進入機器人行業，並且一發不可收，逐步喜歡上了機器人這個行當，甚至將其視為自己的「孩子」，持續優化、賦

予靈性。韓子天說，原來自己也只是對機器人好奇而已，但發現通過機器人硬件與軟件的結合，機器人作為一個優秀的硬件平台能對好的軟件產生催化作用，令他非常驚喜，至此，他跟機器人結下了不解之緣。

韓子天的團隊於 2015 年憑藉「基於 DAA 的逆向二次認證技術」專利產品獲得澳門南通信託投資股份有限公司（中銀集團下屬企業）的天使輪投資，為此創立了安信通科技（澳門）有限公司，希望進一步將研究成果產業化。韓子天的機器人研發以澳門科技大學的資訊安全研究團隊為主，圍繞信息系統的身份識別與安全識別進行產品研發，核心技術包括逆向二次身份識別技術、視頻識別技術、複合智慧型機器人等。通過努力，韓子天的團隊由資訊安全軟件逐步結合機器人技術，圍繞信息系統的身份識別與安全核證開展產品研發，目前的核心產品是智能服務型機器人。

當前，機器人在行業製造領域已經得到了廣泛應用，許多工廠和倉庫通過各種機器人實現了零部件裝配、貨物裝卸與搬運等，在一定程度上實現了機器代替人工。但是，在這些領域的機器人只需要基本的「機械」能力，不需要「面對」人類，不需要複雜的識別技術。而澳門安信通研發的機器人是應用於服務行業，包括物業安保、會展服務、考勤簽到、場館導覽等方面，因此需要更多的身份識別等核心智能技術，才能使機器人更「懂」人「臉」和人「心」。

韓子天將目前研發出來的智能服務型機器人稱為「天機 1 號」，並親切地稱呼其為「天仔」。為了在服務行業裏創造價值，天機 1 號具有這些核心技術：(1) 智慧身份識別，包括考勤簽到管理、二維碼掃碼、人臉動態身份識別功能等；(2) 自主學習，通過自動學習重複、可預測的行為，形成行為模式數據庫，漸進式地增加系統智能；(3) 智能語音聊天，通過智能語音、語義識別，實現人機語音聊天；(4) 雙 180° 監控攝像頭，通過高清雙攝像頭，全方位無死角實現影像識別，視頻信息上傳；(5) 室內外定位導航，通過 GPS + WiFi 室內定位，可自主運行在小區及樓宇內，實現自訂路線巡邏偵察；(6) 智能傳感融合，基於智能傳感技術，可對溫度、濕度和煙霧等實

現信息採集和報警；(7) 自動充電技術，採用無線充電技術，智能測算電量，能夠自行移動到充電位置；(8) 全地形適應，天機 1 號機器人採用的是履帶式驅動結構，能夠保證在各種地形平穩行進。

除了上述這些在單個機器人身上的核心技術以外，安信通還具有多個機器人之間的羣智能核心技術，通過羣智能操作系統 SROS（Swarm Robot Operation System），實現多個機器人之間的任務協同，如室內外定位的分工合作、任務接力等；以及信息共享，使機器人學習到的新知識可以在羣體中快速擴散，如語言對話訓練、人臉識別、手臂動作等。此外，韓子天團隊還將區塊鏈運用到羣智能中，確保信任鏈的可靠性。

天機 1 號機器人目前已經應用於物業管理、會展管理等方面。依靠人臉識別技術、二維碼和 RFID 等掃描認證，以及人工智能語音對話系統，智能機器人能實現電子簽到並及時傳輸簽到資料到後台，方便管理和統計；可以分辨出住戶和訪客，並決定放行與否；可以對訪客或遊客進行接待和導覽。而且，使用物聯網和人工智能技術，機器人能夠實現動態視頻監控。目前，天機 1 號機器人已經應用於澳門科技大學學生宿舍的考勤簽到，並在澳門科學館進行安防巡邏和會展簽到。此外，「天仔」也在第三屆廣府人大會（江門）、澳門第七屆國際汽車博覽會、第七屆澳門國際遊艇進出口博覽會、第六屆澳門公務航空展等場合大顯身手，獲得與會嘉賓、參展方和主辦方的一致好評，不僅提升了展會的整體效率，提高了展會嘉賓的與會體驗，也為展會的主辦方提供了實時有效的數據支持，動態監控會展整體情況。[1]

天機 1 號智能機器人還可以應用於政府服務中心，高效準確地回答市民的各種政策諮詢，並通過人臉識別來記住前來的市民的面容，從而針對性地回答市民感興趣的問題。目前，這方面的工作正在試驗和推進中。韓子天希望天機 1 號不是只會死記硬背各種政府管理條例，因為這樣用處不大，市民們完全可以通過網絡查詢直接找到相應的內容。因此，他希望機器人不是簡

1　《明報》2017 年 11 月 24 日報導。

單地淪為擺設，而是能夠發揮真正的智能作用，用好自己的「眼睛」、「腦袋」和語言能力，精準地答疑解惑。天機 1 號目前已經進駐廣東中山翠亨新區、火炬開發區和山東濟南高新區政府服務中心承擔政府諮詢任務。

此外，韓子天還投資了 Hotelir（機智棧）科技有限公司，該公司專注於酒店的機器人服務。通過天機 1 號機器人，可以進行入住登記和退房、會員註冊、早餐出入控制、訪客登記等比較常規的工作，解決酒店業目前人工費用越來越高、招工難度大、員工素質良莠不齊、夜班工作辛苦、服務質量不穩定等問題，使服務人員可以專注於客戶服務，提升客戶服務體驗。而且，現有許多酒店的部門架構煩冗，缺乏有效的客戶數據分析，客戶關係管理水平落後，通過機器人服務，能夠利用人工智能和深度學習能力進行數據分析，幫助酒店進一步優化設計流程，促進客戶體驗的個性化，提升營運水平和服務質量。

由於天機 1 號在服務行業的領先技術和多項成功應用案例，目前受到了許多投資人的青睞，並在 2017 年 11 月獲得上海國際服務機器人展頒發的「2017 最佳商用機器人獎」。對於智能機器人的未來，韓子天有着自己的憧憬，他也時常將這些未來的夢想發到微信朋友圈裏。例如，在 2017 年 12 月的一天，他到深圳坪山新區推介天機 1 號機器人，這裏是深圳的東部新區，比亞迪汽車的總部。當看到這個區域裏的街上眾多比亞迪汽車時，他夢想着有一天，在一個 1 平方公里的社區裏，全區都是天機機器人，負責小區的治安執勤、巡邏、送件搬運、商店值守、飯店廚師、老人陪護等。他也夢想着，等 20 年後，當自己都老了，走不動了。身邊有個天機 21 號，可以陪自己聊聊天，模仿家人的語調語氣和自己說話，抱自己去洗個澡，陪自己去散散步，幫自己炒道孩童時媽媽的拿手好菜，播放一首熟悉的老歌。這些都是他及創業團隊現在和未來一直在不斷努力的目標。

但是，服務機器人不可能完全取代人，只是讓人類從事務性的工作中解脫出來，從事更多更富創造性的工作。特別是目前的機器人在視覺、運動、體力和聽覺等方面都局部超越了人類，但語言表達能力仍然較差，無法實現

「自由對話」，這制約了其在服務行業的應用和推廣。這也是安信通目前努力和優化完善的重點方向。

（三）多地合作，優勢互補

「天機 1 號」機器人從創意到產品問世，歷時兩年多的研發，並由澳門、珠海和中山多地進行合作，產品於 2017 年 8 月在澳門正式發佈。天機 1 號的研發採取了產學研合作的模式，前期的基礎研發主要以澳門科技大學的科研團隊為主，成立安信通公司後，由安信通在澳門的研發團隊結合商業需求繼續研發，後期開發則由安信通公司設在珠海橫琴的技術團隊進行。安信通的研發團隊共 12 人，其中有一半是韓子天在科大指導過的博士和碩士。澳門的科研團隊在原有身份識別核心技術專利的基礎上，結合服務型機器人的要求，聯合攻關，傾力打造。研發初期，該項目獲得科技基金的扶持，形成初步的成果，然後再得到創投資本的投入，對接市場需求啟動產業化方向，從而形成具有市場潛力的科技產品。

「天機 1 號」機器人的生產涉及的產業鏈範圍較廣，是多地合作，充分發揮協同效應和互補效應的產業化成果。軟件和研發部分主要是在澳門進行；機器人的外觀設計主要由澳門設計中心的設計師提供，安信通公司內部也有工業設計人才進行改進和調整；攝像頭和其他一些零部件主要在珠三角採購；機器人目前採用的履帶底盤則是來自山東；天機 1 號的外殼由廣東中山的工廠代工生產，在澳門完成組裝調試，仍屬於小批量生產階段，生產一批 10 個機器人需要三個星期。未來，機器人將由安信通公司自己在廣東中山的工廠自主生產，從而加快產品生產速度。2017 年 7 月，安信通科技向中山翠亨新區申請購地獲得評審批准，將在中山翠亨新區智能製造區購買 20 畝工業地，建設機器人透明工廠及產學研基地，總投資 1.25 億元，打造一個面向服務機器人行業的高科技創新智能製造與研發的示範基地。

對於中山，韓子天有着特殊的緣分。他說，4 年前他跟着博士生導師參與了中山翠亨新區管委會委託的粵澳合作全面合作示範區規劃，詳細研讀相

關的產業報告，並多次到中山進行實地考察和參加座談會，最後形成了高質量的規劃。通過這個過程，他深入了解了中山，並喜歡上了這個城市，由此開啟了與中山的合作緣分。韓子天離開澳門科大後，於 2015 年 12 月到 2017 年 7 月，前往中山擔任澳中致遠投資發展有限公司執行董事兼行政副總裁。澳中致遠是澳門特別行政區政府的全資公司，專門負責澳門政府與中山市政府的區域合作、投資發展以及青年創新創業平台的打造。在此工作期間，韓子天把原來自己牽頭制訂的規劃逐步落實，使他更加堅定了今後有機會到中山投資的信心。韓子天非常看好中山的前景，他認為，中山不僅環境優美，而且產業鏈配套齊全、製造業基礎好。特別是我國「十三五」重大工程的深圳—中山通道項目在 2024 年建成開通後，深中通道將是連通珠三角東西岸、粵港澳大灣區的經濟動脈，廣州、深圳和中山三城將成為「智能製造 2025」鐵三角。

目前，安信通科技與澳門設計中心合作共建「澳門機器人工業設計實驗室」，希望逐步強化產品設計，共同推進澳門機器人產品的工業和外觀設計。與澳門泊車管理股份有限公司簽訂合作協議共建「無人值守停車場」，通過天機 1 號的物聯網技術實現動態視頻監控，可以進行停車場巡邏，也可以為車主尋找停泊的空車位，或者協助在停車場內尋找車輛。此外，為了讓更多的青少年關注和參與機器人產業，安信通科技還與澳門培正中學共建「澳門校園服務機器人教研實驗室」，將結合培正中學的校園管理系統，推出人臉識別考勤簽到、校園巡邏等服務，並在未來共同整合更多校園服務到機器人系統，實現共同合作研究，促進科技創新創業。[2]

為進一步加快市場拓展，夯實研發團隊，安信通科技還將在深圳、濟南、珠海、德國法蘭克福等地設立「工程技術中心」，充分發揮這些地方在機器人製造、履帶底盤技術、多機器人協同作業等方面的技術和製造優勢，促進天機 1 號機器人的進一步完善和在更多領域的應用。

2　〈科大團隊研發機械人面世〉，《澳門日報》2017 年 8 月 21 日第 A11 版。

韓子天説，希望通過採取全球資源整合的方式，重點立足澳門，面向內地，從而促進服務業機器人的發展。而且，希望通過在澳門進行機器人創業，在一定程度上促進澳門的科技發展，增加非博彩業的比重，逐步優化澳門的產業結構，引領更多的發展機遇，也逐步改變人們對澳門「賭城」的刻板印象。

二　企業案例分析：科技推動創新創業

（一）基於核心技術的明確定位

韓子天在天機 1 號機器人方面的創業不是一時的盲目跟風，而是基於他在澳門科技大學的信息安全研究團隊的科研成果的產業化，而逐步走向商業化的過程。與目前市場上普遍的工業機器人不同，天機 1 號機器人主要針對物業安保、會展服務、場館導覽、酒店服務等服務行業。之所以進行這樣的定位，主要是基於自主研發的安全身份識別核心技術專利進行拓展，以及室內外定位導航、雙180°監控、智能傳感系統、仿生機械手臂、自動充電技術、全地形適應、智能語音互動和自動學習系統等一系列核心技術，使機器人具備服務人的能力，從而在服務行業派上用場，而不是一個簡單的擺設，或者只是一台會勞作的機器。隨着服務行業人工成本的上升、客戶個性化體驗需求的增加，天機 1 號越來越受到市場和資本的青睞，這都得益於其不斷研發的核心技術和明確的創業定位。

（二）依託粵港澳大灣區，整合多方資源

創業資源的整合是創業過程中非常關鍵的內容，韓子天充分依託粵港澳大灣區的各方優勢，整合資源，使「天機 1 號」由創意逐步成為實實在在的創業項目，並成為澳門第一個產業化和商業化的機器人。天機 1 號的核心研發團隊在澳門科技大學，然後充分利用珠海橫琴在地理上的便利性和人工

成本的優勢，在橫琴進行後期開發。機器人的外觀由澳門設計中心的設計師設計，機器人的配件主要在珠三角進行採購，機器人的外殼由廣東中山的代工廠生產。這既充分發揮了澳門在研發、設計方面的優勢，又整合了珠三角的產業鏈和製造業資源，使機器人得以在外觀、品質和價格等方面逐步進行調整和改進，成功推向市場。機器人成功研發面世後，又在澳門科技大學宿舍、澳門科技館、澳門泊車管理股份有限公司和中山翠亨新區等單位進行使用和測試，根據回饋持續優化效能。此外，韓子天還充分發揮個人在科技領域的人脈優勢，跟香港、深圳、德國等地的相關機構建立合作關係，促進技術的進一步完善和提升。

（三）懷揣創業夢想並勇於行動

　　韓子天創業之前已經在澳門科技大學工作了十多年，並長期擔任科研處長一職，以這樣的年齡和資歷完全可以在澳門過安穩和舒服的日子，但是，韓子天還是希望自己從事的科學研究能夠產業化，能夠通過技術進步來把人類從繁重、重複性和危險性的工作中解放出來。正是由於擁有這樣的創業夢想，讓他依然像一名年輕的創業者一樣，充滿激情，勇於行動。我們許多人在日復一日的工作中，或圍於生活壓力，或習慣於現狀，經常容易失去最初的夢想；有不少人一直擁有夢想，卻由於害怕失去已有的一切，或者對通往美好夢想路上的困難充滿擔憂和恐懼，總是不敢踏出行動的第一步，使夢想永遠只是夢想。韓子天在澳門這座悠閒的博彩小城中，在體面、舒適的工作中，依然保持着創業夢想和激情，並鼓起勇氣「下海」創業，這是非常令人尊敬和欽佩的，也值得澳門年輕人進行反思和學習，當然，也是內地青年努力學習的榜樣。

三 啟示：抓住粵港澳大灣區發展的 重要機遇

（一）通過產學研合作建立優勢

當今世界科技迅猛發展，市場競爭日趨激烈，企業依靠自身的單打獨鬥將難以適應，必須通過產學研合作來開展技術研發，提升創新能力。天機1號機器人就是產學研合作的產物，其研發主要依託澳門科技大學信息安全的研究團隊，並通過安信通公司逐步實現商業化。依託產學研這一平台和合作機制，使天機1號機器人在身份識別和人工智能等方面建立了技術壁壘，從而擁有在服務行業應用的競爭優勢。香港和澳門的許多高校具有雄厚的科研實力，但在成果應用和轉化方面仍顯不足。因此，港澳青年在創業過程中，要加強與港澳的高校和科研機構的聯繫，密切結合市場需求，既實現科研成果的產業化和市場化，又增強創業企業的技術優勢，甚至在合作過程中挖掘出更多的創業機會。

（二）抓住技術變革帶來的機會窗口

技術變革過程中往往蘊含着許多創業機會。除了新興技術帶來的新興產業本身，新興技術和傳統產業的結合也經常產生廣泛的影響。韓子天在機器人領域的創業，一方面基於其擁有的身份識別核心技術，另一方面得益於機器人和人工智能等新興技術的發展和新突破，才使軟件系統有日趨成熟的硬件配套，並最終實現產品在服務行業的商業化。目前，機器人、人工智能、虛擬現實、電動汽車、無人駕駛等技術都處於巨大的變革中，將對傳統技術產生革命性和顛覆性的影響，也打開了新的創業窗口。就像當年比爾・蓋茨抓住了電腦技術變革的機遇，馬雲抓住了互聯網技術發展的機遇，從而開拓了自己的一番偉大事業。因此，港澳青年要密切關注各種新興技術的發展動態，結合個人具體的實際情況，思考如何有效利用新技術革命帶來的商業機會，實現成功創業。

（三）充分利用粵港澳大灣區的協同優勢

目前，粵港澳大灣區已經上升為國家戰略，將充分發揮各地區的優勢，推動層次合理的城市產業分工，實現相互協同和整合，為未來發展帶來了許多新機遇。韓子天的天機 1 號機器人創業正是充分利用處於大灣區的區位優勢，把研發和設計放在澳門，生產製造放在中山，然後又基於澳門和香港在現代服務業的優勢，率先將機器人在港澳的服務行業進行測試和推廣，以實現服務機器人的迭代創新，提升服務品質和個性化體驗。因此，港澳青年創業時，要充分利用粵港澳大灣區這一國家戰略的實施所帶來的各種有利條件，從中識別出合適的創業機會，充分發揮自身優勢，整合三地資源，促進創業的有效開展。例如，可以考慮發揮港澳在傳統服務業領域的領先優勢，將新興科技和現代服務業有機結合，依託內地的廣袤市場，積極拓展內地市場，甚至走向海外市場。

四　案例大事記梳理

2003 年 9 月—2015 年 5 月，韓子天擔任澳門科技大學科研處處長；

2015 年 6 月，安信通科技（澳門）有限公司成立，並獲得澳門南通信託投資發展有限公司天使輪投資；

2015 年 12 月—2017 年 7 月，韓子天擔任澳中致遠投資發展有限公司執行董事兼行政副總裁；

2017 年 8 月至今，韓子天擔任安信通科技（澳門）有限公司行政總裁；

2017 年 8 月，「天機 1 號」機器人在澳門正式發佈；

2017 年 11 月，「天機 1 號」獲得上海國際服務機器人展頒發的「2017最佳商用機器人獎」。

第二部分

創業政策支持・政府管理創新

引　言

　　根據創業相關政策出台單位以及覆蓋範圍的不同，本書從中央、廣東省、港澳政府及相關社會組織、廣東省三大重要城市和廣東三大自貿區五個層面對港澳青年在內地創業的政策進行梳理分析。其中，廣東省三大重要城市為廣州市、深圳市和珠海市；廣東三大自貿區是廣州南沙新區片區、深圳前海蛇口片區和珠海橫琴新區片區。本部分政策分析對每個層級政府的相關政策進行歸納比較，探究政府在促進港澳青年在內地創業方面立體式、多方位的政策支持。

　　在分析範式上每一層級政府的政策分析都涵蓋三個方面：第一，梳理了由相關政府部門出台的促進港澳青年在內地創業的政策文件；第二，對所有政策進行文本分析，按照政策支持類型進行歸納總結，在政策文本中提取支持港澳青年在內地創業的支持方法和鼓勵措施；第三，在政策文本分析梳理的基礎上，總結由政府主辦或支持的創業平台、創業項目和創業大賽等一系列促進港澳青年在內地創業的特色創業活動，分析各級政府部門在政策文本之外對港澳青年在內地創業的多樣化支持形式。

　　其中，政策根據支持類型特點劃分為：物質資本支持、人力資本支持、技術資訊支持、社會資本支持、公共服務支持五大類。

　　具體而言，物質資本支持又分為財務資源支持和實物資源支持。財務資源支持指的是政府對在內地創業的港澳青年提供直接或間接的資金支持，包括創業資金扶持、人才資金補助、稅收財政優惠、科技創新補貼、創業服務獎補、市場融資支持等；實物資源支持則指政府採用各類形式為在內地創業

的港澳青年提供的實體空間支持，包括創業場地支持、房屋補貼等。人力資本支持指的是政府為港澳青年提供其在內地創新創業所需的人才支持，包括提供人才招聘服務、促進相關人才如科技金融人才和專業服務人才的集聚發展、建設平台或聯盟促進人才交流合作、建設創新人才隊伍等。技術資訊支持指的是政府在創業的技術和信息資訊層面為港澳青年提供的幫助，譬如推動高校和研究機構等單位與港澳青年共享包括科研設備在內的產學研資源、推動相關機構為港澳青年提供技術資源對接、科技成果鑒定等科學技術配套服務。社會資本支持指的是政府引導或整合社會資源支持港澳青年在內地創業，包括吸引社會資金參與港澳青年創新創業、鼓勵各類機構和專家為港澳青年提供在內地創業的輔導和指導、對接社會資源為港澳青年創業成果進行宣傳推介服務等。公共服務支持又分經濟性公共服務和社會性公共服務。經濟性公共服務指的是為港澳青年來內地創業提供的、便於經濟活動的各類專業服務和創業服務，如工商、金融、法律、物流服務；社會性公共服務指的是政府為在內地創業的港澳青年提供的生活方面的服務，包括出入境、醫療、子女教育、住房等方面的便利條件，以及營造創新創業的文化氛圍等。

第一章　中央政府：頂層設計、制度優化、關注港澳青年

中央政府出台的相關政策起到頂層設計的作用，具有宏觀指導性、方向性，並且呈現出以下三個特點：首先，中央政策尤其是與推進「雙創」相關的政策均適用於港澳創業青年。其次，中央政府在涉及粵港澳地區合作與發展的規劃和協議中，特別提出要推動港澳青年在內地創業，為其提供創業空間和生活、工作上的便利。最後，中央政策十分注重全國創新創業氛圍的營造，除了通過舉辦創新創業大賽、培育創新和企業家精神等方式打造文化環境之外，還體現在稅收、投融資、創業服務等多方面打造更加包容開放的制度環境。

中央關於港澳青年創業的政策可以分為物質資本支持、人力資本支持、技術資訊支持、社會資本支持和公共服務支持五大類（見表 1）。

表 1　中央政策類型分析

政策類型	具體內容
一　物質資本支持	
（一）財務資源	創業資金扶持； 稅收財政優惠； 市場融資支持； 科技創新補貼； 創業服務獎補
（二）實物資源	創業場地支持
二　人力資本支持	促進人才集聚發展； 促進人才交流合作

政策類型	具體內容
三　技術資訊支持	推動科技資源支持創業； 完善創新創業技術配套服務
四　社會資本支持	吸引社會資金支持創業； 整合社會資源指導創業； 營造創新創業文化環境
五　公共服務支持	經濟性公共服務； 社會性公共服務

資料來源：根據相關政策文件整理。

一　物質資本支持：
稅收優惠、場地服務

（一）財務資源：創投企業、引導基金

1. 創業資金扶持

地方政府設立創業基金：支持有條件的地方政府設立創業基金，扶持創業創新發展。

　　—— 國務院（《國務院關於大力推進大眾創業萬眾創新若干政策措施的意見》）

初創期科技型中小企業創業引導基金風險補助：風險補助是指引導基金對已投資於初創期科技型中小企業的創業投資機構予以一定的補助。創業投資機構在完成投資後，可以申請風險補助。引導基金按照最高不超過創業投資機構實際投資額的 5% 給予風險補助，補助金額最高不超過 500 萬元人民幣。風險補助資金用於彌補創業投資損失。

　　—— 財政部、科技部（《科技型中小企業創業投資引導基金管理暫行辦法》）

2. 稅收財政優惠

減稅政策：推動青年投身創業實踐。……落實結構性減稅和普遍性降費政策。

—— 中國共產黨中央委員會、國務院 [《中長期青年發展規劃 (2016—2025 年)》]

完善普惠性稅收措施：落實扶持小微企業發展的各項稅收優惠政策。落實科技企業孵化器、大學科技園、研發費用加計扣除、固定資產加速折舊等稅收優惠政策。對符合條件的眾創空間等新型孵化機構適用科技企業孵化器稅收優惠政策。按照稅制改革方向和要求，對包括天使投資在內的投向種子期、初創期等創新活動的投資，統籌研究相關稅收支持政策。修訂完善高新技術企業認定辦法，完善創業投資企業享受 70% 應納稅所得額稅收抵免政策。抓緊推廣中關村國家自主創新示範區稅收試點政策，將企業轉增股本分期繳納個人所得稅試點政策、股權獎勵分期繳納個人所得稅試點政策推廣至全國範圍。落實促進高校畢業生、殘疾人、退役軍人、登記失業人員等創業就業稅收政策。

—— 國務院 (《國務院關於大力推進大眾創業萬眾創新若干政策措施的意見》)

科研稅收優惠：眾創空間的研發儀器設備符合相關規定條件的，可按照稅收有關規定適用加速折舊政策；進口科研儀器設備符合規定條件的，適用進口稅收優惠政策。眾創空間發生的研發費用，企業和高校院所委託眾創空間開展研發活動以及小微企業受委託或自身開展研發活動發生的研發費用，符合規定條件的可適用研發費用稅前加計扣除政策。研究完善科技企業孵化器稅收政策，符合規定條件的眾創空間可適用科技企業孵化器稅收政策。

—— 國務院辦公廳 (《國務院辦公廳關於加快眾創空間發展服務實體經濟轉型升級的指導意見》)

創業投資企業和天使投資個人有關稅收試點政策：(1) 公司制創業投資企業採取股權投資方式直接投資於種子期、初創期科技型企業 (簡稱初創科技型企業) 滿 2 年 (24 個月，下同) 的，可以按照投資額的 70% 在股權持有滿 2 年的當年抵扣該公司制創業投資企業的應納稅所得額；當年不足抵扣的，可以在以後納稅年度結轉抵扣。(2) 有限合夥制創業投資企業 (簡稱

合夥創投企業）採取股權投資方式直接投資於初創科技型企業滿 2 年的，該合夥創投企業的合夥人分別按以下方式處理：①法人合夥人可以按照對初創科技型企業投資額的 70% 抵扣法人合夥人從合夥創投企業分得的所得；當年不足抵扣的，可以在以後納稅年度結轉抵扣。②個人合夥人可以按照對初創科技型企業投資額的 70% 抵扣個人合夥人從合夥創投企業分得的經營所得；當年不足抵扣的，可以在以後納稅年度結轉抵扣。③天使投資個人採取股權投資方式直接投資於初創科技型企業滿 2 年的，可以按照投資額的 70% 抵扣轉讓該初創科技型企業股權取得的應納稅所得額；當期不足抵扣的，可以在以後取得轉讓該初創科技型企業股權的應納稅所得額時結轉抵扣。

　　—— 財政部、國家稅務總局（《關於創業投資企業和天使投資個人有關稅收試點政策的通知》）

　　3. 市場融資支持

　　專項資金支持創業：通過中小企業發展專項資金，運用階段參股、風險補助和投資保障等方式，引導創業投資機構投資於初創期科技型中小企業。發揮國家新興產業創業投資引導基金對社會資本的帶動作用，重點支持戰略性新興產業和高技術產業早中期、初創期創新型企業發展。發揮國家科技成果轉化引導基金作用，綜合運用設立創業投資子基金、貸款風險補償、績效獎勵等方式，促進科技成果轉移轉化。發揮財政資金槓桿作用，通過市場機制引導社會資金和金融資本支持創業活動。

　　—— 國務院辦公廳（《國務院辦公廳關於發展眾創空間推進大眾創新創業的指導意見》）

　　設立國家和地方的創業投資引導基金：加快設立國家新興產業創業投資引導基金和國家中小企業發展基金，逐步建立支持創業創新和新興產業發展的市場化長效運行機制。……鼓勵各地方政府建立和完善創業投資引導基金。……促進國家新興產業創業投資引導基金、科技型中小企業創業投資引導基金、國家科技成果轉化引導基金、國家中小企業發展基金等協同聯動。

—— 國務院（《國務院關於大力推進大眾創業萬眾創新若干政策措施的意見》）

初創期科技型中小企業創業投資引導基金跟進投資：跟進投資是指對創業投資機構選定投資的初創期科技型中小企業，引導基金與創業投資機構共同投資。創業投資機構在選定投資項目後或實際完成投資 1 年內，可以申請跟進投資。引導基金按創業投資機構實際投資額 50% 以下的比例跟進投資，每個項目不超過 300 萬元人民幣。引導基金跟進投資形成的股權委託共同投資的創業投資機構管理。創新基金管理中心應當與共同投資的創業投資機構簽訂《股權託管協議》，明確雙方的權利、責任、義務、股權退出的條件或時間等。引導基金按照投資收益的 50% 向共同投資的創業投資機構支付管理費和效益獎勵，剩餘的投資收益由引導基金收回。引導基金投資形成的股權一般在 5 年內退出。股權退出由共同投資的創業投資機構負責實施。共同投資的創業投資機構不得先於引導基金退出其在被投資企業的股權。

—— 財政部、科技部（《科技型中小企業創業投資引導基金管理暫行辦法》）

初創期科技型中小企業創業投資引導基金階段參股：階段參股是指引導基金向創業投資企業進行股權投資，並在約定的期限內退出。主要支持發起設立新的創業投資企業。符合本辦法規定條件的創業投資機構作為發起人發起設立新的創業投資企業時，可以申請階段參股。引導基金的參股比例最高不超過創業投資企業實收資本（或出資額）的 25%，且不能成為第一大股東。引導基金投資形成的股權，其他股東或投資者可以隨時購買。自引導基金投入後 3 年內購買的，轉讓價格為引導基金初始投資額；超過 3 年的，轉讓價格為引導基金初始投資額與按照轉讓時中國人民銀行公佈的 1 年期貸款基準利率計算的收益之和。

—— 財政部、科技部（《科技型中小企業創業投資引導基金管理暫行辦法》）

4. 科技創新補貼

發放創新券、創業券：有條件的地方繼續探索通過創業券、創新券等方式對創業者和創新企業提供社會培訓、管理諮詢、檢驗檢測、軟件開發、研

發設計等服務，建立和規範相關管理制度和執行機制，逐步形成可複製、可推廣的經驗。

　　—— 國務院（《國務院關於大力推進大眾創業萬眾創新若干政策措施的意見》）

　　初創期科技型中小企業創業投資引導基金技術研發保障：……引導基金可以給予「輔導企業」投資前資助，資助金額最高不超過 100 萬元人民幣。資助資金主要用於補助「輔導企業」高新技術研發的費用支出。經過創業輔導，創業投資機構實施投資後，創業投資機構與「輔導企業」可以共同申請投資後資助。引導基金可以根據情況，給予「輔導企業」最高不超過 200 萬元人民幣的投資後資助。資助資金主要用於補助「輔導企業」高新技術產品產業化的費用支出。

　　—— 財政部、科技部（《科技型中小企業創業投資引導基金管理暫行辦法》）

　　5. 創業服務獎補

　　創業服務平台和機構補貼：……綜合運用政府購買服務、無償資助、業務獎勵等方式，支持中小企業公共服務平台和服務機構建設，為中小企業提供全方位專業化優質服務……

　　—— 國務院辦公廳（《國務院辦公廳關於加快眾創空間發展服務實體經濟轉型升級的指導意見》）

（二）實物資源：空間支持、設施服務

　　1. 創業場地支持

　　創業平台與空間支持：推進港澳青年創業就業基地建設。支持港深創新及科技園、江門大廣海灣經濟區、中山粵澳全面合作示範區等合作平台建設。發揮合作平台示範作用，拓展港澳中小微企業發展空間。

　　—— 國家發展和改革委員會、廣東省人民政府、香港特別行政區政府、澳門特別行政區政府（《深化粵港澳合作　推進大灣區建設框架協議》）

推動青年創業第三方綜合服務體系建設，搭建各類青年創業孵化平台，完善政策諮詢、融資服務、跟蹤扶持、公益場地等孵化功能。……搭建港澳臺青年來內地創新創業平台。

——中國共產黨中央委員會、國務院 [《中長期青年發展規劃（2016—2025 年）》]

低成本辦公場所和居住條件：鼓勵有條件的地方出台各具特色的支持政策，積極盤活閒置的商業用房、工業廠房、企業庫房、物流設施和家庭住所、租賃房等資源，為創業者提供低成本辦公場所和居住條件。

——國務院（《國務院關於大力推進大眾創業萬眾創新若干政策措施的意見》）

場地服務設施補助：有條件的地方政府可對眾創空間等新型孵化機構的房租、寬帶接入費用和用於創業服務的公共軟件、開發工具給予適當財政補貼，鼓勵眾創空間為創業者提供免費高帶寬互聯網接入服務。

——國務院辦公廳（《國務院辦公廳關於發展眾創空間推進大眾創新創業的指導意見》）

有條件的地方要綜合運用無償資助、業務獎勵等方式，對眾創空間的辦公用房、用水、用能、網絡等軟硬件設施給予補助。

——國務院辦公廳（《國務院辦公廳關於加快眾創空間發展服務實體經濟轉型升級的指導意見》）

在確保公平競爭前提下，鼓勵對眾創空間等孵化機構的辦公用房、用水、用能、網絡等軟硬件設施給予適當優惠，減輕創業者負擔。

——國務院（《國務院關於大力推進大眾創業萬眾創新若干政策措施的意見》）

二　人力資本支持：
人才流動、創新創業人才

（一）促進人才集聚發展：人才培養、創新型科技人才

培養和引進創新型科技人才：發揮政府投入引導作用，鼓勵企業、高等學校、科研院所、社會組織、個人等有序參與人才資源開發和人才引進，更大力度引進急需緊缺人才，聚天下英才而用之。促進創新型科技人才的科學化分類管理，探索個性化培養路徑。促進科教結合，構建創新型科技人才培養模式，強化基礎教育興趣愛好和創造性思維培養，探索研究生培養科教結合的學術學位新模式。深化高等學校創新創業教育改革，促進專業教育與創新創業教育有機結合，支持高等職業院校加強製造等專業的建設和技能型人才培養，完善產學研用結合的協同育人模式。鼓勵科研院所和高等學校聯合培養人才。

　　——國務院（《國務院關於印發「十三五」國家科技創新規劃的通知》）

加強服務於創新創業的各類人才培養：以服務科研開發為目標，培養一批具有較高專業技能的科研支撐人員。着眼產業技術發展需求，培養一批了解產業科技前沿和市場需求的信息分析專門人才。圍繞提高創業服務水平，培養一批人事代理、人才測評、心理諮詢、人才選拔、就業指導等方面專業人才。依託國家知識產權人才培訓基地，加快國家（地方）知識產權人才庫和專業人才信息網絡建設，重點培養社會急需的企業知識產權管理和中介服務人才。實施科普人才隊伍建設工程，加強科普人才培養與在職培訓，壯大科普人才隊伍。

　　——國務院（《國務院關於印發「十二五」國家自主創新能力建設規劃的通知》）

對境外開放人力資源市場：繼續推進人力資源市場對外開放，建立和完善境外高端創業創新人才引進機制。

——國務院（《國務院關於大力推進大眾創業萬眾創新若干政策措施的意見》）

（二）促進人才交流合作：人才流動、制度保障

人才自由流動制度保障：優化人力資本配置，按照市場規律讓人才自由流動，實現人盡其才、才盡其用、用有所成。……加快社會保障制度改革，完善科研人員在企業與事業單位之間流動時社保關係轉移接續政策，為人才跨地區、跨行業、跨體制流動提供便利條件，促進人才雙向流動。

——國務院（《國務院關於印發「十三五」國家科技創新規劃的通知》）

三　技術資訊支持：發揮優勢、資源共享、創新服務平台

（一）推動科技資源支持創業：高效利用、共享體系

集聚高端科技創新資源：發揮科研設施、專業團隊、技術積累等優勢，充分利用大學科技園、工程（技術）研究中心、重點實驗室、工程實驗室等創新載體，建設以科技人員為核心、以成果轉移轉化為主要內容的眾創空間，通過聚集高端創新資源，增加源頭技術創新有效供給，為科技型創新創業提供專業化服務。

——國務院辦公廳（《國務院辦公廳關於加快眾創空間發展服務實體經濟轉型升級的指導意見》）

引導和推動創業孵化與高校、科研院所等技術成果轉移相結合，完善技術支撐服務。

——國務院（《國務院關於大力推進大眾創業萬眾創新若干政策措施的意見》）

科技資源共享體系支撐創新創業：加強平台建設系統佈局，形成涵蓋科研儀器、科研設施、科學數據、科技文獻、實驗材料等的科技資源共享服務平台體系，強化對前沿科學研究、企業技術創新、大眾創新創業等的支撐，着力解決科技資源缺乏整體佈局、重複建設和閒置浪費等問題。整合和完善科技資源共享服務平台，更好滿足科技創新需求。

—— 國務院（《國務院關於印發「十三五」國家科技創新規劃的通知》）

（二）完善創新創業技術配套服務：市場化平台、服務平台

為中小微企業提供技術創新服務平台：推動形成一批專業領域技術創新服務平台，面向科技型中小微企業提供研發設計、檢驗檢測、技術轉移、大型共享軟件、知識產權、人才培訓等服務。探索通過政府購買服務等方式，引導技術創新服務平台建立有效運行的良好機制，為科技型中小微企業創新的不同環節、不同階段提供集成化、市場化、專業化、網絡化支撐服務。

—— 國務院（《國務院關於印發「十三五」國家科技創新規劃的通知》）

提高技術諮詢機構服務水平：加強科技信息機構的信息採集與綜合加工能力建設，提升政策諮詢與評估機構的決策諮詢與技術支撐能力，面向社會提供科技信息和決策諮詢服務以及第三方技術評估服務。

—— 國務院（《國務院關於印發「十二五」國家自主創新能力建設規劃的通知》）

提高科技成果市場化服務能力：推動科技成果、專利等無形資產價值市場化，促進知識產權、基金、證券、保險等新型服務模式創新發展，依法發揮資產評估的功能作用，簡化資產評估備案程序，實現協議定價和掛牌、拍賣定價。促進科技成果、專利在企業的推廣應用。

—— 國務院（《國務院關於強化實施創新驅動發展戰略進一步推進大眾創業萬眾創新深入發展的意見》）

四　社會資本支持：
社會資金、創業導師

（一）吸引社會資金支持創業：社會資金、創新投融資服務

引導社會資本支持青年創業：加大青年創業金融服務落地力度，優化銀行貸款等間接融資方式，支持創業擔保貸款發展，拓寬股權投資等直接融資渠道。支持青年創業基金發展，發揮好國家新興產業創業投資引導基金和中小企業發展基金等政府引導基金的作用，帶動社會資本投入，解決青年創業融資難題。

——中國共產黨中央委員會、國務院 [《中長期青年發展規劃（2016—2025 年）》]

創新眾創空間的投融資模式：引導和鼓勵各類天使投資、創業投資等與眾創空間相結合，完善投融資模式。鼓勵天使投資羣體、創業投資基金入駐眾創空間和雙創基地開展業務。鼓勵國家自主創新示範區、國家高新技術產業開發區設立天使投資基金，支持眾創空間發展。選擇符合條件的銀行業金融機構，在試點地區探索為眾創空間內企業創新活動提供股權和債權相結合的融資服務，與創業投資、股權投資機構試點投貸聯動。支持眾創空間內科技創業企業通過資本市場進行融資。

——國務院辦公廳（《國務院辦公廳關於加快眾創空間發展服務實體經濟轉型升級的指導意見》）

拓寬社會資金供給渠道：加快實施新興產業「雙創」三年行動計劃，建立一批新興產業「雙創」示範基地，引導社會資金支持大眾創業。推動商業銀行在依法合規、風險隔離的前提下，與創業投資機構建立市場化長期性合作。進一步降低商業保險資金進入創業投資的門檻。推動發展投貸聯動、投保聯動、投債聯動等新模式，不斷加大對創業創新企業的融資支持。

——國務院（《國務院關於大力推進大眾創業萬眾創新若干政策措施的意見》）

（二）整合社會資源指導創業：導師團隊、資源對接

建設青年創業導師團隊：建立青年創業人才會聚平台，建設青年創業導師團隊，開展普及性培訓和「一對一」輔導相結合的創業培訓活動，幫助青年增強創業意識、增進創業本領。

—— 中國共產黨中央委員會、國務院 [《中長期青年發展規劃（2016—2025 年）》]

建立健全創業輔導制度，培育一批專業創業輔導師，鼓勵擁有豐富經驗和創業資源的企業家、天使投資人和專家學者擔任創業導師或組成輔導團隊。

—— 國務院辦公廳（《國務院辦公廳關於發展眾創空間推進大眾創新創業的指導意見》）

搭建資源對接和項目展示平台：建設青年創業項目展示和資源對接平台，搭建青年創業信息公共服務網絡，辦好青年創新創業大賽、展交會、博覽會等創業品牌活動。

—— 中國共產黨中央委員會、國務院 [《中長期青年發展規劃（2016—2025 年）》]

鼓勵社會力量圍繞大眾創業、萬眾創新組織開展各類公益活動。繼續辦好中國創新創業大賽、中國農業科技創新創業大賽等賽事活動，積極支持參與國際創新創業大賽，為投資機構與創新創業者提供對接平台。……鼓勵大企業建立服務大眾創業的開放創新平台，支持社會力量舉辦創業沙龍、創業大講堂、創業訓練營等創業培訓活動。

—— 國務院辦公廳（《國務院辦公廳關於發展眾創空間推進大眾創新創業的指導意見》）

（三）營造創新創業文化環境：雙創文化、企業家精神

倡導社會創業創新文化：積極倡導敢為人先、寬容失敗的創新文化，樹立崇尚創新、創業致富的價值導向，大力培育企業家精神和創客文化，將奇

思妙想、創新創意轉化為實實在在的創業活動。加強各類媒體對大眾創新創業的新聞宣傳和輿論引導，報道一批創新創業先進事蹟，樹立一批創新創業典型人物，讓大眾創業、萬眾創新在全社會蔚然成風。

—— 國務院辦公廳（《國務院辦公廳關於發展眾創空間推進大眾創新創業的指導意見》）

培育企業家精神與創新文化：大力培育中國特色創新文化，增強創新自信，積極倡導敢為人先、勇於冒尖、寬容失敗的創新文化，形成鼓勵創新的科學文化氛圍，樹立崇尚創新、創業致富的價值導向，大力培育企業家精神和創客文化，形成吸引更多人才從事創新活動和創業行為的社會導向，使謀劃創新、推動創新、落實創新成為自覺行動。引導創新創業組織建設開放、平等、合作、民主的組織文化，尊重不同見解，承認差異，促進不同知識、文化背景人才的融合。鼓勵創新創業組織建立有效激勵機制，為不同知識層次、不同文化背景的創新創業者提供平等的機會，實現創新價值的最大化。鼓勵建立組織內部眾創空間等非正式交流平台，為創新創業提供適宜的軟環境。加強科技創新宣傳力度，報道創新創業先進事跡，樹立創新創業典型人物，進一步形成尊重勞動、尊重知識、尊重人才、尊重創造的良好風尚。加快完善包容創新的文化環境，形成人人崇尚創新、人人渴望創新、人人皆可創新的社會氛圍。

—— 國務院（《國務院關於印發「十三五」國家科技創新規劃的通知》）

五 公共服務支持：
專業服務、優質生活圈

（一）經濟性公共服務：專業服務、綜合金融服務、企業家權益

專業服務支持：加快發展企業管理、財務諮詢、市場營銷、人力資源、法律顧問、知識產權、檢驗檢測、現代物流等第三方專業化服務，不斷豐富

和完善創業服務。

　　—— 國務院（《國務院關於大力推進大眾創業萬眾創新若干政策措施的意見》）

　　工商服務支持：深化商事制度改革，針對眾創空間等新型孵化機構集中辦公等特點，鼓勵各地結合實際，簡化住所登記手續，採取一站式窗口、網上申報、多證聯辦等措施為創業企業工商註冊提供便利。

　　—— 國務院辦公廳（《國務院辦公廳關於發展眾創空間推進大眾創新創業的指導意見》）

　　綜合金融服務：發揮多層次資本市場作用，為創新型企業提供綜合金融服務。開展互聯網股權眾籌融資試點，增強眾籌對大眾創新創業的服務能力。規範和發展服務小微企業的區域性股權市場，促進科技初創企業融資，完善創業投資、天使投資退出和流轉機制。

　　—— 國務院辦公廳（《國務院辦公廳關於發展眾創空間推進大眾創新創業的指導意見》）

　　落實科技成果使用權、處置權和收益權政策：高校、科研院所要按照《中華人民共和國促進科技成果轉化法》有關規定，落實科技成果使用權、處置權和收益權政策。對本單位科研人員帶項目和成果到眾創空間創新創業的，經原單位同意，可在 3 年內保留人事關係，與原單位其他在崗人員同等享有參加職稱評聘、崗位等級晉升和社會保障等方面的權利。探索完善眾創空間中創新成果收益分配制度。對高校、科研院所的創業項目知識產權申請、轉化和運用，按照國家有關政策給予支持。進一步改革科研項目和資金管理使用制度，使之更有利於激發廣大科研人員的創造性和轉化成果的積極性。

　　—— 國務院辦公廳（《國務院辦公廳關於加快眾創空間發展服務實體經濟轉型升級的指導意見》）

　　依法保護企業家財產權：全面落實黨中央、國務院關於完善產權保護制度依法保護產權的意見，認真解決產權保護方面的突出問題，及時甄別糾正

社會反映強烈的產權糾紛申訴案件，剖析侵害產權案例，總結宣傳依法有效保護產權的好做法、好經驗、好案例。在立法、執法、司法、守法等各方面、各環節，加快建立依法平等保護各種所有制經濟產權的長效機制。研究建立因政府規劃調整、政策變化造成企業合法權益受損的依法依規補償救濟機制。

　　—— 中國共產黨中央委員會、國務院（《中共中央國務院關於營造企業家健康成長環境弘揚優秀企業家精神更好發揮企業家作用的意見》）

　　依法保護企業家創新權益：探索在現有法律法規框架下以知識產權的市場價值為參照確定損害賠償額度，完善訴訟證據規則、證據披露以及證據妨礙排除規則。探索建立非訴行政強制執行綠色通道。研究制定商業模式、文化創意等創新成果的知識產權保護辦法。

　　—— 中國共產黨中央委員會、國務院（《中共中央國務院關於營造企業家健康成長環境弘揚優秀企業家精神更好發揮企業家作用的意見》）

　　依法保護企業家自主經營權：企業家依法進行自主經營活動，各級政府、部門及其工作人員不得干預。建立完善涉企收費、監督檢查等清單制度，清理涉企收費、攤派事項和各類達標評比活動，細化、規範行政執法條件，最大程度減輕企業負擔、減少自由裁量權。依法保障企業自主加入和退出行業協會商會的權利。研究設立全國統一的企業維權服務平台。

　　—— 中國共產黨中央委員會、國務院（《中共中央國務院關於營造企業家健康成長環境弘揚優秀企業家精神更好發揮企業家作用的意見》）

（二）社會性公共服務：港澳同胞、便利條件、優質生活圈

　　提供綜合性生活服務：鼓勵港澳人員赴粵投資及創業就業，為港澳居民發展提供更多機遇，並為港澳居民在內地生活提供更加便利條件。

　　—— 國家發展和改革委員會、廣東省人民政府、香港特別行政區政府、澳門特別行政區政府（《深化粵港澳合作 推進大灣區建設框架協議》）

　　大力吸引和支持港澳臺科技人員以及海歸人才、外國人才到眾創空間創

新創業，在居住、工作許可、居留等方面提供便利條件。

　　—— 國務院辦公廳（《國務院辦公廳關於加快眾創空間發展服務實體經濟轉型升級的指導意見》）

　　支持境外人才來華創業。……進一步放寬外籍高端人才來華創業辦理簽證、永久居留證等條件……引導和鼓勵地方對回國創業高端人才和境外高端人才來華創辦高科技企業……在配偶就業、子女入學、醫療、住房、社會保障等方面完善相關措施。

　　—— 國務院（《國務院關於大力推進大眾創業萬眾創新若干政策措施的意見》）

　　推進重大基礎設施對接，支持廣東省與港澳地區人員往來便利化，優化「144 小時便利免簽證」。共建優質生活圈。鼓勵在教育、醫療、社會保障、文化、應急管理、知識產權保護等方面開展合作，為港澳人員到內地工作和生活提供便利。

　　—— 國家發展和改革委員會 [《珠三角地區改革發展規劃綱要（2008—2020 年）》]

　　當地社會公共服務：推動來內地創業的港澳同胞、回國（來華）創業的華僑華人享受當地城鎮居民同等待遇的社會公共服務。

　　—— 國務院（《國務院關於強化實施創新驅動發展戰略進一步推進大眾創業萬眾創新深入發展的意見》）

六　特色創業活動：
創業大賽、港澳分賽、多元服務

（一）中國創新創業大賽港澳臺大賽

　　中國創新創業大賽由科技部、財政部、教育部、國家網信辦、全國工商聯指導，由共青團中央、致公黨中央、國家外國專家局、招商銀行支持，由

科技部火炬高技術產業開發中心、科技部科技型中小企業技術創新基金管理中心、科技日報社、陝西省現代科技創業基金會、北京國科中小企業科技創新發展基金會等單位聯合承辦。自 2012 年首次舉辦以來已成功舉辦五屆，大賽分六大行業領域在全國多個省市設立賽區。在第五屆大賽中，超過 3 萬個來自全國的創業企業和創業團隊報名申請。[1]

大賽為報名團隊提供包括主題論壇、行業沙龍、融資路演、展覽展示、大企業對接、公益大講堂等多元化服務。2016 年，科技部、財政部專門印發通知支持中國創新創業大賽的優秀企業，在第四屆大賽獲獎和優秀企業共 389 家獲得總額超過 1.2 個億的中央財政支持。另外，科技部創新人才推進計劃也闢出專門通道支持大賽，從往屆大賽的獲獎企業當中推選科技創新創業人才的候選人。[2]

自 2014 年起，第三屆中國創新創業大賽港澳臺大賽（暨首屆兩岸四地大學生創新創業大賽）作為中國創新創業大賽的特色專業賽之一正式落戶廣東省，由廣東省科技廳牽頭主辦，與地方賽、全國總決賽相互獨立，目前已連續舉辦三屆。2014 年，該大賽吸引了近 100 家來自港澳臺地區的企業和團隊報名，2015 年則達到了近 300 家。大賽採取政府引導、市場運作、社會參與的模式，設立由科技專家、創投專家、創業企業家、金融機構專家組成的專家組進行選拔[3]，獲獎隊伍除了獲得 5 萬—15 萬元的獎金之外，還將獲得包括項目診斷、行業分析、品牌戰略、技術服務等創業輔導，以及廣東省各地政府 10 萬—100 萬元的落地補貼和其他落戶政策支持、廣東省內高新區和眾創空間孵化優惠、銀行跟貸、風投跟投、產業對接、媒體推廣等資源支持。

1　〈2017 第六屆中國創新創業大賽〉，中國創新創業大賽（http://www.cxcyds.com/index/about/p_cate_id/1/id/38）。

2　〈2016 第五屆中國創新創業大賽回顧〉，2017 年 8 月 4 日，中國創新創業大賽（http://www.cxcyds.com/index/pxdetail/id/2543）。

3　〈第四屆中國創新創業大賽（廣東賽區）初賽火熱進行〉，2015 年 7 月 22 日，《今日頭條》（https://www.toutiao.com/i4832043592/）。

（二）中國「互聯網 +」大學生創新創業大賽

中國「互聯網 +」大學生創新創業大賽由教育部、中央網信辦、國家發改委、工信部、人社部、國家知識產權局、中科院、中國工程院、共青團中央等部門共同主辦。首屆大賽於 2015 年在吉林長春舉行，吸引了 1800 餘所高校、57000 多支團隊、20 萬名大學生參賽，涵蓋電子商務、社交網絡、智能硬件、媒體門戶、工具軟件、消費生活、金融、醫療健康等行業。比賽設置了港澳臺組，在第三屆中國「互聯網 +」大學生創新創業大賽中，119 支內地團隊中產生了 30 項金獎，8 支港澳臺團隊產生了 3 項金獎，共 33 個團隊大賽金獎。大賽支持高校的人才、技術、項目和市場、資本有效對接，推動項目成果轉化，扶持項目孵化落地。[4]

七　中央政府創業支持政策概覽

國務院及其下屬的各部委從 2007 年開始共出台 12 份適用於港澳青年創業的政策文件（見表 2）。

表 2　中央政府政策匯總

出台時間	出台部門	文件名稱
2007.7	中華人民共和國財政部 中華人民共和國科技部	《科技型中小企業創業投資引導基金管理暫行辦法》
2008.12	國家發展和改革委員會	《珠三角地區改革發展規劃綱要（2008—2020 年）》
2013.1	國務院	《國務院關於印發「十二五」國家自主創新能力建設規劃的通知》
2015.3	國務院辦公廳	《國務院辦公廳關於發展眾創空間推進大眾創新創業的指導意見》

4　〈第三屆中國「互聯網 +」大學生創新創業大賽總決賽舉辦〉，2017 年 9 月 18 日，新藍網（http://n.cztv.com/news/12673853.html）。

續表

出台時間	出台部門	文件名稱
2015.6	國務院	《國務院關於大力推進大眾創業萬眾創新若干政策措施的意見》
2016.2	國務院辦公廳	《國務院辦公廳關於加快眾創空間發展服務實體經濟轉型升級的指導意見》
2016.7	國務院	《國務院關於印發「十三五」國家科技創新規劃的通知》
2017.4	中國共產黨中央委員會國務院	《中長期青年發展規劃（2016—2025 年）》
2017.4	中華人民共和國財政部國家稅務總局	《關於創業投資企業和天使投資個人有關稅收試點政策的通知》
2017.7	國家發展和改革委員會廣東省人民政府香港特別行政區政府澳門特別行政區政府	《深化粵港澳合作　推進大灣區建設框架協議》
2017.7	國務院	《國務院關於強化實施創新驅動發展戰略進一步推進大眾創業萬眾創新深入發展的意見》
2017.9	中國共產黨中央委員會國務院	《中共中央國務院關於營造企業家健康成長環境弘揚優秀企業家精神更好發揮企業家作用的意見》

資料來源：根據相關政策文件整理。

第二章　廣東省政府：區域政策、
港澳創業平台、特色活動

　　作為港澳青年在內地創業的重要地區，在中央政策的統籌下，廣東省相關部門出台了更為具體的、可落地的政策。這些政策面向省內地級市政府部門制訂統籌規劃，為創新創業者提供物質、人力、技術、公共服務等全方位的支持，且同樣適用於來粵創業的港澳青年。一方面，政策明確設立了各類省級項目和人才專項資金、省級創業引導基金等項目、明文規定可全省執行的政策措施和優惠方法；另一方面，則提供具有引導性的實施意見，具體措施由各下級政府自行制定。

　　廣東省政府出台的政策突出了港澳元素，在政策文本中突出和強調要鼓勵港澳青年和港澳人才來粵創新創業。此外，廣東省還出台了一些特別關注粵港澳重點合作區域的政策，為港澳青年在內地創業提供更具針對性、更詳細的政策支持。

　　除了各類政策文件，廣東省同樣注重通過其他方式創造全省創新創業環境，雖然由省級單位設立的、針對港澳青年創業的創業平台、創業基地較少，但各類創新創業活動和大賽豐富多樣，為港澳青年來粵發展提供了廣闊的平台。

　　廣東省政府關於港澳青年創業的政策可以分為物質資本支持、人力資本支持、技術資訊支持、社會資本支持、公共服務支持和其他六大類（見表3）。

表 3　廣東省政策類型分析

政策類型	具體內容
一　物質資本支持	
（一）財務資源	項目資金扶持； 人才資金補助； 稅收財政優惠； 科技創新補貼； 市場融資支持； 創業服務獎補
（二）實物資源	場地支持； 房屋補貼； 人才公寓
二　人力資本支持	打造人才集聚發展平台； 打造人才交流合作平台； 建設創新人才隊伍
三　技術資訊支持	提供產學研等資源共享； 完善科學技術配套服務
四　社會資本支持	吸引社會資金支持創業； 整合社會資源指導創業； 營造創新創業的文化環境
五　公共服務支持	經濟性公共服務； 社會性公共服務
六　其他	營造創新創業的文化氛圍

資料來源：根據相關政策文件整理。

一　物質資本支持：人才資金、引導基金、場地支持

（一）財務資源：項目資助、個人資助、風險補償

1.項目資金扶持

優秀創業項目資助：對獲得省級以上創業大賽（包括全國其他地區省級比賽）前三名並在廣東登記註冊的創業項目，省按照有關規定給予資助或提

供基金對接，鼓勵和吸引更多優秀大學生創業項目和創業團隊來粵發展。

　　—— 廣東省人力資源和社會保障廳 [《廣東省大學生創業引領計劃（2014—2017 年）實施方案》]

　　省從各地推薦的優秀創業項目中評選一批省級優秀項目，每個項目給予 5 萬—20 萬元資助。

　　—— 廣東省人力資源和社會保障廳 [《廣東省大學生創業引領計劃（2014—2017 年）實施方案》]

　　創業創新大賽獲獎項目資助：對於在廣東省人力資源和社會保障廳牽頭舉辦的創業創新大賽有關單項賽中獲得金、銀、銅獎的創業項目：企業組（或相應組別）金、銀、銅獎（或相當獎級）分別按 20 萬元、15 萬元、10 萬元標準給予資助。團隊組（或相應組別）實行分段資助，金、銀、銅獎（或相當獎級）第一階段分別按 10 萬元、8 萬元、5 萬元標準給予資助；項目 2 年內在廣東省行政區域內登記註冊後，可參照本辦法第十二條有關規定，分別申請第二階段 10 萬元、7 萬元和 5 萬元資助。

　　—— 廣東省人力資源和社會保障廳（《廣東省人力資源和社會保障廳關於省級優秀創業項目資助的管理辦法》）

　　珠江人才計劃創新創業團隊資金資助：省財政給予每個團隊不低於 1000 萬元的資助資金，其中 100 萬元為住房補貼，其餘部分為科研工作經費。

　　—— 廣東省財政廳、中共廣東省委組織部（《珠江人才計劃專項資金管理辦法》）

　　大力實施「珠江人才計劃」，加大企業引才力度，繼續引進創新創業團隊，給予單個團隊最高 1 億元資助。

　　—— 中共廣東省委辦公廳（《關於我省深化人才發展體制機制改革的實施意見》）

　　揚帆計劃創新創業團隊資金資助：優化提升粵東西北地區人才發展幫扶計劃（揚帆計劃）。支持粵東西北地區引進創新創業團隊，按檔次分別給予

800 萬元、500 萬元、300 萬元資助；入選「珠江人才計劃」的創新創業團隊，免於評審、自動入選並享受該項目資助。

—— 中共廣東省委辦公廳（《關於我省深化人才發展體制機制改革的實施意見》）

2. 人才資金補助

引進人才資金資助：大力引進領軍人才、企業家、金融人才和青年拔尖人才，對引進高層次人才實施更加優惠的補貼政策，根據當年申報公告規定的准入條件和工資薪金收入及相應個稅標準直接認定引進人才資助對象，對符合條件的人才按實際年工資薪金收入的 1 倍提供生活補貼，每年最高不超過 100 萬元。

—— 中共廣東省委辦公廳（《關於我省深化人才發展體制機制改革的實施意見》）

珠江人才計劃個人資金資助：領軍人才。省財政給予每人不超過 600 萬元的資助資金，其中含不超過 500 萬元的科研工作經費和不超過 100 萬元的住房補貼。「千人計劃」入選者。可按中央財政一次性補助額度 1：1.5 的標準，獲得省財政資助資金。創新長期、創業、溯及既往、外專千人項目資助資金為每人 150 萬元，其中含 100 萬元科研工作經費、50 萬元住房補貼；創新短期、青年千人項目資助資金為每人 75 萬元，其中含 50 萬元科研工作經費、25 萬元住房補貼；頂尖人才與創新團隊項目採取一事一議的方式確定資助資金額度。

—— 廣東省財政廳、中共廣東省委組織部（《珠江人才計劃專項資金管理辦法》）

3. 稅收財政優惠

落實普惠性稅收優惠政策：落實高新技術企業和創業投資企業稅收優惠、研發費用加計扣除、股權獎勵分期繳納以及科技企業孵化器、大學科技園、固定資產加速折舊等創新激勵稅收優惠政策。落實促進高校畢業生、殘疾人、退役軍人、登記失業人員等創業就業稅收政策。探索實施科技成果轉

化股權激勵的個人所得稅遞延納稅政策、天使投資稅收支持政策、新型孵化機構適用科技企業孵化器稅收優惠政策。將線下實體眾創空間的財政扶持政策惠及網絡眾創空間。切實加強對國家稅收扶持政策的解讀、宣傳，進一步公開和規範稅收優惠政策的申請、減免、備案和管理程序，加強對稅收扶持政策執行情況的監督檢查。

——廣東省人民政府（《廣東省人民政府關於大力推進大眾創業萬眾創新的實施意見》）

在珠海市橫琴新區工作的香港澳門居民個人所得稅稅負差額補貼：為在橫琴工作的香港、澳門居民就取得《中華人民共和國個人所得稅法》及其實施條例所規定的十一項應稅所得按實際繳納的個人所得稅稅款與其個人所得按照香港、澳門地區稅法測算的應納稅款的差額。

——廣東省財政廳（《廣東省財政廳關於在珠海市橫琴新區工作的香港澳門居民個人所得稅稅負差額補貼的暫行管理辦法》）

4. 科技創新補貼

中小微企業創新券補助：鼓勵各地根據實際情況開展創新券補助政策試點，引導中小微企業加強與高等學校、科研機構、科技中介服務機構及大型科學儀器設施共享服務平台的對接。以各地級以上市科技、財政部門為政策制定和執行主體，面向中小微企業發放創新券和落實後補助。省科技、財政部門根據上一年度各地市的補助額度，給予各地市一定比例的補助額度，並將財政補助資金劃撥至各地市財政部門，由各地市統籌用於創新券補助。

——廣東省人民政府（《廣東省人民政府關於加快科技創新的若干政策意見》）

5. 市場融資支持

省級創業引導基金：設立省級創業引導基金，通過階段參股、跟進投資、風險補償等方式，重點支持以初創企業為主要投資對象的創業投資企業發展以及大學生創業創新活動。

——廣東省人民政府（《廣東省人民政府關於大力推進大眾創業萬眾創

新的實施意見》)

專項資金支持投融資：加大對中小微企業投融資的財政資金支持。2015 年至 2017 年，省財政統籌安排專項資金 66 億元，主要運用於設立中小微企業發展基金，開展股權投資，安排支持小額貸款、擔保、風險補償等專項資金，並綜合運用業務補助、增量業務獎勵、貼息、代償補貼、創新獎勵等方式，發揮財政資金的槓桿效應，引導和帶動更多的社會資本支持中小微企業投融資。

——廣東省人民政府 (《廣東省人民政府關於創新完善中小微企業投融資機制的若干意見》)

科技企業孵化器風險補償金：省市共建面向科技企業孵化器的風險補償金，對天使投資失敗項目，由省市財政按損失額的一定比例給予補償。對在孵企業首貸出現的壞賬項目，省市財政按一定比例分擔本金損失。省財政對單個項目的本金風險補償金額不超過 200 萬元。

——廣東省人民政府 (《廣東省人民政府關於加快科技創新的若干政策意見》)

對孵化器內創業投資失敗項目，省財政創業投資風險補償資金按項目投資損失額的 30% 給予創業投資機構補償。當地市財政創業投資風險補償資金按項目投資損失額的 20% 給予創業投資機構補償。孵化器內創業投資項目是指創業投資機構投資與科技企業孵化器內的初創期科技型中小微企業項目。……對在孵企業首貸出現的壞賬項目，銀行按壞賬項目貸款本金 10% 分擔損失，省財政和當地市財政信貸風險補償資金分別按壞賬項目貸款本金的 50% 和 40% 分擔損失。在孵企業首貸項目是指科技企業孵化器內在孵企業首次貸款項目。

——廣東省科學技術廳、廣東省財政廳 (《廣東省科學技術廳　廣東省財政廳關於科技企業孵化器創業投資及信貸風險補償資金試行細則》)

6. 創業服務獎補

對達到標準的創業孵化基地給予資金獎補：鼓勵社會資本投資興建創業

孵化基地。各地、各高校和社會資本投資建設的創業孵化基地達到國家和省級示範性基地建設標準的，按規定給予資金獎補。

　　—— 廣東省人力資源和社會保障廳 [《廣東省大學生創業引領計劃 (2014—2017 年) 實施方案》]

　　創業孵化補貼：對經認定並按規定為創業者提供創業孵化服務的創業孵化基地，按每戶不超過 3000 元標準和實際孵化成功戶數給予創業孵化補貼。

　　—— 廣東省人民政府 (《廣東省人民政府關於大力推進大眾創業萬眾創新的實施意見》)

(二) 實物資源：場地建設、租金減免

1. 場地支持

　　「四眾」創新服務平台：重點在創新資源集聚區域，依託行業龍頭企業、高校、科研院所，大力發展創客空間、創業咖啡、創新工場等成本低、便利化、開放式新型創業孵化平台，建設一批以科技成果轉移轉化為主要內容、專業服務水平高、創新資源配置優、產業輻射帶動作用強的專業化眾創空間。吸引更多科技人員、海外歸國人員等高端創業人才入駐眾創空間，重點支持以核心技術為源頭的創新創業。

　　—— 廣東省人民政府辦公廳 (《廣東省人民政府辦公廳關於進一步促進科技成果轉移轉化的實施意見》)

　　初創企業租金減免：對入駐政府主辦的創業孵化基地 (創業園區) 的初創企業，按第一年不低於 80%、第二年不低於 50%、第三年不低於 20% 的比例減免租金。

　　—— 廣東省人民政府 (《廣東省人民政府關於大力推進大眾創業萬眾創新的實施意見》)

　　大學生創業租金補貼：對租用經營場地創業 (含社會資本投資的孵化基地) 的大學生給予最長不超過 3 年的租金補貼。

　　—— 廣東省人力資源和社會保障廳 [《廣東省大學生創業引領計劃

（2014—2017 年）實施方案》]

2. 房屋補貼

高層次人才住房補貼：高層次人才安居可以採取貨幣補貼或實物出租等方式解決。

　　—— 廣東省人民政府（《廣東省人民政府關於加快科技創新的若干政策意見》）

3. 人才公寓

高層次人才公寓：支持各級政府在引進人才相對集中的地區統一建設人才周轉公寓或購買商品房出租給在當地無房的高層次人才居住。支持高等學校、科研機構參照所在地政府有關規定，利用自有存量國有建設用地建設租賃型人才周轉公寓。

　　—— 廣東省人民政府（《廣東省人民政府關於加快科技創新的若干政策意見》）

二　人力資本支持：粵港澳人才、
創新人才、集聚發展

（一）打造人才集聚發展平台：專業人才、資格認可

支持港澳專業服務機構在廣東自貿區集聚發展：支持港澳檢驗檢測計量、會計、律師、建築設計、醫療、教育培訓、育幼等專業服務機構在廣東自貿區集聚發展。推動粵港澳檢驗檢測計量三方互認，逐步擴大粵港澳三方計量服務互認範疇，探索推行「一次認證、一次檢測、三地通行」，並適度放開港澳認證機構進入廣東自貿區開展認證檢測業務。

支持港澳專業人士在廣東自貿區展開業務：爭取國家授權允許港澳律師、會計師、建築師率先直接在廣東自貿區內從事涉外涉港澳業務，並逐步擴展職業資格認可範圍。探索通過特殊機制安排，推進粵港澳服務業人員職

業資格互認，研究制定支持港澳專業人才便利執業的專項支持措施。

——廣東省人民政府 [《廣東省人民政府關於印發中國（廣東）自由貿易試驗區建設實施方案的通知》]

（二）打造人才交流合作平台：人才信息、人才服務一體化

推進粵港澳人力資源供求信息平台建設：充分發揮泛珠三角人才網聯盟和廣東人才網「三聯網」優勢，加強與香港、澳門人才機構聯繫和網絡合作，將人才網聯盟覆蓋港澳地區。建立粵港澳人才信息和人才服務交流合作長效機制，推進粵港澳三地人才服務一體化。

——廣東省人力資源和社會保障廳（《廣東省人力資源和社會保障廳推動廣州南沙、深圳前海、珠海橫琴「粵港澳人才合作示範區」建設的實施方案》）

（三）建設創新人才隊伍：創新人才、技術金融人才

科技金融人才：各地市科技管理部門、省級以上高新區、民營科技園、專業鎮、科技孵化器等面向本地區（本單位），高校、金融投資機構等單位面向科技型企業，推薦並派駐科技金融特派員，開展科技金融政策與產品宣傳培訓、挖掘優質項目和科技成果、策劃企業投融資方案、對接金融投資機構等定製化科技金融服務，開展科技金融特派員培訓工作，培養和建立一支既熟悉科技型中小微企業發展特點，又通曉金融知識和金融產品的科技金融人才隊伍。

——廣東省科技廳 [《廣東省科技金融支持科技型中小微企業專項行動計劃（2013—2015）》]

技術轉移人才：充分發揮各類創新人才培養示範基地作用，依託有條件的地方和機構建設一批技術轉移人才培養基地。推動有條件的高校設立科技成果轉化相關課程，打造一支高水平的師資隊伍。加快培養科技成果轉移轉化領軍人才，納入各類創新創業人才引進培養計劃。加快培育發展技術經紀

服務行業，在部分高校和科研院所試點實行技術經理人市場化聘用制，大力培養一批懂技術、懂科技金融的專業化技術經理人。

　　—— 廣東省人民政府辦公廳（《廣東省人民政府辦公廳關於進一步促進科技成果轉移轉化的實施意見》）

　　創新型人才：地級市以上人民政府應當定期制定創新型人才發展規劃和緊缺人才開發目錄，加強創新型人才的培養和引進工作。縣級以上人民政府應當優先保證對創新型人才建設的財政投入，保障人才發展重大項目的實施。

　　—— 廣東省人民代表大會常務委員會（《廣東省自主創新促進條例》）

三　技術資訊支持：資源共享、粵港澳合作、成果轉化

（一）提供產學研等資源共享：粵港澳合作、產學研聯盟

雙創示範基地科技資源共享：支持示範基地所在地市積極承接重大科技基礎設施建設，加大示範基地內科研基礎設施、大型科研儀器向社會開放力度。優先支持示範基地所在地市組建工程實驗室、工程中心等創新平台，開展「互聯網 +」創業創新示範市等工作。

　　—— 廣東省人民政府辦公廳（《廣東省人民政府辦公廳關於印發廣東省建設大眾創業萬眾創新示範基地實施方案的通知》）

　　支持粵港澳合作設立產學研聯盟：深入開展粵港澳科技合作發展研究計劃，支持有條件的示範基地聯合港澳設立產學研創新聯盟，建設面向港澳的科技成果孵化基地和粵港澳青年創業基地。

　　—— 廣東省人民政府辦公廳（《廣東省人民政府辦公廳關於印發廣東省建設大眾創業萬眾創新示範基地實施方案的通知》）

（二）完善科學技術配套服務：成果轉化、科技中介機構

支持科學技術中介服務機構發展：縣級以上人民政府及其有關主管部門應當支持知識產權服務機構、技術交易機構、科技諮詢與評估機構、科技企業孵化器、創業投資服務機構和生產力促進中心等科學技術中介服務機構的發展。建立和推行政府購買科技公共服務制度，對科技創新計劃、先進技術推廣、扶持政策落實等專業性、技術性較強的工作，可以委託給符合條件的科學技術中介服務機構辦理。

—— 廣東省人民代表大會常務委員會（《廣東省自主創新促進條例》）

加快科技成果轉化平台建設：加快建設一批高水平國際聯合創新基地或園區，推動粵港澳合作共建科技成果轉化和國際技術轉讓平台。深入推進粵港創新走廊建設，加快引進香港科學園、應用科技研究院、高校等機構的先進科技成果並實施轉化。

—— 廣東省人民政府辦公廳（《廣東省人民政府辦公廳關於進一步促進科技成果轉移轉化的實施意見》）

四　社會資本支持：民間資本、
創業資源整合

（一）吸引社會資金支持創業：引導基金、創業投資引導

引導社會資本組建天使投資基金：建立省科技企業孵化器天使投資引導基金，參股引導科技企業孵化器、民間投資機構等共同組建天使投資基金。支持投資企業或創業投資管理企業向國家有關部門申請設立「科技成果轉化引導基金創業投資子基金」，募集資金總額不低於 1 億元人民幣，基金經營範圍為創業投資業務，組織形式為公司制或有限合夥制。

—— 廣東省人民政府（《廣東省人民政府關於加快科技創新的若干政策意見》）

完善創業投資引導基金運作模式：大力發展創投、風投等基金。參照國家新興產業創業投資引導基金運作模式，積極用好廣東省戰略性新興產業創業投資引導基金，支持創辦戰略性新興產業和高技術中小微企業，引導社會資本重點支持智能製造、高端裝備、生物醫藥、新能源、節能環保等新興產業領域的初創期中小微企業，基金退出時財政出資部分將 50% 的淨收益依法讓渡給其他投資方。提升省級創業投資引導基金使用績效，鼓勵各地設立一批產業投資基金和創業投資引導基金。充分發揮粵科金融集團有限公司、粵財投資控股有限公司、恆健投資控股有限公司等省屬企業平台作用，壯大創投、風投及天使基金規模。鼓勵和引導民間資本進入創業投資、私募股權投資、風險投資領域。依託產業園區、高新區、孵化器集羣區引導各類基金集聚發展。

　　—— 廣東省人民政府（《廣東省人民政府關於創新完善中小微企業投融資機制的若干意見》）

（二）整合社會資源指導創業：創新鏈資源、創業導師

促進各類創新創業資源整合集聚：支持各園（鎮）區整合集聚創業者、創業導師、創投機構、民間組織等各類創新創業資源，通過創新工場、創業咖啡屋等形式，提供創業導師輔導、早期投資等圍繞種子期科技型企業創新鏈資源整合的服務。

　　—— 廣東省科技廳 [《廣東省科技金融支持科技型中小微企業專項行動計劃（2013—2015)》]

創業導師支持創業孵化：支持鼓勵成立由企業家、專家組成的火炬創業導師團隊，建立創業輔導員制度、聯絡員制度、創業諮詢師制度，率先形成「專業孵化＋創業投資＋創業導師」的創業孵化新路子和新模式。

　　—— 廣東省人民政府、科學技術部、教育部（《廣東自主創新規劃綱要》）

（三）營造創新創業的文化氛圍：創新文化、寬鬆環境

營造自主創新的良好環境：在全社會弘揚創新創業文化，鼓勵全局創新，全民創業。大力培育創新意識和價值觀念，提倡敢為人先、敢冒風險的精神，營造激勵成功、寬容失敗的寬鬆環境。

—— 廣東省人民政府、科學技術部、教育部（《廣東自主創新規劃綱要》）

五　公共服務支持：專業服務、　從業資格互認、一站式服務平台

（一）經濟性公共服務：創業服務、從業資格互認

創新創業專業服務支持：支持高新區、專業鎮、產業園區建設創新創業服務中心，為科技型中小企業、創業團隊、創客空間等提供創業導師、技術轉移、檢驗檢測認證、金融投資、法律稅務等配套服務。鼓勵建設大學生創業中心、大學生創業園、大學生創業基地等創新創業服務機構，為大學生創業提供創業場所、創業諮詢、創業輔導、市場開發、人才推薦等服務。

—— 廣東省人民政府辦公廳（《廣東省人民政府辦公廳關於進一步促進科技成果轉移轉化的實施意見》）

（二）社會性公共服務：便利條件、一站式服務、待遇同等

粵港澳人才「一站式」服務平台：在三地設立「廣東省引進高層次人才『一站式』服務專區」分站，指導三地對涉及港澳專業人員稅收減免、社會保險、出入境等，實行「一站式受理、一次性告知、一條龍服務」，打造人才服務「綠色通道」。

—— 廣東省人力資源和社會保障廳（《廣東省人力資源和社會保障廳推動廣州南沙、深圳前海、珠海橫琴「粵港澳人才合作示範區」建設的實施方案》）

創新型人才各類公共服務：地級市以上人民政府應當制定和完善培養、引進創新型人才的政策措施，並為創新型人才在企業設立、項目申報、科研條件保障和出入境、戶口或者居住證辦理、住房、子女入學、配偶安置等方面提供便利條件。

—— 廣東省人民代表大會常務委員會（《廣東省自主創新促進條例》）

《廣東省居住證》社會保障服務：《居住證》具有下列主要功能：（1）持有人在本省居住、工作、創業的證明；（2）港、澳、臺籍和獲得外國永久（長期）居留權、持居留國護照的留學人員或者外國籍持有人用於辦理社會保險、住房公積金等個人相關事務，查詢相關信息；（3）記錄持有人基本情況、居住地變動情況等人口管理所需的相關信息。

—— 廣東省人民政府（《廣東省引進人才實行〈廣東省居住證〉的暫行辦法》）

《廣東省居住證》子女教育服務：持有《居住證》的人員，其《居住證》有效期在 3 年及以上的，可以在居住地申請子女入學（託）。幼兒教育、義務教育、普通高中教育階段，由居住地所在市、縣、區教育行政部門就近安排到具備相應接收條件的學校就讀；中等職業教育階段，由居住地所在市、縣、區教育行政部門按照專業對口的原則就近安排。符合前款規定的境內人員的子女，取得本省高中畢業學歷的，可以參加廣東統一高考，報考本省部委屬高校，省、市屬高校或者民辦高校。持有《居住證》的港、澳、臺籍和外國籍人員或者獲得外國永久（長期）居留權、持居留國護照的留學人員的子女，在語言文字適應期內，參加本省升學考試的，可以按照「四種考生」的有關規定降低錄取分數線。

—— 廣東省人民政府（《廣東省引進人才實行〈廣東省居住證〉的暫行辦法》）

《廣東省居住證》養老保險服務：持有《居住證》的境內人員或者未加入外國籍的留學人員，接受行政機關或者依照、參照公務員管理的單位聘用的，參加本省機關養老保險；在企業和其他事業單位工作的，參加企業基本

養老保險。

　　——廣東省人民政府（《廣東省引進人才實行〈廣東省居住證〉的暫行辦法》）

　　《廣東省居住證》住房公積金服務：持有《居住證》的境內人員，可以按照規定在本省繳存和使用住房公積金。已在戶籍所在地繳存了住房公積金的，可以將在戶籍所在地繳存的住房公積金餘額轉入本省住房公積金賬戶，原繳存的住房公積金年限和餘額，可以與在本省繳存的住房公積金年限和餘額累計計算。離開本省時，可按規定辦理職工住房公積金賬戶儲存餘額轉移手續。

　　——廣東省人民政府（《廣東省引進人才實行〈廣東省居住證〉的暫行辦法》）

　　雙創示範基地人才子女入學保障：在示範基地所在地市率先實施外籍高層次人才補貼政策，推進外籍高層次人才永久居留政策與子女入學、社會保障等有效銜接。

　　——廣東省人民政府辦公廳（《廣東省人民政府辦公廳關於印發廣東省建設大眾創業萬眾創新示範基地實施方案的通知》）

　　出入境和停居留政策支持：落實支持廣東自貿區建設及創新驅動發展16項出入境政策措施，開展廣東省外籍和港澳臺高層次人才認定工作，為海外人才提供便捷、開放的出入境和停居留政策環境。

　　住房公積金政策待遇：在我省工作的國（境）外人才，符合條件的，在繳存、提取住房公積金方面與工作所在地居民享受同等待遇。

　　——中共廣東省委辦公廳（《關於我省深化人才發展體制機制改革的實施意見》）

　　廣東自貿區醫療和子女教育支持：設立港澳獨資外籍人員子女學校，將其招生範圍擴大至在廣東自貿區工作的海外華僑和歸國留學人才子女。

　　——廣東省人民政府[《廣東省人民政府關於印發中國（廣東）自由貿易試驗區建設實施方案的通知》]

六　特色創業平台：綜合金融服務、孵化基地

（一）省創業平台

在政府政策的支持下，廣東省建立了 1 個促進港澳青年創業的創業平台（見表 4）。

表 4　廣東省創業平台

時間	名稱	所在地
2014. 5	中國青創板	/

資料來源：根據相關政策文件整理。

「中國青創板」由團中央、廣東省人民政府共同建設，依託廣州股權交易中心運營的資本市場平台。「中國青創板」具有完全知識產權的業務規則體系和基於互聯網金融的投資交易信息系統，能夠為全國青年創新創業項目和企業提供包括孵化培育、規範輔導、登記託管、掛牌展示、投融資對接、交易和退出等綜合金融服務，並通過引入資本市場力量促進創新創業項目的市場化、資本化、產業化發展。截至 2017 年 5 月，已有超過 2000 個上板項目，實現融資對接約 2.22 億元人民幣，在廣東省 21 個地市建立了近 30 個線下服務站點。[5]

「中國青創板」在廣東省各地以運營服務中心、落地孵化基地（示範區）、服務站等形式建立線下孵化合作。其中，中國青創板珠海（橫琴）運營中心於 2016 年 6 月入駐橫琴・澳門青年創業谷，是「中國青創板線下服務基地集羣」國內首家運營服務中心。該運營中心發揮青創板的基礎培育功能，通過融資、孵化、培訓創業谷內的企業，同時吸納港澳臺青年以及海外

5　〈廣東「創青春」、「中國青創板」、「粵港澳青年創新創業基地」等品牌項目亮相香港創業日〉，2017 年 5 月 19 日，搜狐網（http://www.sohu.com/a/141956011_162757）。

留學回國人員創業項目，幫助珠海創新創業企業轉板上市。中心將結合橫琴自貿片區商事登記制度改革、金融機構聚集、鼓勵金融創新、知識產權保護、允許人力資本入股等特殊政策和機制，在交易、融資等方面進行創新探索。6

（二）省內各市區創業平台

在中央和廣東省政府的政策支持下，廣東省內各市區共建立了 15 個促進港澳青年創業的平台（見表 5）。

表 5　廣東省內支持港澳青年創業平台匯總

時間	名稱	所在城市
1999. 8	深港產學研基地	深圳市
2015. 4	粵港澳（國際）青年創新工場	廣州市
2015. 10	「創匯谷」粵港澳青年文創社區	廣州市
2016. 6	荔港澳青年創新創業孵化基地	廣州市
2017. 1	廣州大學城港澳臺青年創新創業基地示範點	廣州市
2017. 3	天河區港澳青年創業基地	廣州市
2013. 6	深港青年創新創業基地	深圳市
2014. 12	前海青年夢工場	深圳市
2015. 6	前海「夢想＋」深港創投聯盟	深圳市
2015. 6	橫琴‧澳門青年創業谷	珠海市
2016. 6	惠州仲愷高新區港澳青年創業基地	惠州市
2001	東莞松山湖（生態園）	東莞市
2017	三山粵港澳青年創業社區	佛山市
2016. 2	中山市易創空間孵化基地	中山市
2017. 6	廣東江門僑夢苑港澳青年創業創新基地	江門市

資料來源：根據相關政策文件整理。

6　〈青創板運營中心落戶橫琴澳門青年創業谷〉，2016 年 6 月 29 日，中新網（http://www.chinanews.com/ga/2016/06-29/7922080.shtml）。

由於廣州市、深圳市、珠海市的特色創業平台將分別在第四、第五、第六部分詳述，以下僅總結廣東省內非廣州、深圳、珠海的創業平台。

1. 惠州仲愷高新區港澳青年創業基地

仲愷高新區位處深莞惠一體化的臨深前沿，是首批國家級高新區之一。2017 年 6 月，惠州仲愷高新區港澳青年創業基地落戶於仲愷傳統商業旺地 —— 匯港城。仲愷高新區眾多的孵化器和風投基金是港澳青年創業基地建設的重要支撐。仲愷高新區孵化育成體系包括 3 個國家級孵化器、3 個國家級眾創空間、5 個廣東省級眾創空間以及北京、深圳、臺灣等 3 個異地孵化器，美國波士頓等 4 個國際孵化器，共計 10 多個創業平台，孵化面積達 33.7 萬平方米，9 隻風投基金共 20 億元資金規模。[7]

2017 年 6 月 30 日，由惠州仲愷高新區管委會與全港各區工商聯聯合主辦的「惠州仲愷高新區創新創業環境（香港）推介會暨港澳青年創業基地落戶匯港城簽約儀式」中，惠港兩地達成多個合作意向和合作協議，此外，對 4 名港籍資深企業家舉行港澳青年創業基地創業導師聘請儀式。在港澳青年創業基地內的企業從註冊到上市，仲愷高新區將會提供一站式的創業服務。在物質支持方面，基地為想要創業的優秀青年提供免費的創業場地，並給予創業基金。[8]

2. 東莞松山湖（生態園）

松山湖（生態園）地處廣州、深圳及香港經濟帶的核心腹地，是首批「粵港澳服務貿易自由化省級示範基地」，園區具備優越的扶持政策及東莞強大的製造業基礎。2015 年 9 月，園區成功入圍珠三角國家自主創新示範區，當前已建立起完善的融人才、高企、孵化器、加速器為一體的創新生態體系。園區實施大孵化器戰略，目前共有國家級孵化器 4 家、國家級眾創空間

7　〈港澳青年創業基地於仲愷匯港城　共 10 多個平台〉，2016 年 7 月 2 日，《東江時報》（http://www.hznews.com/hznews/201607/t20160702_1094493.shtml）。

8　〈港澳青年創業基地落戶仲愷　開啟合作新時代〉，2016 年 7 月 6 日，新浪廣東（http://gd.sina.com.cn/hz/2016-07-06/city-hz-ifxtsatm1475702.shtml）。

5 家、省級眾創空間 8 家、市級孵化器 15 家、新型研發機構 24 家，在孵企業超過 550 家。[9]

港澳青年赴松山湖（生態園）在創業文化創意、高新科技產業已有成功案例的基礎。早在 2010 年，松山湖（生態園）已經成立廣東省首個粵港澳文化創意產業試驗園區的開發區，吸引着具有前瞻性眼光的港澳動漫界精英來莞創業，其中就包括由阮勤樂等創立的艾力達動漫文化娛樂有限公司。截至 2017 年 5 月，港資及港資背景的文化企業落戶松山湖（生態園）的已超過 60 家。除此之外，東莞擁有龐大的製造業基礎，在發展機器人產業上具備優勢。2010 年，香港科技大學李澤湘教授帶着弟子石金博等人經過考察發現，中國製造轉型升級需要機器人，於是決定帶着團隊到松山湖（生態園）發展機器人產業，成立了松山湖機器人產業公司。[10]

隨着粵港澳合作深化，為了切實助力更多港澳青年來莞圓創業夢，東莞市松山湖高新技術產業開發區管理委員會於 2017 年 4 月出台《東莞松山湖（生態園）港澳青年人才創新創業專項資金管理暫行辦法》，專項資金主要用於園區港澳青年人才創新創業項目的創業啟動資金資助、辦公場地及住房租金補貼、培訓及參展補貼、貸款貼息，以及創業投資機構對港澳青年人才創新創業項目投資進行補貼等方面的支出。其中，創業啟動資金資助最高可達 20 萬元，企業的辦公場地可享受 2 年內不超過 45 元 / 平方米的租金補貼，最高補貼面積可達 100 平方米。對單一港澳青年人才創新創業項目投資的補貼金額最高不超過 50 萬元，同一家機構年度投資補貼總額最高不超過 100 萬元。[11]

3. 三山粵港澳青年創業社區

三山粵港澳青年創業社區位於三山新城內，而三山新城是首批省級粵港

9　〈松山湖（生態園）概況介紹〉（http://www.ssl.gov.cn/dgssl/s41282/index.htm）。

10　〈東莞松山湖推出港澳青年創業扶持政策　每年最高貼息百萬元〉，2017 年 5 月 15 日（http://news.timedg. com/2017-05/15/20607335.shtml）。

11　《東莞松山湖（生態園）港澳青年人才創新創業專項資金管理暫行辦法》，2017 年 4 月 1 日（http://www. ssl.gov.cn/dgssl/ppdgssltzgg/201704/1122010.htm）。

澳服務貿易自由化示範基地之一，以建設「粵港澳合作高端服務示範區」為
發展定位，三山粵港澳青年創業社區是示範區重點建設項目之一。[12]

三山粵港澳青年創業社區自 2016 年由新加坡豐樹國際創智園與佛山市
政府合作建設。截至 2017 年 3 月，三山粵港澳青年創業社區首期已完成裝
修，公共科技服務中心即將投入運營。[13] 三山粵港澳青年創業社區總規劃建
築面積為 3 萬平方米，在資金投入、技術支撐、政策扶持、配套服務等方面
為粵港澳青年搭建創業者、從業者、投資人、產業鏈上下游機構的合作交流
平台，打造創新創業綜合服務平台。

2015 年佛山市相關單位草擬《佛山市南海區關於建設粵港澳合作高端
服務示範區工作方案》，在科技、人才、金融、產業等多方面，為粵港澳青
年創業支持提供政策保障。2017 年 2 月，以國家「千人計劃」專家劉雲輝博
士帶頭的香港中文大學團隊，在三山的產業配套和便利的區位交通的吸引下
落戶三山粵港澳青年創業社區。[14] 以三山粵港澳青年創業社區為重點，新城
還匯聚了東方星火創新加速器等一批創新產業孵化平台，目前已經有多個港
澳青年創業團隊入駐。

4. 中山市易創空間創業孵化基地

中山市易創空間創業孵化基地是由市政府投資建設，中山火炬職院管
理，中山匯智電子商務投資管理有限公司負責運營的公益性、示範性創業孵
化基地。

根據中山市人力資源和社會保障局 2016 年 12 月的通知「中山市易創空
間孵化基地」正式招募入孵團隊。基地有四大定位，其中之一為「港澳青年
創新創業示範性基地」，基地「落實澳門特別行政區政府與中山市人民政府

---

12 〈粵港澳青年創業社區規劃受關注〉，2017 年 4 月 25 日，《珠江時報》(http://ysq.nanhai.gov.cn/cms/html/1
　1158/2017/20170425094632223865315/20170425094632223865315_1.html)。

13 〈粵港澳灣區未來：超級製造業城市 + 交通樞紐〉，2017 年 4 月 18 日，《南方都市報》(http://house.163.
　com/17/0418/09/CI9V7KMU000786I8.html)。

14 〈整合優勢攜手邁入粵港澳大灣區時代〉，2017 年 4 月 18 日，《珠江時報》(http://szb.nanhaitoday.com/
　zjsb/html/2017-04-18/content_370674.htm?div=-1)。

關於合作推進青年創新創業的框架協議，在政策集成、資金保障、產業引領、人才服務、創業培訓、風投引領等指導各類創業園區和孵化基地促進中（山）港澳三地青年創業，實現優勢互補、資源共享」[15]。

易創空間創業孵化基地的顯著優勢在於免費入駐，入駐團隊只需交納基本的水電費和寬帶費。企業入駐的期限為一年至五年。孵化空間面積為8000平方米，最多可同時容納125個創業團隊或個人進駐孵化，分為創業孵化區、創業學院、創客空間。從空間佈局上看，易創空間配備互聯網功能的大廳、路演大廳、多功能會議室、遠程交流中心、展示區、創客咖啡廳、創業導師室和創業培訓室、創業沙盤室等。其中，二層為臺港澳青年創業孵化區。截至2017年3月，已有近10個澳門青年團隊入孵。[16]

5. 廣東江門僑夢苑港澳青年創業創新基地

廣東江門僑夢苑港澳青年創業創新基地於2017年6月30日上午揭牌，港澳青年創業創新基地是江門「僑夢苑」[17]聯合啟迪之星（江門）共同打造的項目。該項目將結合本地的優惠政策，為港澳創業青年提供培訓、市場、融資、科技、項目合作等系列孵化服務。該基地今後將為香港、澳門兩地青年在江門市創業提供支持幫助。[18]

---

15 〈「中山市易創空間孵化基地」正式招募入孵團隊〉，2016年12月13日，中山市人力資源和社會保障局（http://www.gdzs.lss.gov.cn/gov/view/cateid/585/id/35794.html）。

16 〈「易創」公益示範平台築建創業孵化空間〉，2016年12月21日，中山市人力資源和社會保障局（http://www.zs.gov.cn/main/zwgk/open/view/index.action?id=180569）。

17 廣東（江門）「僑夢苑」於2015年12月落戶江門市。「僑夢苑」是國務院僑辦推出的華僑華人創新創業聚集區品牌，是發揮僑務優勢服務國家創新發展戰略的重大舉措和實施「萬僑創新行動」的重要平台。廣東省僑辦將把江門「僑夢苑」建設成為廣東省僑務引資引智工作的創新點、萬僑創新的合作區，積極凝聚華僑華人資源，尤其是充分發揮華僑華人技術優勢，助推區域創新發展、協調發展。

18 〈廣東江門僑夢苑港澳青年創業創新基地揭牌〉，2017年6月30日，江門台（http://jm.house.qq.com/a/20170630/009059.htm）。

七 特色創業活動：
創業交流、創業省賽

（一）創業交流活動：實習見習、高質崗位

1. 展翅計劃

「展翅計劃」廣東大學生就業創業能力提升行動由共青團廣東省委員會、中共廣東省直屬機關工作委員會、廣東省教育廳、廣東省人力資源和社會保障廳、廣東省科學技術廳、廣東省學生聯合會等單位聯合主辦，於 2013 年首次舉辦，旨在提升大學生就業創業能力。從覆蓋範圍來看，「展翅計劃」除了鼓勵粵籍大學生返鄉實習之外，還動員非粵籍大學生，尤其是港澳臺學生和海外留學生到粵實習。通過兼職實習、勤工儉學等項目，大學生在「黨政機關」「事業單位」「大型國企」和「500 強外企」四種類型用人單位中進入高質量的兼職、實習、實訓、正式招聘等各類型崗位。2017 年「展翅計劃」繼續展開並提供 5 萬個以上崗位，其中暑期實（見）習崗位 3 萬個；並在優秀民企、港澳企業、社會組織等類型單位大力開發崗位；新建穩定的實（見）習基地 300 個以上 [19]，推動優秀港澳青年畢業後入粵就業創業。

2. 青年同心圓計劃

「青年同心圓」是由廣東省共青團和青聯組織主辦的粵港澳臺青少年交流合作計劃。自 2015 年至 2017 年對接近 150 家港澳青年社團，以「親情」「友情」「商情」三情模式為核心，累計開展交流活動項目近 400 個，覆蓋粵港澳青少年近 8.6 萬人次。[20] 2017 年，計劃繼續圍繞創業實踐、實習體驗等 180 個交流合作項目，其中支持港澳青年就業創業的項目包括粵港澳青年創新創業項目博覽會、港澳臺僑青年來粵實習計劃、國際青年創新創業節

---

19 〈廣東將組織實施 2017 年「展翅計劃」〉，2017 年 5 月 8 日，《廣東科技報》（http://www.gdstc.gov.cn/HTML/kjdt/gdkjdt/1494229644345-1255519736071918118.html）。

20 〈2017 年「青年同心圓計劃」發佈〉，2017 年 5 月 4 日，中青在線（http://news.cyol.com/content/2017-05/04/content_16029033.htm）。

等，計劃共覆蓋粵港澳臺大中學生、青年專業人士、經貿行業青年、政團社團青年代表約 5 萬人次。活動將使港澳青年通過自身所在的社團與平台在內地建立聯繫和友誼，更多地了解內地就業、創業相關的信息和資源。[21]

（二）創業大賽：定製孵化、資金支持、融資支持

1.「創青春」廣東青年創新創業大賽

「創青春」廣東青年創新創業大賽由廣東省 12 家廳局單位共同主辦，發動百家創業服務機構和超過 200 位知名投資人、企業家、學者協同辦賽，致力於整合省內資源。自 2014 年首次舉辦以來已服務近 6000 個創新創業項目，涵蓋互聯網、文化創意、現代服務、新能源、新材料等多個領域[22]，為廣東各個地市以及港澳地區、留學歸國創新創業青年搭建一個展示交流、資源對接、項目孵化的平台。其中，由 3 位香港中文大學和香港理工大學博士組建的「行業視覺智能體系」項目團隊於 2017 年 9 月的「創青春」廣東青年創新創業大賽中摘得二等獎。[23] 比賽為參賽者提供豐富獎勵，包括逾百萬元現金獎勵；知名投資人、創業導師提供的跟進輔導；優先獲得中國青創板資本市場對接服務；中國青創板項目落地示範區（禪城）一對一的定製孵化服務；優先享受 20 億元創業貸款授信額度；優先獲得廣東省創業引導基金及其子基金資金支持等。[24]

2. 廣東「眾創杯」創業創新大賽

自 2016 年啟動的廣東「眾創杯」創業創新大賽由廣東省人力資源和社會保障廳、廣東省發展和改革委員會、廣東省教育廳、廣東省科學技術廳、

21 〈2017 年「青年同心圓計劃」發佈，粵港澳青年將開展 180 個項目交流〉，2017 年 5 月 7 日，《南方日報》（http://www.southcn.com/nfdaily/nis-soft/wwwroot/site1/nfrb/html/2017-05/07/content_7636630.htm）。

22 〈廣東「創青春」、「中國青創板」、「粵港澳青年創新創業基地」等品牌項目亮相香港創業日〉，2017 年 5 月 19 日，搜狐網（http://www.sohu.com/a/141956011_162757）。

23 〈勝利收官！第四屆「創青春」廣東青年創新創業大賽圓滿落幕！〉，2017 年 9 月 2 日，雲網（http://dy.163.com/v2/article/detail/CTB5449G0518L2JH.html）。

24 〈第四屆「創青春」廣東青年創新創業大賽強勁來襲〉，2017 年 5 月 8 日，南方網（http://news.southcn.com/gd/content/2017-05/08/content_170346986.htm）。

廣東省財政廳等單位主辦，由廣州市人力資源和社會保障局、珠海市人力資源和社會保障局等單位承辦，大賽分科技（海歸）人員領航賽、大學生啟航賽、技能工匠爭先賽、殘疾人公益賽、大眾創業創富賽、農村電商賽六個單項賽事進行。重點鼓勵新材料、新能源及節能環保、生物醫藥、文化創意、電子信息、高端裝備製造、互聯網和移動互聯網、現代農業、生活服務業、社會公益等領域創業項目參賽。參賽對象不限戶籍、地域並面向港澳臺和海外人員，有意向在廣東創業和已經在廣東創業的均可報名。參賽團隊可分為創業組和企業組，參賽獎勵按金獎、銀獎、銅獎分別獎勵 5 萬—20 萬元不等的省級優秀創業項目資助。[25] 除獎金資助外，符合條件的大賽獲獎項目和優秀項目可相應享受「10+n」支持措施。其中包括孵化場地保障（申請入駐人力資源社會保障、科技、臺辦、團委等部門建設認定的創業孵化載體，享受一定年限的減免費場地和孵化服務）、創業融資支持（獲得廣東省創業引導基金旗下子基金及大賽合作投資機構股權投資。有意願且符合條件的，可由承辦單位推薦到廣州股權交易中心「中國青創板」、廣東金融高新區股權交易中心「科技板」掛牌展示）等。[26]

八　廣東省政府創業支持政策概覽

　　廣東省政府相關部門從 2003 年開始共出台 22 份專門促進港澳青年創業的政策文件（見表 6）。

25　廣東「眾創杯」創業創新大賽官方網站（http://www.gdhrss.gov.cn/zcb/competition/competitionIntroduce.html）。

26　〈關於舉辦 2017 年廣東「眾創杯」創業創新大賽的通知〉，2017 年 5 月 12 日，搜狐網（http://www.sohu.com/a/140008434_726824）。

表 6　廣東省政策匯總

出台時間	出台部門	文件名稱
2003	廣東省人民政府	《廣東省引進人才實行《廣東省居住證》暫行辦法》
2008. 9	廣東省人民政府 科學技術部 教育部	《廣東自主創新規劃綱要》
2008. 9	中共廣東省委 廣東省人民政府	《中共廣東省委　廣東省人民政府關於加快吸引培養高層次人才的意見》
2009. 4	廣東省財政廳 廣東省科學科技廳	《廣東省科技型中小企業技術創新專項資金管理暫行辦法》
2011. 11	廣東省人民代表大會常務委員會	《廣東省自主創新促進條例》
2014. 2	廣東省財政廳	《廣東省財政廳關於在珠海市橫琴新區工作的香港澳門居民個人所得稅稅負差額補貼的暫行管理辦法》
2014. 6	廣東省人力資源和社會保障廳	《省人力資源和社會保障廳推進「粵港澳人才合作示範區」建設總體安排的意見及實施方案》
2014. 6	中共廣東省委 廣東省人民政府	《關於全面深化科技體制改革加快創新驅動發展的決定》
2014. 6	廣東省財政廳 中共廣東省委組織部	《廣東省實施揚帆計劃專項資金管理辦法》
2014. 6	廣東省科技廳	《廣東省科技金融支持科技型中小微企業專項行動計劃（2013—2015）》
2014. 9	廣東省人力資源和社會保障廳	《廣東省大學生創業引領計劃（2014—2017 年）實施方案》
2014. 10	廣東省財政廳 中共廣東省委組織部	《珠江人才計劃專項資金管理辦法》
2015. 2	廣東省人民政府	《廣東省人民政府關於加快科技創新的若干政策意見》
2015. 2	廣東省科學技術廳 廣東省財政廳	《關於科技企業孵化器創業投資及信貸風險補償資金試行細則》
2015. 7	廣東省人民政府	《廣東省人民政府關於創新完善中小微企業投融資機制的若干意見》
2015. 7	廣東省人民政府	《廣東省人民政府關於印發中國（廣東）自由貿易試驗區建設實施方案的通知》
2016. 3	廣東省人民政府	《廣東省人民政府關於大力推進大眾創業萬眾創新的實施意見》
2016. 8	廣東省公安廳	《支持廣東自貿試驗區建設和創新驅動發展出入境政策措施》

續表

出台時間	出台部門	文件名稱
2016.10	廣東省人民政府辦公廳	《廣東省人民政府辦公廳關於印發廣東省建設大眾創業萬眾創新示範基地實施方案的通知》
2016.10	廣東省人力資源和社會保障廳	《廣東省人力資源和社會保障廳關於省級優秀創業項目資助的管理辦法》
2016.11	廣東省人民政府辦公廳	《廣東省人民政府辦公廳關於進一步促進科技成果轉移轉化的實施意見》
2017.1	中共廣東省委辦公廳	《關於我省深化人才發展體制機制改革的實施意見》

資料來源：根據相關政策文件整理。

政策文件中涉及重要定義：

高層次人才範圍和對象：創新和科研團隊……掌握核心技術、具有自主知識產權或具有高成長性項目的境內人員和境外留學人員……外籍及港澳臺地區高端人才等。(《中共廣東省委　廣東省人民政府關於加快吸引培養高層次人才的意見》)

創業：指在廣東省領取工商營業執照或其他法定註冊登記手續。

大學生：包括高校在校生和畢業 5 年內高校畢業生、領取畢業證 5 年內的出國 (境) 留學回國人員。[《廣東省大學生創業引領計劃 (2014—2017 年) 實施方案》]

珠江人才計劃：指廣東省組織實施的高層次人才引進計劃，該計劃面向省外，引進創新創業團隊 (簡稱「團隊」)、領軍人才、「千人計劃」入選者等高層次人才。(《珠江人才計劃專項資金管理辦法》)

揚帆計劃：指廣東省組織實施的粵東西北地區人才發展幫扶計劃，包括粵東西北地區競爭性扶持市縣重點人才工程、引進創新創業團隊和緊缺拔尖人才、培養「兩高」(高層次、高技能) 人才以及博士後扶持等項目。(《廣東省實施「揚帆計劃」專項資金管理辦法》)

科技企業孵化器內初創期的科技型中小微企業：指企業的註冊地和主要研發、辦公場所須在科技企業孵化器場地內的以下企業：成立時間不超過

5 年，職工人數不超過 300 人，直接從事研究開發的科技人員佔職工總數的 20% 以上，資產總額不超過 3000 萬元人民幣，年銷售額或營業額不超過 3000 萬元人民幣，擁有自主科技成果（含專利、新技術產品、專有技術等）的企業。（《廣東省科學技術廳　廣東省財政廳關於科技企業孵化器創業投資及信貸風險補償資金試行細則》）

《補貼暫行管理辦法》下的「香港居民」：根據香港特別行政區政府（簡稱香港特區政府）現行的相關法律及入境政策，《補貼暫行管理辦法》下的「香港居民」是指：

（1）根據香港特區政府《入境條例》（第 115 章）規定取得香港永久性居民身份的個人。

（2）根據《中華人民共和國香港特別行政區基本法》的相關規定和香港特區政府《入境條例》（第 115 章）取得香港居民身份證的個人之中，其中以下在香港工作或居留的人士：

①持《前往港澳通行證》前往香港作永久定居並取消原居住地戶籍的內地人士；

②根據一般就業政策獲准來港就業的人士；

③根據輸入內地人才計劃獲准來港就業的人士；

④根據優秀人才入境計劃獲准來港定居的人士。

《補貼暫行管理辦法》下的「澳門居民」：根據澳門特別行政區政府（簡稱澳門特區政府）現行的相關法律、法規及入境政策，《補貼暫行管理辦法》下的「澳門居民」是指：

（1）根據澳門特區政府第 8/1999 號法律取得澳門永久性居民身份的個人；

（2）根據澳門特區政府第 4/2003 號法律及第 5/2003 號行政法規取得澳門非永久性居民身份的個人。

第三章　港澳政府：聯合內地政府、協同社會組織

　　港澳特區政府頒佈的鼓勵港澳青年赴內地創業的政策具有聯合內地政府和協同社會組織的特點。一方面，由於港澳青年的創業地在內地，港澳特區政府的大部分政策措施都是聯合內地相關政府單位共同推出；另一方面，港澳社會組織相對政府具有更大的靈活性，在支持青年赴內地創業上，港澳社會組織往往起到與政府共同推動的角色。與政府出台政策不同，港澳社會組織通過特色創業活動、創業計劃來促進有創業理想的港澳青年與內地合作。

　　港澳特區政府關於港澳青年創業的政策可以分為人力資本支持、技術資訊支持、社會資本支持三大類（見表 7）。

表 7　港澳政策類型分析

政策類型	具體內容
人力資本支持	打造人才服務交流平台
技術資訊支持	提供產學研相關資源共享
社會資本支持	提供政府宣傳推介服務

資料來源：根據相關政策文件整理。

一　人力資本支持：
創業基地、青年交流

　　深港青年創新創業基地建設：充分發揮香港高校及科研機構密集、源頭創新資源豐富和深圳良好的產業化基礎及輻射珠三角的地理優勢，積極鼓勵深港兩地高新科技基礎良好、創業氛圍明顯的企業或機構（單位），透過深港青年創新創業基地加強合作，共同搭建兩地青年交流創業的新平台。

　　──深圳市人民政府科技創新委員會、香港特別行政區政府創新科技署（《共同推進深港青年創新創業基地建設合作協議》）

二　技術資訊支持：
深港合作、科研機構搭橋

　　深港科研機構合作提供技術支持：鼓勵香港高校深圳產學研基地及香港科研機構深圳分支機構發揮聯繫橋樑作用，支持內地及香港青年通過深港合作的平台，特別是深港青年創新創業基地，推動兩地科技創新發展。香港科學園的實驗室服務設施可提供技術支持。

　　──深圳市人民政府科技創新委員會、香港特別行政區政府創新科技署（《共同推進深港青年創新創業基地建設合作協議》）

三　社會資本支持：
深港合作、科研機構搭橋

　　深港青年創新創業基地：支持配合基地服務機構在香港開展宣傳推介工作，協助有意到內地施展才幹的香港青年。

—— 深圳市人民政府科技創新委員會、香港特別行政區政府創新科技署（《共同推進深港青年創新創業基地建設合作協議》）

四　特色創業活動：
青年交流、社會組織、扶持創業

（一）創業交流活動：考察交流、論壇交流

1. 澳門青年創業家廣州南沙深圳考察團[1]

「澳門青年創業家廣州南沙深圳考察團」由青年創業孵化中心主辦、生產力暨科技轉移中心承辦，於 2016 年 11 月 16—17 日組織了 30 多名包括澳門各大青年社團代表及曾進駐青年創業孵化中心免費臨時辦公地點的企業代表等，到廣州南沙深圳考察。該次組織到內地的考察團將協助澳門青年了解內地的孵化中心，支持青年通過區域合作開拓創業平台，協助澳門青年把握在內地創業發展的機遇。[2]

2. 2017 京港澳青年創新創業論壇

「2017 京港澳青年創新創業論壇」由北京市青年聯合會、香港青年聯會、澳門青年聯合會聯合主辦。7 月 9 日，在京實習的港澳大學生以及港澳青年企業家代表、北京高校學生代表、北京市青聯委員和青年創業者代表共 800 餘人參加論壇。論壇邀請業界精英就「創新創業最好的時代」「創業是一種態度，是追求夢想的過程」和「港澳青年在京創業與就業」三個話題展開交流與分享，同時解讀「一帶一路」下的中國資本市場發展與海外投資戰略和人工智能的發展方向，有力地推進和加深了港澳青年對國家發展和科技動態的認識。[3]

1　〈青年創業孵化中心組織青年創業家赴廣州南沙深圳考察〉，2016 年 11 月 17 日，澳門新聞局（http://www.gcs.gov.mo/showNews.php?DataUcn=106175&PageLang=C）。

2　〈800 名京港澳青年交流創新創業〉，《北京日報》2017 年 7 月 10 日第 06 版。

3　同上。

（二）社會組織舉辦的活動：專項基金、創業諮詢、現金資助

1. 深港 ICT 青年創業計劃及粵港 ICT 青年創業計劃

「深港 ICT 青年創業計劃」由香港數碼港管理有限公司（數碼港）、香港資訊科技聯會、深港科技合作促進會及深港產學研基地合辦，旨在透過一系列的商業培訓，為深港信息科技（ICT）青年專才提供合作機會，協助他們踏上成功企業家之路。[4]

粵港 ICT 青年創業計劃（GD - HK ICY YEP）由香港數碼港管理有限公司（數碼港）及廣東軟件行業協會聯合舉辦，計劃目的是資助具有發展潛力的雲計算等信息通信技術領域的商業計劃或概念，鼓勵粵港信息技術領域青年發揮創意，以創新引領粵港青年合作創業。[5] 計劃由數碼港企業發展中心營辦的「數碼港創意微型基金」（CCMF）支持。CCMF 旨在向具備高發展潛力的 ICT 創意或商業概念項目提供現金資助，以鼓勵及發掘創新思維。成功申請者將於 6 個月內，獲發總額 100000 港元現金資助，以實踐其發展構思，印證原創概念，開發原型產品。

2. 上海市大學生科技創業基金會—理大專項基金[6]

2013 年，香港理工大學與上海市大學生科技創業基金會推出「上海市大學生科技創業基金會—理大專項基金」，支持香港理工大學學生及校友在上海、深圳兩地創業。「理大專項基金」為人民幣 600 萬元。理大與基金會兩所機構同意在未來三年內，每年各自投入人民幣 100 萬元，作為創業種子基金。該基金將支持香港理工大學（包括境內合辦課程）的學生及校友在國內（上海及深圳）創業。每個成功獲審批的項目可獲得 20 萬元人民幣作為啟動基金，支持年輕的學生、校友實踐創業夢想。

---

4 深圳大學研究生院網站（http://gra.szu.edu.cn/html/2015/20150511171333.html）。

5 〈助你完成創業夢　粵港 ICT 青年創業計劃訪談〉，2014 年 12 月 9 日（http://nctech.yesky.com/102/41760102.shtml）。

6 〈香港理工大學學生在深圳創業可獲 20 萬啟動基金〉（http://www.gohku.com/article/9803.html）。

3. 數碼港粵港青年創業計劃 7

由數碼港創意微型基金 (跨界計劃) 全力支持，香港資訊科技聯會、深港產學研基地、深港科技合作促進會、廣東軟件行業協會協辦的「數碼港粵港青年創業計劃」旨在支持香港和廣東地區的有志創業人士及信息科技與數碼科技青年專才攜手發展具有創新、創意的數碼科技項目，促進創業文化的交流，把項目落戶於中國內地、香港及海外。

計劃提供總值 100 萬港元種子基金，讓具潛質的信息科技與數碼科技項目及商業點子破殼而出，每個成功申請計劃的項目可獲 10 萬港元資助額。項目在 6 個月計劃期內，將創新概念付諸實踐，建立產品雛形，印證其原創概念。

計劃同時提供全方位的創業支持服務，讓青年釋放潛能，奠定創業基礎，邁向國際。青年透過參與粵港兩地的創業培訓以累積創業經驗及尋找合作夥伴，有助於了解各地創業生態及營商環境，激發具有市場發展潛力的構思及落實項目。數碼港及粵港兩地協辦機構亦會為成功申請計劃的項目提供創業諮詢及投資配對服務。

五　港澳特區政府創業支持政策概覽

港澳特區政府和相關社會組織從 2013 年開始共出台 10 份專門促進港澳青年到內地創業的政策文件 (見表 8)。

7　數碼港網站 (http://www.cyberport.hk/zh_cn/cross-boundary-programme)。

表 8　港澳政府政策匯總

出台時間	出台部門	文件名稱
2013.1	深圳市人民政府科技創新委員會 香港特別行政區政府創新科技署	《共同推進深港青年創新創業基地建設合作協議》
2013.8	澳門特區政府	《青年創業援助計劃》
2015	香港特區政府 (民政事務局和青年事務委員會)	《青年內地實習資助計劃》
2016.6	廣州市南沙區青年聯合會 澳門特區政府 (經濟局)	《關於共同推進廣州南沙、澳門青年創業孵化的合作協議》
2016.11	深圳市政府 澳門特區政府	《關於共同推進深圳、澳門青年創業孵化的戰略合作框架協議》
2017.1	深圳市政府 香港特區政府	《關於港深推進落馬洲河套地區共同發展的合作備忘錄》
2011	香港數碼港管理有限公司 (數碼港) 廣東軟件行業協會	《深港 ICT 青年創業計劃及粵港 ICT 青年創業計劃》
2011	香港數碼港	《數碼港粵港青年創業計劃》
2013	香港理工大學與上海市大學生科技創業基金會	《上海市大學生科技創業基金會—理大專項基金》
2014	前海管理局 深圳市青年聯合會 香港青年協會	《前海青年創新創業夢工場》

資料來源：根據相關政策文件整理。

政策文件中涉及重要定義：

香港青年內地實習資助計劃中的「香港青年」：18—29 歲並持有有效香港永久性居民身份證的青年人。

《共同推進深港青年創新創業基地建設合作協議》中的「深港青年」：20—40 歲香港公民來深創業，成立具有一定研發能力的科技企業或創業服務公司者；20—40 歲內地赴香港留學生來深創業，成立具有一定研發能力的科技企業或創業服務公司者；45 歲以下，目前已經在香港創業，已成立具有一定研發能力的科技企業或創業服務公司者；香港高校在校學生或畢業不超過 5 年，帶着高校產學研項目或自有科技項目，有意來深創業者。

第四章　廣州市政府：依託創新平台、注重政策落地

　　廣州市相關政府部門在支持港澳青年來穗創業上提供了明晰的政策條文。這些政策覆蓋了具體的補貼金額、補貼對象和補貼方法，指明了具體執行計劃的責任單位，其政策條款可落實至每一個在穗創業的港澳團隊或個人。

　　廣州市支持港澳青年創業的另一特點是以多個創新創業平台或基地為依託，這些創業平台和基地由市、區政府和各類單位主辦，具備完善的創業服務和優厚的扶持力度，為港澳青年提供多元的立體發展空間。

　　廣州市政府關於港澳青年創業的政策可以分為物質資本支持、人力資本支持、技術資訊支持、社會資本支持和公共服務支持五大類（見表9）。

表 9　廣州市政策類別分析

政策類型	具體內容
一　物質資本支持	
（一）財務資源	創業啟動資金扶持； 創業活動財務補貼； 市場融資支持； 創業孵化基地運營補貼
（二）實物資源	免費辦公場地支持； 房屋補貼
二　人力資本支持	人才招聘服務； 打造人才服務交流平台
三　技術資訊支持	提供產學研相關資源共享
四　社會資本支持	提供政府宣傳推介服務
五　公共服務支持	經濟性公共服務； 社會性公共服務

資料來源：根據相關政策文件整理。其中廣東自貿區的相關政策，將在第七章詳細分析。

一 物質資本支持：
項目資金、基地補貼、租金補貼

（一）財務資源：啟動資金、創業資助、運營補貼

1. 創業啟動資金扶持

廣州創業大賽獎勵：獲得「贏在廣州」創業大賽三等獎以上獎次或優勝獎，並於獲獎之日起兩年內在本市領取工商營業執照或其他法定註冊登記手續的優秀創業項目。創業項目按以下標準給予一次性資助：1 一等獎：20萬元；2 二等獎：15 萬元；3 三等獎：10 萬元；4 優勝獎：5 萬元。

　　——廣州市人力資源和社會保障局、廣州市財政局（《廣州市創業帶動就業補貼辦法》）

廣州優秀項目補貼：面向全社會徵集，經專家評審團評估認定後，納入創業項目資源庫的創業項目（連鎖加盟類除外），按每個項目 2000 元標準給予申報者創業項目徵集補貼。

　　——廣州市人力資源和社會保障局、廣州市財政局（《廣州市創業帶動就業補貼辦法》）

番禺區「青藍計劃」扶持：對港澳臺青年創新創業基地內註冊（遷入）並實際運營滿 3 個月以上的港澳臺青年創業企業項目，按照參加區「青藍計劃」評審的情況，一次性給予 5 萬—20 萬元創業啟動資金扶持。

　　——廣州市番禺區政府（《建設廣州大學城港澳臺青年創新創業基地實施方案》）

天河區落戶獎勵：每個創新創業支持項目給予 10 萬元人民幣落戶獎勵。該獎勵採取前期資助方式，獲得支持的項目在天河區註冊成為獨立法人企業後可獲得落戶獎勵。

　　——廣州市天河區科技工業和信息化局（《廣州市天河區推動港澳青年創新創業發展實施辦法》）

2. 創業活動財務補貼

廣州創業經營資助：在本市領取工商營業執照或其他法定註冊登記手續，本人為法定代表人或主要負責人，正常經營 6 個月以上的，每戶給予一次性創業資助 5000 元。

　　—— 廣州市人力資源和社會保障局、廣州市財政局（《廣州市創業帶動就業補貼辦法》）

廣州創業培訓補貼：到市人力資源社會保障行政部門認定的創業培訓定點機構參加 SIYB 創業培訓和創業模擬實訓，並取得合格證書的，給予 SIYB 創業培訓補貼 1000 元和創業模擬實訓補貼 800 元。

　　—— 廣州市人力資源和社會保障局、廣州市財政局（《廣州市創業帶動就業補貼辦法》）

番禺區會展補貼：經區「青藍計劃」評審出的在我區註冊獨立法人資格的港澳臺青年創業企業，參加區政府（或經區政府批准）舉辦或組織參加的各類國內外會展，按展位費的 50% 給予補貼。每家企業最高補貼 3 萬元 / 年，可連續補貼 2 年。

　　—— 廣州市番禺區政府（《建設廣州大學城港澳臺青年創新創業基地實施方案》）

3. 市場融資支持

番禺區創業基金支持：在已獲得創業啟動資金扶持的港澳臺青年創新創業項目中，對成長性較好、市場前景明朗並獲得市場風投機構投資的項目，由區戰略性新興產業創業投資引導基金進行跟進投資，支持創業團隊做大做強。

　　—— 廣州市番禺區政府（《建設廣州大學城港澳臺青年創新創業基地實施方案》）

番禺區「青藍計劃」基金支持：創業孵化基地運營補貼對成長性較好、市場前景明朗並已獲得市場風投機構投資的項目，按照《番禺區戰略性新興產業創業投資引導基金管理暫行辦法》的有關規定進行跟進投資。每年跟進

投資的名額不超過 20 個。同時，上述項目將獲優先推薦註冊在我區的社會專業股權投資機構，為成熟項目提供市場融資支持。

——廣州市番禺區科工商信局（《2017 年廣州市番禺區產業領軍人才集聚工程各項目申報及「高層次人才服務卡」申領公告——「青藍計劃」創業項目申報指南》）

4. 創業孵化基地運營補貼

廣州創業孵化補貼：為創業者提供 1 年以上期限創業孵化服務（不含場租減免），並由市人力資源和社會保障行政部門認定的創業孵化基地，按實際孵化成功（在本市領取工商營業執照或其他法定註冊登記手續）戶數，按每戶 3000 元標準給予創業孵化補貼。

——廣州市人力資源和社會保障局、廣州市財政局（《廣州市創業帶動就業補貼辦法》）

廣州創業基地補貼：對新認定的市級示範性創業孵化基地，認定後給予 10 萬元補貼。認定後按規定參加評估並達標的，一次性給予 20 萬元補貼。

——廣州市人力資源和社會保障局、廣州市財政局（《廣州市創業帶動就業補貼辦法》）

廣州創業基地補貼：各級公共就業創業服務機構向創業者推介「廣州市創業項目資源庫」項目，並提供包括創業培訓、創業補貼申領、營業執照辦理等「一站式」創業指導服務，直至開業成功，給予對接及追蹤服務補貼 1000 元 / 個。

——廣州市人力資源和社會保障局、廣州市財政局（《廣州市創業帶動就業補貼辦法》）

番禺區創業基地補貼：支持港澳臺青年創新創業基地示範點（英諾創新空間）建設運營。對英諾創新空間赴港澳臺洽談合作，舉辦交流會、集訓營、投融資對接會以及線上線下宣傳推介等，給予支持。第一年給予 30 萬元補貼，英諾創新空間保證引進孵化港澳臺青年創業項目 5 個以上，其中獲得風險投資的 2 個以上。之後每年根據上年度經費使用績效評估情況給予合理補貼。

　　——廣州市番禺區政府（《建設廣州大學城港澳臺青年創新創業基地實施方案》）

　　番禺區創業孵化補貼：支持港澳臺青年創新創業基地示範點為港澳臺青年創業團隊提供免費創業孵化服務，提供 1 年以上免費創業孵化服務的，按每個團隊給予示範點一次性 3000 元補貼，年度補貼金額最高不超過 3 萬元。

　　——廣州市番禺區政府（《建設廣州大學城港澳臺青年創新創業基地實施方案》）

（二）實物資源：租金補貼、免費場地

1. 免費辦公場地支持

　　番禺區免費經營場地：經區「青藍計劃」評審出的港澳臺青年創新創業項目，且企業註冊在港澳臺青年創新創業基地示範點的，可獲得最長 1 年、面積不高於 50 平方米的免費經營場地支持。

　　——廣州市番禺區政府（《建設廣州大學城港澳臺青年創新創業基地實施方案》）

2. 房屋補貼

　　廣州市場地租金補貼：在本市租用經營場地創辦初創企業並擔任法定代表人或主要負責人的，可申請租金補貼。租金補貼直接補助到所創辦企業，每戶每年 4000 元，累計不超過 3 年。

　　——廣州市人力資源和社會保障局、廣州市財政局（《廣州市創業帶動就業補貼辦法》）

　　天河區場地租金補貼：企業成立時間滿 12 個月後可申報租金補貼（須提供租賃合同和發票等有關材料）。自簽訂租賃合同之日起計算，前 6 個月對項目辦公場地給予 100% 租金補貼，後 6 個月給予 50% 租金補貼；單個項目補貼總金額最高不超過 10 萬元人民幣。

　　——廣州市天河區科技工業和信息化局（《廣州市天河區推動港澳青年創新創業發展實施辦法》）

　　番禺區租房補貼：對入駐港澳臺青年創新創業基地示範點的港澳臺創業青年，給予最長不超過 2 年的租房補貼。實際租房滿 3 個月以上的港澳台青年，第一年按照房租的 70% 給予補貼，第二年按照房租的 50% 給予補貼，每人補貼金額最高不超過 1000 元 / 月。

　　—— 廣州市番禺區政府（《建設廣州大學城港澳臺青年創新創業基地實施方案》）

二　人力資本支持：人才招聘、人才交流、人才聯盟

（一）人才招聘服務：創業企業、免費招聘

　　番禺區人才招聘：政府提供免費人才招聘服務。在番禺區註冊獨立法人資格的港澳臺青年創業企業，2 年內可免費參加區人力資源和社會保障部門組織的大型人才招聘會，免費在區官方人才網上發佈招聘信息。

　　—— 廣州市番禺區政府（《建設廣州大學城港澳臺青年創新創業基地實施方案》）

　　大學生創業企業兩年內可免費參加區人社部門組織的大型人才招聘會，免費在番禺區官方人才網上發佈招聘信息。

　　—— 廣州市番禺區科工商信局（《2017 年廣州市番禺區產業領軍人才集聚工程各項目申報及「高層次人才服務卡」申領公告——「青藍計劃」創業項目申報指南》）

（二）打造人才服務交流平台：人才聯盟、資源優化配置

　　番禺區人才聯盟：立足番禺區現有的各產業園區、企業、科研機構和大學城各高校的人才資源，為各類人才搭建人才交流活動平台。以人才聯盟為主體定期舉辦「小谷圍人才論壇」，面向全國乃至全球大力招才引才。搭建

人才引進、人才資源優化配置及各種市場資源高效對接的綜合服務平台。

  —— 廣州市番禺區政府(《番禺區關於加強廣州大學城創新人才資源合作與開發的制度》)

三 技術資訊支持: 項目孵化、資源需求對接

  番禺區技術支持服務:實現高效率的技術、信息、項目等資源需求對接服務。推動各科技企業孵化器、眾創空間示範點與廣州大學城高校、港澳臺高校以及港澳臺科技園區、行業協會、風投機構等合作。強化創業項目、人才、技術等資源的定向配對、定向輸送。

  —— 廣州市番禺區政府(《建設廣州大學城港澳臺青年創新創業基地實施方案》)

四 社會資本支持: 宣傳推介、搭線企業

  番禺區政府推介服務:政府有關部門在招商引資、赴港澳臺交流、接待國內外考察團等活動中,積極宣傳推介港澳臺青年創新創業基地及港澳臺青年創業企業,為港澳臺青年創新創業平台和企業牽線搭橋、創造商機。

  —— 廣州市番禺區政府(《建設廣州大學城港澳臺青年創新創業基地實施方案》)

五　公共服務支持：
工商服務、綠色通道

番禺區工商服務支持：提供工商註冊便利服務。區市場監管部門設置港澳台青年創新創業「綠色通道」，為港澳臺青年創業提供快捷註冊登記服務。

——廣州市番禺區政府（《建設廣州大學城港澳臺青年創新創業基地實施方案》）

六　特色創業平台：
創業基地示範點、資源集聚

在政府政策的支持下，廣州市建立了 5 個針對港澳青年創業的創業平台（見表 10）。

表 10　廣州市創業平台

時間	名稱	所在地
2015. 4	粵港澳（國際）青年創新工場	廣州市南沙區香港科技大學霍英東研究院
2015. 10	「創匯谷」粵港澳青年文創社區	廣州市南沙區
2016. 6	荔港澳青年創新創業孵化基地	廣州市荔灣區青年公園
2017. 1	廣州大學城港澳臺青年創新創業基地示範點	廣州市番禺區英諾創新空間
2017. 3	天河區港澳青年創業基地	廣州市天河區珠江新城 ATLAS 寰圖辦公空間

資料來源：根據相關政策文件整理。

（一）荔港澳青年創新創業孵化基地

荔港澳青年創新創業孵化基地於 2016 年 7 月在青年公園啟動，將為荔港澳青年創新創業提供辦公場地、政策扶持、項目孵化等支持。隨着青創園在該地正式落地，青創園的路演中心、眾創空間、展示中心三部分將成為省

市區政策服務平台、高端資源聚集平台和「技術 + 資本 +×」平台，通過「一站式」創業服務生態體系和品牌服務，將引導荔港澳青年開展創新性強、前瞻性好的創業項目，扶持培育科技含量高、商業模式新的創業團隊。[8]

（二）廣州大學城港澳臺青年創新創業基地示範點

廣州大學城港澳臺青年創新創業基地示範點坐落於廣州英諾創新空間。該基地示範點的建設思路是選取若干條件比較成熟的科技企業孵化器和眾創空間作為試點，逐個打造示範點，爭取用 5 年時間，建成一批功能完備、特色鮮明、資源共享、互聯互通的示範點，支撐廣州大學城成為國內一流的港澳臺青年創新創業基地。

依託於番禺區扶持港澳臺青年創新創業的最新政策，該基地將涵蓋資金、融資、場地、租房、實習實訓、孵化器服務、會展、招聘、工商註冊、宣傳推介、港澳臺青年創新創業基地示範點（英諾創新空間）建設運營等 11 個方面，全面支持港澳臺青年的創新創業。[9]

（三）天河區港澳青年創業基地

2017 年 6 月，天河區港澳青年創業基地正式落戶珠江新城 ATLAS 寰圖辦公空間，將根據《廣州市天河區推動港澳青年創新創業發展實施辦法》，該基地將通過與政府相關部門對接，支持港澳創新創業項目在天河落地孵化。

天河區的港澳青年將可以享受到空間提供的辦公間租金優惠，以及工商商事登記、法律顧問諮詢、人事外包等服務，同時包括前期的本地資源的諮

---

8 〈荔灣青創園落地　未來將助力青年創業〉，2017 年 3 月 28 日，金羊網（http://news.163.com/17/0328/16/CGKKEN3L00014AEE.html）。

9 〈廣州大學城港澳臺青年創新創業基地示範點掛牌〉，2017 年 1 月 14 日，南方網（http://kb.southcn.com/content/2017-01/14/content_163706012.htm）

詢及企業發展的商務諮詢服務。[10]

七　特色創業活動：青年交流、項目扶持、大學生創業大賽

（一）創業交流活動：交流學習、探討環境、探索機遇

1. 穗港澳青年創業季

廣州市政府港澳辦指導，「千人計劃」南方創業服務中心主辦，香港青年創業軍及點子創業吧共同協辦的穗港澳青年創業季於 2015 年 7 月啟動，首場活動「創業中國 —— 穗港澳青年創業吧」在南創中心舉行。香港特區政府駐粵辦副主任、市港澳辦相關負責人以及 130 多名來自香港、澳門和廣州的青年創業精英、企業家、創投機構代表以及媒體記者參加了活動，共同探討、分享和交流了兩地創業環境的實際情況，為謀求三地青年創業的新發展助力。[11]

2.「自貿向心力・青年同心圓」穗港澳青年創新創業交流活動

該活動由廣州市青年聯合會、廣州市人民政府港澳事務辦公室、廣州海外聯誼會主辦。來自穗港澳三地的青年專才代表、行業協會、青年團體代表共 60 餘人參與。在為期三天的活動中，穗港澳三地青年一行先後參觀廣汽豐田汽車製造車間、南沙區明珠灣展覽中心和「創匯谷」粵港青年文創社區，並前往廣州眾創 5 號空間、UC 優視公司及 1918 青年創業社區等地進行交流學習。[12]

---

10 〈天河區港澳青年創業基地落戶 CBD〉，2017 年 6 月 26 日，《南方都市報》（http://epaper.oeeee.com/epaper/G/html/2017-06/26/content_40679.htm）。

11 廣州市人民政府外事辦公室：〈穗港澳青年創業季啟動儀式在穗順利舉行〉，2015 年 7 月 29 日（http://www.gzfao.gov.cn/item/8743.aspx）。

12 〈「自貿向心力　青年同心圓」穗港澳青年創新創業交流圓滿結束〉，2016 年 12 月 15 日，《廣州青年報》（http://www.gzyouthnews.com/view/2171）。

　　活動以創新創業為主題會聚穗港澳三地優秀青年創業者，通過青年人之間充分表達真知灼見，為推動三地合作和發展建言獻策，共同探索新領域和新機遇，將在南沙自貿區建設之機，開創穗港澳青年創業創新的新局面。[13]

（二）創業項目：青藍計劃、選拔扶持、落戶獎勵

1. 青藍計劃

　　2017 年，番禺區政府設立的「青藍計劃」創業項目重點對在番禺區創新創業和就業的廣州大學城青年人才、港澳臺青年及海歸人才的約 100 個創業項目進行扶持，計劃每年投入 2000 萬元。根據《2017 年番禺區「青藍計劃」創業項目申報指南》，凡創業項目參與區「青藍計劃」評審，最高可獲 20 萬元一次性扶持資金。項目可提供免費場地以及租房補貼、會展補貼、免費人才招聘等。此外，將在 100 個扶持項目中選擇 20 個以內跟進投資，這些項目將獲優先推薦註冊在番禺區的社會專業股權投資機構，為成熟項目提供市場融資支持。[14]

2.「天英匯」港澳青年創新創業項目大賽

　　廣州「天英匯」港澳青年創新創業項目大賽即「天英匯」國際創新創業大賽，是由天河區政府、廣州市科技創新委聯合各大產業園區、孵化器、眾創空間以及各大投資機構、專業服務機構共同打造的創新創業服務平台。大賽始創於 2015 年 9 月，至今已連續舉辦兩屆，累計參賽項目和團隊達 2800 多個，挖掘培育出大批優秀項目。

　　該比賽不僅為港澳青年提供創新創業的平台，還是港澳青年申請天河區創業補貼的重要指標之一。根據《廣州市天河區推動港澳青年創新創業發展實施辦法》，同一項目可同時獲得落戶獎勵和租金補貼兩項支持，每個支持

13　廣東工貿職業技術學院：〈廣東工貿學子參加穗港澳青年創新創業交流會〉，2017 年 1 月 5 日（http://www.gdzsxx.com/news/dx/201701/109373.html）。

14　《2017 年番禺區「青藍計劃」創業項目申報指南》，2017 年 5 月 5 日，廣州市番禺區生產力促進中心（http://www.ppcpy.com/share_detail/newsId%3D1309.html）。

項目給予 10 萬元人民幣落戶獎勵。而申請上述補貼的最重要途徑，就是參與「天英匯」大賽，排名前 10% 的項目將獲相應補貼。[15]

（三）創業大賽：匯聚項目、對接市場、牽線搭橋

粵港澳臺大學生創新創業大賽（原海峽兩岸暨香港、澳門大學生創新創業大賽）由廣州市番禺區人民政府等單位主辦，廣州大學城管理委員會等單位承辦。大賽自落戶廣州大學城起，在番禺區政府、廣州大學城管委會的領導與支持下一直致力於為兩岸創業青年搭建溝通橋樑。獲獎隊伍可獲得大賽獎金 + 政策扶持 + 創投基金 + 產業對接 + 創新服務支持。如今，過往三屆大賽已打出響亮的賽事品牌、匯聚了 1200 多項優質的兩岸創新項目，扶持引導了 600 多項港澳臺創客項目對接市場[16]，成為企業尋找高校創新人才、創業青年對接市場的雙向車道。

八　廣州市政府創業支持政策概覽

廣州市政府相關部門從 2009 年開始共出台 10 份專門促進港澳青年創業的政策文件（見表 11）。

表 11　廣州市政府政策匯總

出台時間	出台部門	文件名稱
2009. 3	廣州市青聯 香港青年聯會 香港菁英會 國際青年商會香港總會 澳門中華總商會	《穗港澳促進青年就業創業合作框架協議》

---

15 〈2017 廣州天英匯國際創新創業大賽啟動：千萬獎金誠邀全球創客〉，《南方日報》2017 年 4 月 27 日。

16 〈粵港澳臺大學生創新創業大賽啟動〉，2017 年 5 月 12 日，《廣東科技報》(http://epaper.gdkjb.com/html/2017-05/12/content_4_3.htm)。

續表

出台時間	出台部門	文件名稱
2014.7	廣州市第十四屆人民代表大會常務委員會	《廣州市南沙新區條例》
2015.10	廣州市南沙區政府	《廣州南沙新區、中國(廣東)自由貿易試驗區廣州南沙新區片區集聚高端領軍人才和重點發展領域急需人才暫行辦法》
2015.11	廣州市人力資源和社會保障局廣州市財政局	《廣州市創業帶動就業補貼辦法》
2016.6	南沙青年聯合會澳門經濟局	《關於共同推進廣州南沙、澳門青年創業孵化合作協議》
2016.12	廣州市番禺區政府	《番禺區關於加強廣州大學城創新人才資源合作與開發的制度》
2017.1	廣州市番禺區政府	《番禺區扶持港澳臺青年創新創業政策》
2017.2	廣州市番禺區政府	《建設廣州大學城港澳臺青年創新創業基地實施方案》
2017.3	廣州市天河區科技工業和信息化局	《廣州市天河區推動港澳青年創新創業發展實施辦法》
2017.4	廣州市番禺區科工商信局	《2017年廣州市番禺區產業領軍人才集聚工程各項目申報及「高層次人才服務卡」申領公告——「青藍計劃」創業項目申報指南》

資料來源：根據相關政策文件整理。其中廣東自貿區的相關政策，將在第七章詳細分析。

政策文件中涉及重要定義：

廣州天河區港澳青年：是指年齡在 18—45 歲之間（含 18 歲、45 歲）的港澳籍人士或正在港澳高校學習且學習時間超過 3 年的非港澳籍人士。（《廣州市天河區推動港澳青年創新創業發展實施辦法》）

廣州番禺區港澳臺青年：是指在番禺區內創業就業、年齡在 18—45 周歲的港澳臺居民。

港澳臺青年創業企業：是指以港澳臺青年獨資、合資或合夥等形式註冊（或遷入）並持續有效運營，符合本區產業發展的各類企業。（《建設廣州大學城港澳臺青年創新創業基地實施方案》）

第五章　深圳市政府：重視人才扶持、
　　　　鼓勵創客服務、對接香港青年

　　深圳政府出台了眾多支持港澳青年來深創業的政策，包括具體可落實的、適用於港澳創業青年的優惠政策和人才計劃等，同時，依託眾多創新創業基地為港澳青年提供發展空間。除此之外，深圳在支持港澳青年創業方面還有以下幾個特點：首先，深圳作為創新創業高地，集聚眾多高科技和現代服務業人才，市、區政府更加強調創客發展，大力鼓勵創客空間的建設和創客服務的提升，着力打造由創新創業氛圍引導的外部環境。其次，深圳接連香港，大大方便了香港青年赴深創業，因此深圳的相關政策、創業平台、創業活動部分明顯面向香港青年或對香港青年更具吸引力。

　　深圳市政府關於港澳青年創業的政策可以分為物質資本支持、人力資本支持、技術資訊支持、社會資本支持、公共服務支持五大類（見表 12）。

表 12　深圳市政策類型分析

政策類型	具體內容
一　物質資本支持	
（一）財務資源	項目資金扶持； 人才資金補助； 市場融資支持； 科技創新補貼； 創業服務獎補
（二）實物資源	場地支持； 房屋補貼； 人才公寓
二　人力資本支持	打造人才集聚發展平台； 打造人才交流合作平台
三　技術資訊支持	推動科技資源支持創業； 完善科學技術配套服務

續表

政策類型	具體內容
四　社會資本支持	吸引社會資金支持創業； 整合社會資源指導創業； 營造創新創業文化環境
五　公共服務支持	經濟性公共服務； 社會性公共服務

資料來源：根據相關政策文件整理。

一　物質資本支持：項目資金、 融資扶持、創客空間

（一）財務資源：專項資金、創新券、創客空間補貼

1. 項目資金扶持

深圳創業項目資金資助：支持創客、創客團隊在深圳發展，建立創客自由探索支持機制。對符合條件的創客個人、創客團隊項目，予以最高 50 萬元資助。辦好中國（深圳）創新創業大賽，廣聚國內外創客和創客團隊。對競賽優勝者按深圳市人才引進相關規定辦理入戶，對其在深圳實施競賽優勝項目或者創辦企業予以最高 100 萬元資助，並可優先入駐創新型產業用房。

　　—— 深圳市人民政府 [《深圳市關於促進創客發展的若干措施（試行）》]

羅湖區創業資金扶持：對 C 類「菁英人才」經過申報、現場考察和評價的創業項目給予 20 萬元人民幣的一次性創業補貼。

　　—— 深圳市羅湖區人民政府（《深圳市羅湖區人民政府印發關於實施高層次產業人才「菁英計劃」的意見及三個配套文件的通知》）

2. 人才資金補助

深圳創新創業人才專項資金：加大人才創新創業獎勵力度。完善市長獎、自然科學獎、技術發明獎、科技進步獎、青年科技獎、專利獎、標準獎等獎勵辦法。市財政每年安排專項資金不少於 10 億元，對在產業發展與自主創新方面做出突出貢獻的人才給予獎勵。

—— 中共深圳市委、深圳市人民政府（《關於促進人才優先發展的若干措施》）

深圳高層次人才獎勵補貼：對引進的海外高層次人才，給予 80 萬—150 萬元的獎勵補貼。

—— 中共深圳市委、深圳市人民政府（《中共深圳市委　深圳市人民政府關於實施引進海外高層次人才「孔雀計劃」的意見》）

前海創新創業人才發展引導資金：創新前海人才認定和扶持政策。探索以市場化方式認定前海高端和緊缺人才。每年從前海產業發展資金中安排一定比例的資金作為人才發展引導資金，用於人才開發，支持境內外人才在前海創新創業。

—— 中共深圳市委、深圳市人民政府（《關於促進人才優先發展的若干措施》）

3. 市場融資支持

深圳推動創新金融服務：創新金融服務，實現產融互動：優化資本市場；創新銀行支持方式；豐富創業融資新模式。擴大創業投資，支持創業起步成長：擴大創業投資，支持創業起步成長；拓寬創業投資資金供給渠道；發展國有資本創業投資；推動創業投資「引進來」與「走出去」。

—— 深圳市人民政府（《深圳市人民政府關於大力推進大眾創業萬眾創新的實施意見》）

探索設立科技創新銀行、科技創業證券公司等新型金融機構，為創新型企業提供專業金融服務。組建金融控股集團，引進固化優質金融資源。鼓勵銀行業金融機構加強差異化信貸管理，放寬創新型中小微企業不良貸款容忍率至 5%。支持開展知識產權質押貸款、信用貸款等金融創新業務。開展投貸聯動試點，支持有條件的銀行業金融機構與創業投資、股權投資機構合作，為創新型企業提供股權和債權相結合的融資服務。鼓勵企業通過上市、再融資、併購重組等多種方式籌措資金，提高直接融資比重。利用深交所創業板設立的單獨層次，支持深圳尚未贏利的互聯網和高新技術企業上市融

資。深化外商投資企業股權投資（QFLP）試點，鼓勵境外資本通過股權投資等方式支持本市創新型企業發展。開展股權眾籌融資試點，支持科技型企業向境內外合格投資者募集資金。規範發展網絡借貸，拓寬創新型中小微企業融資渠道。

　　——中共深圳市委、深圳市人民政府（《關於促進科技創新的若干措施》）

　　羅湖區創業融資扶持：完善人才創業融資扶持體系，充分發揮羅湖互聯網產業基金的融資功效，引導創投企業支持人才創業和項目研發；探索設立鼓勵人才創新創業的天使基金，引導社會資本投資人才項目和企業，培育、孵化一批具有成長潛力的優質創業項目。鼓勵符合條件的人才創辦企業利用資本市場，對完成股改、掛牌、上市的人才創辦企業給予一定扶持。甄選重點金融機構，建立戰略合作體系，鼓勵金融機構加大對人才創業企業和項目的信貸融資支持。創業融資扶持由區投資推廣局負責。

　　——深圳市羅湖區人民政府（《深圳市羅湖區人民政府印發關於實施高層次產業人才「菁英計劃」的意見及三個配套文件的通知》）

　　4. 科技創新補貼

　　深圳發放科技創新券：繼續實施科技創新券制度，向符合條件的中小微企業和創客發放創新券，用於向科技服務業、高等院校、科研機構和科技服務機構購買科技服務。

　　——深圳市人民政府（《深圳市人民政府關於大力推進大眾創業萬眾創新的實施意見》）

　　支持創客向各類機構購買科技服務。對符合條件的創客空間發放科技創新券，用於創客購買科技服務，單個創客空間年度發放額度最高 100 萬元。

　　——深圳市人民政府 [《深圳市關於促進創客發展的若干措施（試行）》]

　　5. 創業服務獎補

　　深圳創客服務組織資助：支持創客組織、創客服務行業組織等民間非營利組織發展。鼓勵其承接政府轉移職能，提供公益性培訓、諮詢、研發和推

介等服務。對符合條件的服務項目按實際發生合理費用予以最高 100 萬元事後資助。

—— 深圳市人民政府 [《深圳市關於促進創客發展的若干措施（試行）》]

深圳創客空間補貼：（1）支持各類機構建設低成本、便利化、全要素、開放式的創客空間。對新建、改造提升創客空間，或引進國際創客實驗室的，予以最高 500 萬元資助。（2）支持創客空間減免租金為創客提供創新創業場所。對符合條件的單個創客空間予以最高 100 萬元資助。（3）支持創客空間完善軟件、硬件設施，提升服務功能和服務能力。對創客空間用於創客服務的公共軟件、開發工具和公用設備等，予以不超過購置費用、最高 300 萬元資助。

—— 深圳市人民政府 [《深圳市關於促進創客發展的若干措施（試行）》]

深圳創客公共服務平台資助：支持各類機構充分應用互聯網技術，實現創新、創業、創投、創客聯動，線上與線下、孵化與投資相結合，構建開放式的創新創業綜合服務平台。對符合條件的服務平台予以最高 300 萬元資助。

—— 深圳市人民政府 [《深圳市關於促進創客發展的若干措施（試行）》]

（二）實物資源：產業用房、房屋補貼、人才公寓

1. 場地支持

深圳創客社區網絡：支持各區和社會機構，利用社區活動中心、社區圖書館等公共活動場所提供小型開發工具和展示空間，營造創客社區網絡。

—— 深圳市人民政府 [《深圳市關於促進創客發展的若干措施（試行）》]

深圳創新型產業用房：按照政府主導、市區聯動、企業參與的原則，加大創新型產業用房的建設，按照有關政策以優惠價格出租或出售給創新型企業。鼓勵各區在規劃許可前提下，盤活庫存、閒置的商業用房、行業用房、庫房、物流設施等，為創業者提供創業場所，有條件的可改造為創業園區，並配套建設為園區創業者服務的低居住成本宿舍。

—— 深圳市人民政府 (《深圳市人民政府關於大力推進大眾創業萬眾創新的實施意見》)

2. 房屋補貼

深圳創業者租房補貼：鼓勵各區通過財政補貼、發放租房券等方式，支持創業者租賃住房。

—— 深圳市人民政府 (《深圳市人民政府關於大力推進大眾創業萬眾創新的實施意見》)

深圳創客租房補貼：創客人才按照《深圳市人才安居辦法》的規定享受相關優惠政策。支持各區為創客提供公共租賃住房。

—— 深圳市人民政府 [《深圳市關於促進創客發展的若干措施 (試行)》]

羅湖區房屋補貼：按照每月 5000 元人民幣的標準給予每個 C 類「菁英人才」創業項目工作場所物業補貼，補貼期在企業存續時間內不超過 3 年。

—— 深圳市羅湖區人民政府 (《深圳市羅湖區人民政府印發關於實施高層次產業人才「菁英計劃」的意見及三個配套文件的通知》)

3. 人才公寓

深圳人才公寓房：大力建設人才公寓。未來五年市區兩級籌集提供不少於 1 萬套人才公寓房，提供給海外人才、在站博士後和短期來深工作的高層次人才租住，符合條件的給予租金補貼。推廣建設青年人才驛站。

—— 中共深圳市委、深圳市人民政府 (《關於促進人才優先發展的若干措施》)

二　人力資本支持：
人才集聚、人才合作

深圳深港聯合引才育才機制：每年舉辦深港行業協會人才合作活動。選聘香港專業人士到前海管理局及所屬機構任職。

—— 中共深圳市委、深圳市人民政府（《關於促進人才優先發展的若干措施》）

三　技術資訊支持：技術平台、深港合作、產業配套

（一）推動科技資源支持創業：深港合作、向創客開放

深圳支持向創客開放技術資源：政府建設的科技基礎設施，以及利用財政資金購置的重大科學儀器設備按照成本價向創客開放。支持企業、高等院校和科研機構向創客開放其自有科研設施。

—— 深圳市人民政府 [《深圳市關於促進創客發展的若干措施（試行）》]

深港加強「深港創新圈」科技合作和創新要素整合：加強兩地創新人才、設備、項目信息資源的交流與共享，雙方合作建立統一的深港科技資源信息庫；整合創新資源，支持創新合作。在粵港科技合作的框架下，雙方政府共同出資支持兩地企業和科研機構合作開展創新研發項目，實行共同申報、共同評審，並共同促進其產業化；充分利用雙方現有公共技術平台，雙方企業和單位可平等共享這些公共技術平台資源；鼓勵和支持雙方機構建立聯合實驗室。鼓勵和支持雙方科技中介服務機構的合作，並赴對方設立分支機構。

—— 香港特別行政區政府、深圳市人民政府（《香港特別行政區政府與深圳市人民政府關於「深港創新圈」合作協議》）

深港加強高校、企業、機構與創新創業基地的合作交流：充分發揮香港高校及科研機構密集、源頭創新資源豐富和深圳良好的產業化基礎及輻射珠三角的地理優勢，積極鼓勵深港兩地高新科技基礎良好、創業氛圍明顯的企業或機構（單位）透過深港青年創新創業基地加強合作，共同搭建兩地青年交流創業的新平台。鼓勵香港高校深圳產學研基地及香港科研機構深圳分支機構發揮聯繫橋樑作用，支持內地及香港青年通過深港合作的平台，特別是

深港青年創新創業基地，推動兩地科技創新發展。香港科學園的實驗室服務設施可提供技術支持。

　　—— 深圳市人民政府科技創新委員會、香港特別行政區政府創新科技署（《關於共同推進深港青年創新創業基地建設合作協議》）

（二）完善科學技術配套服務：產業配套、整合資源

　　深圳科技創新產業配套服務：產業配套全程化：為創新創業者提供工業設計、檢驗檢測、模型加工、知識產權、專利標準、中試生產、產品推廣等研發製造服務，實現產業鏈資源開放共享和高效配置。產業配套服務個性化：整合專業領域的技術、設備、信息、資本、市場、人力等資源，為創新型企業提供高端化、專業化和定製化的增值服務。

　　—— 中共深圳市委、深圳市人民政府（《關於促進科技創新的若干措施》）

四　社會資本支持：創業基金、創客交流、專家團隊

（一）吸引社會資金支持創業：投資引導、創新創業基金

　　深圳吸引社會資本參與創新創業：市、區人民政府可以發揮政府投資引導資金的引導作用，吸引社會資本參與，設立人才創新創業基金，通過階段性持有股權等多種方式，支持海內外創新創業人才在本市創新創業。

　　—— 深圳市人民代表大會常務委員會（《深圳經濟特區人才工作條例》）

（二）整合社會資源指導創業：創業交流活動、創客輔導

　　深圳鼓勵相關機構提供創業交流和輔導：鼓勵協會、企業、創客空間運營機構等社會力量舉辦創業交流活動。鼓勵資深創客、知名創客，青年企業

家協會、婦女企業家協會等協會專業人士加入創業指導專家團隊，為初創企業提供創業輔導。

　　—— 深圳市人民政府（《深圳市人民政府關於大力推進大眾創業萬眾創新的實施意見》）

（三）營造創新創業文化環境：創客文化、創客交流

　　深圳營造創客文化環境：營造創新、開放、互聯、共享的創客創新文化氛圍。支持基於開放源代碼許可協議的軟件、硬件開發，鼓勵軟件、硬件供應商向創客開放接口、平台和開發工具，促進創客加入和集聚。……支持各類機構在本市組織創客交流活動，鼓勵國際創客、創客團隊、創客組織在本市舉辦創客交流活動。對符合條件的交流活動按實際發生合理費用予以最高300 萬元事後資助。

　　—— 深圳市人民政府 [《深圳市關於促進創客發展的若干措施（試行）》]

五　公共服務支持：
人才優先、本市户籍待遇

（一）經濟性公共服務：境外專業人才、創客行政審批

　　深圳支持港澳專業服務進入前海：吸引境外專業人士提供專業服務。在前海蛇口自貿片區探索建立境外專業人才職業資格准入負面清單。爭取上級支持，允許具有港澳執業資格的金融、規劃、設計、建築、會計、教育、醫療等專業人才，經市政府相關部門或前海管理局備案後，直接為區域內的企業和居民提供專業服務，條件成熟時爭取將提供服務的範圍擴大至全市。

　　—— 中共深圳市委、深圳市人民政府（《關於促進人才優先發展的若干措施》）

　　深圳創客活動審批服務：加大涉及創客活動的行政審批清理力度，保留

的行政審批應當依法公開，公佈目錄清單。

　　—— 深圳市人民政府 [《深圳市關於促進創客發展的若干措施 (試行)》]

　　深港合作提高知識產權服務：加強雙方在知識產權管理、保護和使用方面的交流與合作，為自主創新提供有效保障。

　　—— 香港特別行政區政府、深圳市人民政府 (《香港特別行政區政府與深圳市人民政府關於「深港創新圈」合作協議》)

(二) 社會性公共服務：住房公積金、醫療教育保障

　　深圳境外人才住房公積金政策：在深圳市工作的外籍人才、獲得境外永久 (長期) 居留權人才和港澳臺人才，符合條件的，在繳存、提取住房公積金方面享受市民同等待遇。

　　—— 中共深圳市委、深圳市人民政府 (《關於促進人才優先發展的若干措施》)

　　深圳高層次人才子女入學便利：深圳市高層次人才的非本市戶籍子女在本市就讀義務教育階段和高中階段學校，享受本市戶籍學生待遇。對在深圳市投資並對經濟社會發展做出貢獻的外籍和港澳臺投資者，其子女入學享受深圳市高層次人才子女入學待遇。

　　—— 中共深圳市委、深圳市人民政府 (《關於促進人才優先發展的若干措施》)

　　深圳高層次人才醫療保健待遇：傑出人才可享受一級保健待遇，國家級領軍人才、地方級領軍人才和除傑出人才外的其他海外 A 類人才、B 類人才可享受二級保健待遇，後備級人才和海外 C 類人才可享受三級保健待遇。對不願享受保健待遇的高層次人才，可通過支持其購買商業醫療保險等方式提供相應醫療保障。

　　—— 中共深圳市委、深圳市人民政府 (《關於促進人才優先發展的若干措施》)

　　羅湖區菁英人才子女入學服務：「菁英人才」的非深圳戶籍子女在羅湖

區就讀義務教育階段學校，享受深圳市戶籍學生同等待遇。

　　——深圳市羅湖區人民政府(《深圳市羅湖區人民政府印發關於實施高層次產業人才「菁英計劃」的意見及三個配套文件的通知》)

　　羅湖區菁英人才健康管理和養老服務：建立就醫綠色通道制度，為區「菁英人才」及其配偶、子女、父母及岳父母的就醫提供綠色通道。相關服務由區衛生和計生局及區屬醫院提供。將「菁英人才」納入區級健康管理，按照區相關規定給予保健待遇和每年一次的免費高端體檢，所需經費納入區財政預算。根據「菁英人才」實際需要，在其任期內為其在羅湖區居住的 65 歲以上父母及其配偶父母提供居家養老服務，解決人才的後顧之憂。所需經費及服務由區民政局妥善安排。

　　——深圳市羅湖區人民政府(《深圳市羅湖區人民政府印發關於實施高層次產業人才「菁英計劃」的意見及三個配套文件的通知》)

六　特色創業平台：孵化基地、科技成果轉化平台、創業服務

　　在政府政策的支持下，深圳市建立了 4 個針對港澳青年創業的創業平台(見表 13)。

表 13　深圳市創業平台

時間	名稱	所在地
1999. 8	深港產學研基地	深圳市南山區
2013. 6	深港青年創新創業基地	深圳南山雲谷創新產業園
2014. 12	前海青年夢工場	深圳市前海
2015. 6	前海「夢想＋」深港創投聯盟	深圳市前海

資料來源：根據相關政策文件整理。

（一）深港產學研基地

深港產學研基地由深圳市政府、北京大學、香港科技大學共同組建，是北京大學和香港科技大學的科技成果轉化的孵化基地，是為珠江三角洲產業升級提供技術服務和支持的公共技術平台、公共教育平台、公共研發平台。基地具備完善的創業服務體系，可供優秀科研成果轉化項目入駐。除場地和硬件設施之外，基地還提供人才引進、項目推廣、政策指導、各類認證、合作研發、會計代理等服務。此外，基地專門成立了深港產業創業投資公司等兩家投資公司，鼓勵實驗室或研究中心成立公司並提供天使投資。此外，基地還從孵化器收入中抽取部分資金成立了 200 萬元的產學研合作專項基金，支持十多個實驗室的研發技術走向產業化。截至 2015 年 6 月，基地在「孵化 + 投資」模式下產生了 16 家上市公司。[17] 在推動「深港創新圈」上，基地自 2011 年起舉辦「深港青年創業大賽」，參賽項目須由深港兩地青年共同組成，大賽後，基地對有潛質的創業項目進行孵化培育，促進其實現產業化。

（二）深港青年創新創業基地

深港青年創新創業基地是建立「深港創新圈」的重要內容，於 2013 年 6 月在深圳南山雲谷創新產業園落戶。基地面積 2000 平方米，服務對象主要包括：20—40 歲來深創業的香港公民，並且成立具有一定研發能力的科技企業或創業服務公司者；20—40 歲內地赴香港留學生來深創業，成立具有一定研發能力的科技企業或創業服務公司者；45 歲以下，目前已經在港創業並已成立具有一定研發能力的科技企業或創業服務公司者；香港高校在校學生或畢業不超過 5 年、帶着高校產學研項目或自有科技項目有意來深創業者。創新創業基地將為入駐企業提供設施良好、配套完善的商務辦公場地，組織「創業之星」大賽、「接觸」創業沙龍，提供創業導師、理論研究及課題

---

17 〈做深港合作創新創業的「橋頭堡」——深港產學研基地探索「教育 + 研發 + 產業化」發展模式〉，《科技日報》2015 年 6 月 1 日。

合作、科技金融、資源共享、公共平台、國際交流合作及展會活動等服務。[18]
深港青年創新創業基地是落實中央惠港政策、深化粵港深港合作的標誌性成
果。

七　創業交流活動：創業交流營、
交流論壇、資訊互通

（一）深港澳臺（海峽兩岸暨香港、澳門）青年創新創業交流營

　　深港澳臺（海峽兩岸暨香港、澳門）青年創新創業交流營是由深圳市科
學技術協會、共青團深圳市委員會、龍崗區委區政府、清華大學深圳研究生
院主辦，共青團龍崗區委員會、共青團清華大學深圳研究生院委員會承辦的
大型兩岸青年創新交流活動。2012 年第一屆深港交流營在清華大學深圳研
究生院舉辦，規模與影響力逐年擴大。交流營邀請海峽兩岸暨香港、澳門知
名高校同學參加，面向數萬學生進行宣傳和招募。通過創業導師分享會、創
新創業論壇、創新創業挑戰賽等一系列活動帶領青年學子探討創新創業問
題，打造創業青年學習和交流平台。[19]

（二）深港青年創新創業交流日

　　「深港青年創新創業交流日」是深圳港澳辦基於香港特區政府民政事務
局及青年事務委員會每年開展的「粵港暑期實習計劃」打造的品牌交流活
動，旨在促進香港青年對深圳創業就業環境的了解，吸引香港青年來深創業

18　深圳市科技創新委員會：〈首個深港青年創新創業基地揭牌〉，2013 年 7 月 1 日（http://www.szsti.gov.cn/news/2013/7/1/1）。

19　〈深港澳臺（兩岸四地）青年創新創業交流營〉，百度百科（https://baike.baidu.com/item/%E6%B7%B1%E6%B8%AF%E6%BE%B3%E5%8F%B0%EF%88%E4%B8%A4%E5%B2%B8%E5%9B%9B%E5%9C%B0%EF%BC%89%E9%9D%92%E5%B9%B4%E5%88%9B%E6%96%B0%E5%88%9B%E4%B8%9A%E4%BA%A4%E6%B5%81%E8%90%A5/20146661?fr=aladdin）。

就業，鼓勵和促進香港青年來深成長發展，為香港青年拓展未來發展空間奠定基礎。2017 年 8 月 5 日，深圳港澳辦舉辦「深港青年創新創業交流日」活動，組織超過 120 名在深實習的香港大學生、香港優秀青年代表，共同參觀考察騰訊、海能達等深圳知名企業及深港青年創新創業基地，促進香港青年與在深的香港年輕創客進行交流。[20]

（三）深港青年人才創業交流會

2017 年 7 月，由共青團南山區委員會、高新區黨委、高新區黨羣服務中心聯合主辦，前海立方、南山國際大學生創新驛站承辦，深圳市前海香港商會、唐仁醫療科技有限公司支持舉辦的「匯談青年　融創深港」——深港青年人才創業交流會在深圳市南山區科技園軟件大廈舉行。活動邀請了前海立方首席政策分析師等三位嘉賓圍繞扶持政策、創業經歷、企業發展等方面展開分享與討論。活動現場設置了互動提問環節，由嘉賓面對面解答深港青年創業難題。此外，交流會還設置了吧枱茶歇，以開放的環境進一步促進深港青年交流。[21]

（四）深港青年（坪山）創新創業交流活動

2017 年 7 月，坪山區委、區政府舉辦「東部中心、築夢未來」深港（坪山）青年創新創業交流活動。來自香港和坪山的 300 名青年圍繞深港兩地互融互通、創新合作等主題進行交流。活動中，深港青年（坪山）創新創業交流平台正式啟動，意為實現深港兩地（坪山）創新創業政策、資訊互通，促進青年交流合作常態化、固定化。[22]

---

20 〈深港青年創新創業交流日：百餘名香港青年共赴雙創之約〉，2017 年 8 月 6 日，《讀特》（https://m.dutenews.com/p/62018.html）。

21 〈深港青年人才創業交流會在科技園舉行〉，《蛇口消息報》2017 年 7 月 7 日第 03 版。

22 〈深港（坪山）青年交流活動舉行〉，2017 年 7 月 9 日，東方網（http://news.eastday.com/eastday/13news/auto/news/society/20170709/u7ai6918428.html）。

八　深圳市政府創業支持政策概覽

深圳市政府相關部門從 2007 年開始共出台 24 份促進港澳青年創業的政策文件（見表 14）。

表 14　深圳市政府政策匯總

出台時間	出台部門	文件名稱
2007	香港特別行政區政府 深圳市人民政府	《「深港創新圈」合作協議》
2011.4	中共深圳市委 深圳市人民政府	《中共深圳市委　深圳市人民政府關於實施引進海外高層次人才「孔雀計劃」的意見》
2012.12	中共深圳市委 深圳市人民政府	《前海深港人才特區建設行動計劃（2012—2015 年)》
2012.12	深圳市前海管理局 深圳市人力資源保障局	《前海深港現代服務業合作區境外高端人才和緊缺人才認定暫行辦法》
2012.12	深圳市人民政府	《深圳前海深港現代服務業合作區境外高端人才和緊缺人才個人所得稅財政補貼暫行辦法》
2013.6	深圳市人民政府科技創新委員會 香港特別行政區政府創新科技署	《共同推進深港青年創新創業基地建設合作協議》
2013.8	深圳市前海深港現代服務業合作區管理局	《前海深港現代服務業合作區境外高端人才和緊缺人才認定暫行辦法實施細則（試行)》
2014.6	深圳市前海深港現代服務業合作區管理局	《深圳前海建設「粵港澳人才合作特別示範區」的行動計劃》
2015.6	深圳市人民政府	《深圳市關於促進創客發展的若干措施（試行)》
2015.6	深圳市人民政府	《深圳市促進創客發展三年行動計劃（2015—2017 年)》
2015.7	深圳市羅湖區人民政府	《深圳市羅湖區人民政府印發關於實施高層次產業人才「菁英計劃」的意見及三個配套文件的通知》
2015.8	深圳市人民政府	《中國（廣東）自由貿易試驗區深圳前海蛇口片區建設實施方案》
2016.3	中共深圳市委 深圳市人民政府	《關於促進人才優先發展的若干措施》
2016.3	中共深圳市委 深圳市人民政府	《關於促進科技創新的若干措施》
2016.6	深圳前海蛇口自貿區	《前海蛇口自貿區建設國際人才自由港工作方案》

續表

出台時間	出台部門	文件名稱
2016.7	中共深圳市委 深圳市人民政府	《關於完善人才住房制度的若干措施》
2016.7	深圳市前海深港現代服務業合作區管理局	《深圳前海深港現代服務業合作區產業投資引導基金管理暫行辦法》
2016.8	深圳市人民政府	《深圳市人民政府關於大力推進大眾創業萬眾創新的實施意見》
2016.9	深圳市前海深港現代服務業合作區管理局	《深圳前海深港現代服務業合作區現代服務業綜合試點專項資金管理辦法 (修訂版)》
2016.10	中共深圳市龍崗區委 深圳市龍崗區人民政府	《關於促進人才優先發展實施「深龍英才計劃」的意見》
2016.10	深圳市龍崗區人才工作領導小組辦公室	《深圳市龍崗區深龍創新創業英才計劃實施辦法》
2016.11	深圳市前海深港現代服務業合作區管理局	《深圳市前海深港現代服務業合作區人才住房管理暫行辦法》
2017.6	深圳市前海深港現代服務業合作區管理局	《深港 (國際) 創新創業示範基地建設行動計劃》
2017.8	深圳市人民代表大會常務委員會	《深圳經濟特區人才工作條例》

資料來源：根據相關政策文件整理。

政策文件中涉及重要定義：

港籍人才：是指與在前海註冊的企業建立了勞動關係並符合本辦法第十五條要求的香港永久居民。

港資企業：是指香港特別行政區投資者在前海獨資或者合資設立的企業。(《深圳前海深港現代服務業合作區境外高端人才和緊缺人才個人所得稅財政補貼暫行辦法》)

深圳市海外高層次人才：海外高層次人才分為 A 類、B 類和 C 類。

A 類：……近 5 年，中組部「海外高層次人才引進計劃」(千人計劃) 頂尖人才與創新團隊項目、創新人才長期項目、創業人才長期項目、高層次外國專家項目的入選者。……

B 類：……近 5 年，入選廣東省創新科研團隊的帶頭人；近 5 年，入選深圳市海外高層次人才團隊的帶頭人……近 5 年，中組部「海外高層次人才

引進計劃」（千人計劃）創新人才短期項目、青年千人計劃項目入選者。

C類：……近 5 年，入選廣東省創新科研團隊的核心成員（前 5 名）；近 5 年，入選深圳市海外高層次人才團隊的核心成員（前 5 名）。……近 5 年，入選深圳市留學人員創業前期費用補貼一等、二等資助的項目申請人。[《深圳市海外高層次人才認定標準（2014 年修訂）》]

境外高端人才和緊缺人才：須具備以下基本資格條件：（1）具有外國國籍人士，或香港、澳門、臺灣地區居民，或取得國外長期居留權的海外華僑和歸國留學人才；（2）創辦或服務的企業和相關機構（簡稱所在單位）屬於前海重點發展的金融、現代物流、信息服務、科技服務和其他專業服務產業領域；（3）在前海創業或在前海登記註冊的企業和相關機構工作；（4）在前海依法繳納個人所得稅。符合基本條件，在所在單位連續工作滿 1 年、申請年度在前海實際工作時間不少於 6 個月並具備下列條件之一：（1）經國家、省級政府、深圳市認定的海外高層次人才；（2）在前海註冊並按照《深圳市鼓勵總部企業發展暫行辦法》（深府〔2012〕104 號）認定的總部企業、世界 500 強企業及其分支機構的管理或技術類人才；（3）在前海註冊的其他企業的中層及以上管理或同等層次技術類人才；（4）擁有國際認可執業資格或國內急需的發明專利的人才。[《前海深港現代服務業合作區境外高端人才和緊缺人才認定暫行辦法》《前海深港現代服務業合作區境外高端人才和緊缺人才認定暫行辦法實施細則（試行）》]

羅湖區 C 類「菁英人才」：C 類菁英人才為符合一定條件的青年創業項目的創辦人或創新團隊，同時具備以下幾個條件：（1）年齡不超過 45 周歲；（2）在境外取得全日制碩士以上學位或通過全國統一研究生入學考試並取得碩士研究生以上學歷和學位，且有 2 年以上工作經歷；（3）是企業主要創始人；是企業創新團隊成員的，其骨幹成員個人所佔企業股權不低於 30%；（4）其企業註冊地和納稅地均為羅湖區，並實際經營超過 6 個月；（5）是企業創始人或創新團隊成員並滿足以下條件之一：①近 5 年內，獲中國創新創業大賽決賽獎項或各賽區大賽三等獎以上或創客大賽獎項的人員；②近 5 年

內，在《福布斯》「中國移動互聯網 30 強」榜單企業中擔任中層管理人員；
③曾在美國《財富》雜誌世界 500 強上榜公司的二級公司或地區總部擔任中
層管理人員；④近 5 年內，入選深圳市留學人員創業前期費用補貼一等、二
等資助的項目申請人。

第六章　珠海市政府：財務支持為主、對接澳門青年

　　珠海市的相關創業政策具體明確、可操作性強，政策主要依託橫琴澳門青年創業谷發揮促進港澳青年在內地創業的作用。此外，由於珠海與澳門接壤，相關扶持政策和創業平台向澳門青年傾斜，對於澳門青年的創新創業更具優勢。珠海市政府關於港澳青年創業的政策主要是物質資本支持（見表15）。

表 15　珠海市政策類別分析

政策類別	具體內容
一　物質資本支持	
（一）財務資源	創業啟動資金扶持； 創業活動財務補貼； 市場融資支持； 創業孵化基地運營補貼
（二）實物資源	辦公場地支持； 房屋補貼

資料來源：根據相關政策文件整理。其中廣東自貿區的相關政策，將在第七章詳細分析。

一　物質資本支持：創業資助、創業基地

（一）財務資源：前期補貼、貸款貼息、孵化補貼

1. 創業啟動資金扶持

珠海市創業資助：在校及畢業 5 年內的普通高等學校（含港澳臺普通高等學校）、職業學校、技工院校學生或畢業生和領取畢業證 5 年內出國（境）留學回國人員、復員轉業退役軍人、登記失業人員、就業困難人員（簡稱「創業者」）在本市成功創業（在本市領取工商營業執照或其他法定註冊登記手續，本人為法定代表人或主要負責人），按規定辦理稅務登記、就業登記和繳納社會保險費，且正常經營 6 個月以上。補貼標準：個人創業一次性資助 5000 元；團隊創業每增加一名合夥人或股東，再資助 2500 元，每戶資助最高不超過 10000 元。

———珠海市人力資源和社會保障局、珠海市財政局（《珠海市創業補貼實施辦法》）

珠海市優秀創業項目資助：申請人申報優秀創業項目，被遴選確定為市級優秀創業項目的，每個項目給予 5 萬元至 10 萬元資助。

———珠海市人力資源和社會保障局、珠海市財政局（《珠海市創業補貼實施辦法》）

珠海市開發創業項目補貼：社會力量（含機構、團體）開發創業項目，被納入市級創業項目庫；納入創業項目庫的項目被有創業意願人員使用，並在本市實現成功創業（辦理營業執照或其他法定註冊登記手續）。被納入市級創業項目庫的，每個項目補貼 2000 元；納入創業項目庫的項目被有創業意願人員使用並在本市實現成功創業的，再獎補 1000 元。

———珠海市人力資源和社會保障局、珠海市財政局（《珠海市創業補貼實施辦法》）

珠海市創新創業補貼：創新創業團隊項目通過評審，可享受包括項目啟動補貼、項目投資和擔保貸款等最高 2000 萬元的項目經費扶持；高層次人才的創業項目通過評審，可享受包括創業補貼、創業投資和擔保貸款等最高 200 萬元的項目經費補貼。創業團隊和創業人才所辦企業自註冊成立起的 3 年內，按企業當年對地方財政的貢獻給予相應的研發費用補貼。

——珠海市委、珠海市政府（《藍色珠海高層次人才計劃》）

珠海市創業前期費用補貼：用於扶持港澳青年在高端新型電子信息和軟件產業，主要包括軟件與集成電路、新型電子元器件、計算機及網絡與新一代通信工具等；生物醫藥產業，主要包括生物製藥、化學製藥、中藥現代化、醫療器械等；新能源新材料產業，主要包括新型功能材料、高效儲能材料、先進結構材料、光伏、風電、核電裝備、燃料電池、生物質能等；文化創意產業，主要包括廣播影視、動漫、音像、傳媒、視覺藝術、表演藝術、工藝與設計、環境藝術等；服務外包和金融業服務，主要包括信息技術外包和業務流程外包，銀行、保險、信託、證券業的後台服務等；互聯網產業、智能電網產業和空間信息產業等；其他港澳特區政府和珠海市鼓勵發展的產業，經核准並附支持政策文件的等領域從事的高新技術項目研究開發，按港澳青年出資額的 15% 給予一次性補貼，最高不超過 15 萬元。補貼範圍是港澳青年首次創辦或首次入股並具有與申請項目相符的研發人員、設備和場地的企業。

——珠海國家高新技術產業開發區管委會、珠海市港澳事務局、珠海市財政局（《珠海市港澳青年創業基地管理規定》）

2. 創業活動財務補貼

珠海市初創企業社會保險補貼：補貼對象和條件：初創企業招用應屆高校畢業生或本市就業困難人員，並與其簽訂 1 年以上期限勞動合同；創業者（含合夥人或股東）和招用的應屆高校畢業生、本市就業困難人員按規定繳納社會保險費。補貼標準：按創業者（含合夥人或股東）及其招用的應屆高校畢業生和就業困難人員實際繳納城鎮職工基本養老、醫療、失業、工傷和

生育保險費之和計算（個人繳費部分仍由個人承擔）。補貼期限最長不超過
3年。

　　—— 珠海市人力資源和社會保障局、珠海市財政局（《珠海市創業補貼
實施辦法》）

　　珠海市創業培訓補貼：補貼對象和條件：具有創業要求和培訓願望並具
備一定創業條件的城鄉各類勞動者（含畢業學年普通高等學校、本市職業學
校和技工院校學生，復員轉業退役失業軍人以及登記失業人員，簡稱「有創
業意願人員」），參加本市創業培訓機構組織的創業培訓，並取得相應創業
培訓合格證書。補貼標準：取得創業培訓 GYB 合格證書的，每人補貼 400
元；取得創業培訓 SYB 或創業培訓 IYB 合格證書的，每人補貼 1000 元。
符合條件的人員每個創業培訓等級只能享受一次補貼。

　　—— 珠海市人力資源和社會保障局、珠海市財政局（《珠海市創業補貼
實施辦法》）

　　3. 市場融資支持

　　珠海市創業貸款貼息：貸款貼息主要用於對港澳青年實施產業化項目給
予貸款貼息。創業貸款貼息的範圍，是港澳青年首次創辦或首次入股，並擁
有項目產業化所需科研成果或專有技術和知識產權，且具有與申請項目相符
的場地、設備和人員的企業。創業貸款貼息額度標準：貸款期內貸款利息總
額低於 10 萬元的，可全部給予貼息，但貼息年限最長不超過 3 年；貸款期
內貸款利息總額超過 10 萬元（含 10 萬元）的，則最多給予 10 萬元的貼息，
但貼息年限最長不超過 3 年。

　　—— 珠海高新技術產業開發區管委會、珠海市港澳事務局、珠海市財
政局（《珠海市港澳青年創業基地管理規定》）

　　4. 創業孵化基地運營補貼

　　珠海市創業孵化服務補貼：經市、區人力資源和社會保障部門認定的創
業孵化基地按規定為創業者提供 1 年以上創業孵化服務（不含場租減免）後，
創業者搬離基地並辦理註冊登記的，按實際孵化成功戶數，每戶補貼 3000 元。

　　—— 珠海市人力資源和社會保障局、珠海市財政局（《珠海市創業補貼實施辦法》）

　　珠海市創業孵化基地建設扶持經費：按照創業孵化基地規模，分別給予 20 萬元、35 萬元、50 萬元的一次性建設扶持經費。

　　—— 珠海市人力資源和社會保障局、珠海市財政局（《珠海市創業補貼實施辦法》）

（二）實物資源：創業基地、租金補貼

1. 辦公場地支持

　　珠海市創業租金補貼：初創企業創業者在本市租用經營場地（含社會資本投資的孵化基地）創業，按規定辦理稅務登記、就業登記並繳納社會保險費，按租賃經營場地面積每月每平方米補貼 30 元（不足 1 個月不計算；租金標準低於補貼標準的，按實際數計算），每年最高補貼 8000 元，補貼期限不超過 3 年。

　　—— 珠海市人力資源和社會保障局、珠海市財政局（《珠海市創業補貼實施辦法》）

　　港澳青年創業基地租金補貼：租金補貼主要用於對進駐港澳青年創業基地的港澳青年企業提供租金補貼。創業租金補貼的範圍，應當是港澳青年首次創辦或首次入股，在創業基地內租用辦公和研發場地，具有與申請項目相符的場地、設備和人員的企業。對通過審核的港澳青年企業，按每月每平方米 20 元給予房租補貼，租金補貼面積最多不超過 200 平方米，補貼期限為 3 年。享受場地租金補貼的港澳青年企業，從各級財政獲得的場地租金補貼總額不得高於實際發生的場地租金總額。

　　—— 珠海高新技術產業開發區管委會、珠海市港澳事務局、珠海市財政局（《珠海市港澳青年創業基地管理規定》）

2. 房屋補貼

　　珠海市場地住房補貼：創新創業團隊和高層次創業人才可按每月每平方

米 30 元標準享受工作場地租金補貼；低於每月每平方米 30 元的按實際租
金補貼，補貼面積不超過 500 平方米，期限為 3 年。創新創業人才可優先
申請入住人才公寓，或選擇自行租住房屋並享受每月 1400—2000 元的租房
補貼（期限最長為 5 年）。高層次人才（一級）選擇在珠海購房的，可享受
100 萬元的購房補助。此外，創新人才可享受每年 3 萬—10 萬元的工作津
貼補助，期限為 5 年。

——珠海市委、珠海市政府（《藍色珠海高層次人才計劃》）

二　特色創業平台：設立創新創業基地

在政府政策的支持下，珠海市建立了 1 個針對港澳青年創業的創業平台
（見表 16）。

表 16　珠海市創業平台

時間	名稱	所在地
2015.6	橫琴・澳門青年創業谷	珠海市橫琴新區

資料來源：根據相關政策文件整理。其中廣東自貿區的相關政策，將在第七章詳細分析。

三　特色創業活動：
交流盛會、舉辦創業大賽

（一）創業交流活動：海峽兩岸暨香港、澳門青年代表合作發展

珠港澳臺青年創新創業嘉年華 [1]，2016 年 12 月 3 日，由珠海市發展和改

---

1 〈珠海舉辦珠港澳臺青年創新創業嘉年華〉，2016 年 12 月 4 日，光明網（http://difang.gmw.cn/gd/2016-12/04/content_23177596.htm）。

革局、共青團珠海市委員會主辦，北京理工大學珠海學院及北京大學創業訓練營等七家單位承辦的珠港澳臺創新創業嘉年華系列活動在北京理工大學珠海學院、珠海海灣大酒店等地舉辦。本次嘉年華以「青春同夢，創業同行」為主題，是珠海「菁創薈」青年就業創業綜合服務平台的重要品牌活動，也是珠海首個海峽兩岸暨香港、澳門青年齊聚的創新創業交流盛會。活動吸引了 650 餘名海峽兩岸暨香港、澳門的創業青年代表、金融行業精英和知名投資機構負責人等。主辦方圍繞「雙創」主題和「青年同心圓計劃」，為海峽兩岸暨香港、澳門青年打造創新創業、合作發展的追夢舞台。

（二）創業大賽：項目幫扶、獎金支持、高科技行業

珠海（國家）高新區創業大賽由珠海（國家）高新技術產業開發區管委會舉辦，珠海高新技術創業服務中心、創業家傳媒承辦的大賽等承辦，於 2015 年舉辦首屆大賽，2016 年舉辦了第二屆大賽。大賽主要關注智能硬件、人工智能、智慧醫療、先進製造、電子信息等行業，提供獎金支持＋賽後培訓支持＋高新區天使投資意向支持的獎勵。大賽着力挖掘並培育中國內地及港澳臺、新加坡等地區的創業項目，在對優秀項目進行幫扶、融資、培訓、孵化的同時，還將凝聚珠海青年創業勢能，通過大賽形成本地創新創業資源要素集聚，以打造具有全國影響力的創業服務賽事平台。[2]

四　珠海市政府創業支持政策概覽

珠海市政府相關部門從 2012 年開始共出台 3 份專門促進港澳青年創業的政策文件（見表 17）。

---

2 〈以夢為馬　不負韶華　2016 珠海（國家）高新區創新創業大賽正式啟動〉，2016 年 9 月 23 日，環球網（http://china.huanqiu.com/hot/2016-09/9479753.html）。

表 17　珠海市政府政策匯總

出台時間	出台部門	文件名稱
2012. 7	珠海高新技術產業開發區管委會 珠海市港澳事務局 珠海市財政局	《珠海市港澳青年創業基地管理規定》
2013	珠海市委 珠海市政府	《藍色珠海高層次人才計劃》
2016. 1	珠海市人力資源和社會保障局 珠海市財政局	《關於印發珠海市創業補貼實施辦法的通知》

資料來源：根據相關政策文件整理。其中廣東自貿區的相關政策，將在第七章詳細分析。

政策文件中涉及重要定義：

珠海市港澳青年創業基地管理規定：港澳青年企業，是指港澳青年在珠海註冊成立並擔任法定代表人（或執行事務合夥人）的企業和港澳青年參股後所佔股份不少於 51% 的珠海市企業。港澳青年的年齡限制範圍為 18 周歲（含 18 周歲）至 45 周歲。

第七章　廣東三大自貿區：港澳青年創業基地、完備服務體系

2014 年 12 月，國務院決定設立中國（廣東）自由貿易試驗區，廣東自貿區涵蓋三片區：廣州南沙新區片區（廣州南沙自貿區）、深圳前海蛇口片區（深圳前海自貿區和深圳蛇口自貿區）、珠海橫琴新區片區（珠海橫琴自貿區），總面積 116.2 平方公里，廣東自貿區立足面向港澳深度融合。

其中，南沙新區片區將面向全球進一步擴大開放，在構建符合國際高標準的投資貿易規則體系上先行先試，重點發展生產性服務業、航運物流、特色金融以及高端製造業，建設具有世界先進水平的綜合服務樞紐，打造成國際性高端生產性服務業要素集聚高地。前海蛇口片區將依託深港深度合作，以國際化金融開放和創新為特色，重點發展科技服務、信息服務、現代金融等高端服務業，建設我國金融業對外開放試驗示範窗口、世界服務貿易重要基地和國際性樞紐港。橫琴新區片區將依託粵澳深度合作，重點發展旅遊休閒健康、文化科教和高新技術等產業，建設成為文化教育開放先導區和國際商務服務休閒旅遊基地，發揮促進澳門經濟適度多元發展新載體、新高地的作用。[1]

廣東自貿區致力於推動粵港澳的深度合作，同時要為港澳企業在廣東自貿區的投資發展帶來更大的便利，進一步放寬投資的准入，對香港、澳門的企業進入這三個片區將進一步放寬准入的限制，使港澳投資者在准入的資質

---

1 〈中國（廣東）自由貿易試驗區簡介〉，2015 年 3 月 2 日（http://www.china-gdftz.gov.cn/zjzmq/zmsyqjj/201604/t20160414_1723.html#zhuyao）。

要求、股比限制、經營範圍等方面享受更低的門檻。

　　廣東自貿區還將為港澳提供創業就業方面的便利。廣東在自貿區設立港澳青年創業園，為港澳青年的創業項目提供孵化器等方面的支持；還將專門制定港澳人才認定辦法，給予項目申報、創新創業、評價激勵、服務保障等方面更寬鬆的措施。[2]

　　廣東自貿區在具體的創業支持政策文本中設立了明確的財政稅收扶持規定和場地、人才、技術等方面的支持辦法。每個自貿區內皆設有至少一個港澳青年創新創業基地，對於港澳青年創業的政策支持絕大部分以各大基地為載體。各個基地各具特色，但都致力於為入駐的港澳青年提供資金、場地支持和「一站式」的創業服務。除此之外，三大自貿區的政策還具有兩個特點：首先，由於自貿區特有的資源和優勢，該地政府部門得以在粵港澳人才合作、資金管理等方面制定更具突破性的規定和辦法，為港澳青年創業敞開大門。其次，三大自貿區更加注重打造完備的經濟性公共服務體系和社會性公共服務體系，全力促進片區與港澳經濟要素、生活元素的融合，為港澳創業人才提供更舒適便捷的生活圈。

　　廣東自貿區關於港澳青年創業的政策可以分為物質資本支持、人力資本支持、技術資訊支持、社會資本支持和公共服務支持五大類（見表 18）。

表 18　三大自貿區政策類型分析

政策類型	具體內容
一　物質資本支持	
（一）財務資源	創業啟動資金扶持； 創業活動財務補貼； 市場融資支持； 稅收財政優惠
（二）實物資源	辦公場地支持； 房屋補貼

2　〈廣東自貿區將建設成粵港澳深度合作示範區〉，2015 年 4 月 21 日，《南方日報》（http://news.xinhuanet.com/fortune/2015-04/21/c_127713822.htm）。

續表

政策類型	具體內容
二　人力資本支持	打造人才集聚發展平台； 打造人才服務交流平台
三　技術資訊支持	完善科學技術配套服務
四　社會資本支持	宣傳推介服務
五　公共服務支持	經濟性公共服務； 社會性公共服務

資料來源：根據相關政策文件整理。

一　物質資本支持：專項資金、稅收補貼、房屋配租

（一）財務資源：創業補貼、稅收補貼

1. 創業啟動資金扶持

南沙成果轉化啟動資金：帶高新技術成果（或項目）來南沙創業的海內外人才，經區科技局對該項目認定後，每個項目可獲得 20 萬元成果轉化啟動資金，兩年內免費提供 100 平方米以內的創業場所。

——廣州市南沙區人事局（《廣州市南沙區中高級人才引進暫行辦法》）

2. 創業活動財務補貼

前海專項資金扶持：前海管理局應當在專項資金中安排部分資金，專項扶持香港特別行政區（簡稱香港）投資者在前海獨資或合資設立的企業（簡稱港資企業），以鼓勵港資企業在前海創新創業與聚集發展。符合條件的港資企業可以選擇按照本章規定或本辦法其他章節的規定申請資金扶持。

港資企業註冊資本實繳不少於 50%，擁有獨立的經營管理團隊，申請項目屬於本辦法扶持範圍，且具備下列條件之一的，可以申請專項資金扶持：（1）主要發起股東是在香港依法註冊的法人機構，從事經營不少於 3 年並依法繳納利得稅或依法免稅。（2）主要發起股東是香港永久性居民（含永

久性居民中的中國公民），在前海設立的企業經營期不少於 1 年。（3）以合資形式設立的，香港投資者符合本條第（1）項對股東的資質要求，且持有股權比例不低於 51%。

對單個港資項目的扶持最高不超過 200 萬元。其中，採用貸款貼息方式扶持的，按照本辦法第十二條規定執行；採用財政資助方式扶持的，資助額度按企業申報時實繳註冊資本的 50% 予以資助。

　　—— 深圳市前海深港現代服務業合作區管理局、深圳市財政委員會

[《深圳前海深港現代服務業合作區現代服務業綜合試點專項資金管理辦法（修訂版）》]

3. 市場融資支持

前海投融資支持：設立產業投資引導基金 [3]，甄選具有產業優勢及產業基金管理經驗的國內外優秀的基金管理團隊，合作設立或增資投資於與前海蛇口自貿片區擬重點扶持的產業相關的子基金。引導基金對子基金的參股比例原則上不超過子基金總額的 30%，且不超過引導基金當期規模的 20%。引導基金參股設立子基金或增資已設立子基金，應符合下列要求：（1）子基金應在前海蛇口自貿片區註冊。（2）子基金投向在前海蛇口自貿片區註冊登記的企業的資金規模，原則上不低於引導基金對子基金出資額的 1.5 倍。（3）引導基金與其他投資人對子基金的出資應分期到位。

以深圳海外高層次人才創新創業引導基金子基金為引導，鼓勵創業投資機構和產業投資基金在前海投資人才和產業項目。設立前海股權投資母基金，支持包括香港在內的外資股權投資基金在前海創新發展。培育和發展各類風險投資機構、信用擔保機構、創業服務機構，吸引社會力量參與，設立前海人才發展基金或風險投資基金，為企業發展和人才創新創業提供支撐。

3　此處引導基金是指由前海產業發展資金等財政資金出資設立並按市場化方式運作的政策性基金，其宗旨是發揮市場資源配置作用和財政資金引導放大作用，引導社會資本投資前海合作區金融業、現代物流業、信息服務業、科技服務和其他專業服務四大產業，前海深港青年夢工場創新創業項目及中國（廣東）自由貿易試驗區深圳前海蛇口片區（簡稱前海蛇口自貿片區）重點扶持戰略性新興產業，以促進產業聚集和發展。

—— 深圳市前海深港現代服務業合作區管理局（《前海建設「粵港澳人才合作特別示範區」行動計劃》）

4. 稅收財政優惠

前海個人所得稅補貼：在前海工作、符合前海優惠類產業方向的境外高端人才和緊缺人才，其在前海繳納的工資薪金所得個人所得稅已納稅額超過工資薪金應納稅所得額的 15% 部分，由深圳市人民政府給予財政補貼。申請人取得的上述財政補貼免徵個人所得稅。

—— 深圳市人民政府（《深圳前海深港現代服務業合作區境外高端人才和緊缺人才個人所得稅財政補貼暫行辦法》）

前海企業所得稅減免：在國家稅制改革框架下，在前海探索現代服務業稅收體制改革。根據國家批准的前海產業准入目錄及優惠目錄，對符合條件的企業減按 15% 的稅率徵收企業所得稅。

—— 深圳市前海深港現代服務業合作區管理局（《前海建設「粵港澳人才合作特別示範區」行動計劃》）

橫琴個人所得稅稅負差額補貼：《補貼暫行管理辦法》第二條及第三條規定，補貼的金額為在橫琴工作的香港、澳門居民就取得《中華人民共和國個人所得稅法》及其實施條例所規定的十一項應稅所得按實際繳納的個人所得稅稅款與其個人所得按照香港、澳門地區稅法測算的應納稅款的差額。

—— 珠海市橫琴新區管理委員會（《橫琴新區實施〈廣東省財政廳關於在珠海市橫琴新區工作的香港澳門居民個人所得稅稅負差額補貼的暫行管理辦法〉的暫行規定》）

（二）實物資源：場地支持、住房配租

1. 辦公場地支持

橫琴創業谷辦公場地支持：符合條件的企業或項目入駐創業谷可以享受辦公場地 1 年以內的租金減免。

—— 珠海市橫琴新區管理委員會（《橫琴澳門青年創業谷管理暫行辦法》）

前海青年創新創業夢工場辦公場地支持：辦公場地租金減免。

　　——深圳市前海管理局（《前海青年創新創業夢工場入園企業管理辦法（暫行）》）

南沙創業場所支持：帶高新技術成果（或項目）來南沙創業的海內外人才，經區科技局對該項目認定後，每個項目可獲得 20 萬元成果轉化啟動資金，兩年內免費提供 100 平方米以內的創業場所。

　　——廣州市南沙區人事局（《廣州市南沙區中高級人才引進暫行辦法》）

2. 房屋補貼

南沙購房補貼：給予引進的廣東省創新創業領軍團隊購房補助 150 萬元。給予引進的廣東省領軍人才購房補助 80 萬元。給予引進的廣州市創新創業領軍團隊購房補助 120 萬元。給予引進的廣州市領軍人才購房補助 60 萬元。

　　——廣州市南沙區政府 [《廣州南沙新區、中國（廣東）自由貿易試驗區廣州南沙新區片區集聚高端領軍人才和重點發展領域急需人才暫行辦法》]

前海住房配租：前海人才住房分為深港合作住房、產業扶持住房和公共服務住房。其中，深港合作住房，是指配租給在前海註冊的港資企業的人才住房。申請配租深港合作住房的企業應當同時符合下列條件：（1）符合前海合作區產業准入目錄。（2）無行賄犯罪記錄。（3）經前海管理局認定的港資企業。在同等條件下，住房應當優先配租給港籍人才、境外高端人才和緊缺人才。

　　——深圳市前海深港現代服務業合作區管理局（《深圳市前海深港現代服務業合作區人才住房管理暫行辦法》）

二　人力資本支持：人才引進、人才交流

（一）打造人才集聚發展平台：粵港澳人才、機制創新

橫琴澳門青年創業谷人才引進服務：提供包括校企合作、獵頭服務、人才招聘、協調落實有關人才政策等人才引進服務。

——珠海市橫琴新區管理委員會（《橫琴澳門青年創業谷管理暫行辦法》）

前海人才引進服務：深圳市政府應當創新現代服務業人才引進機制，在前海合作區推動人才工作體制機制、政策法規、服務保障、人才載體等創新，創造有利於人才集聚、發展的環境。

——深圳市第五屆人民代表大會常務委員會（《深圳經濟特區前海深港現代服務業合作區條例》）

前海打造現代服務業人才集聚平台：（1）搭建前海高端金融業人才聚集發展平台。（2）搭建前海高端現代物流業人才聚集發展平台。（3）搭建前海高端信息服務業人才聚集發展平台。（4）搭建前海高端科技服務和其他專業服務業人才聚集發展平台。（5）搭建前海境外高端人才和緊缺人才引進平台。（6）搭建前海人才發展的投融資服務平台。

——深圳市前海深港現代服務業合作區管理局（《前海建設「粵港澳人才合作特別示範區」行動計劃》）

前海健全人才集聚機制：建立健全有利於現代服務業人才集聚的機制，研究制定各類吸引高層次、高技能服務業人才的配套措施，加強深港兩地的信息交流和人才培訓，積極探索兩地從業人員的資格互認，營造良好、便利的工作和生活環境，加大對教育和培訓的投入力度，充分發揮高等學校、職業院校和相關科研機構的作用，加強生產性、生活性服務業相關學科專業建設，加快形成與前海現代服務業集聚發展相適應的技能人才和創新人才培養體系，為前海現代服務業合作區建設提供人才支撐。

——國務院（《前海深港現代服務業合作區總體發展規劃》）

（二）打造人才交流合作平台：交流服務、跨境人才合作

橫琴新區人才交流服務：建立粵港澳高端人才交流服務中心，完善橫琴中介服務產業鏈，全力打造橫琴新區的政府部門、園區企業和高校的「人才高地」。為境外人才進入橫琴提供「一站式」服務，辦理簽證、專業資格認證、專業技能評審等相關手續。建設具有橫琴特色的、具有人才庫職能的人才門戶網站。爭取由省政府主辦，聯合港澳相關部門舉辦「粵港澳高端人才論壇」。

——珠海市橫琴新區管理委員會（《珠海橫琴新區建設「粵港澳人才合作特別示範區」的行動計劃》）

橫琴創業谷人才交流服務：定期舉行創業培訓、論壇、沙龍等活動，營造良好的創新創業文化氛圍。

——珠海市橫琴新區管理委員會（《橫琴澳門青年創業谷管理暫行辦法》）

前海創新人才合作機制：努力打造前海跨境跨區域國際人才合作示範區。（1）建立前海深港跨境人才合作機制。（2）建立前海深港跨境人才交流機制。（3）建立深港跨境高端人才培養機制。（4）建立深港跨境職業資格准入和互認機制。

——深圳市前海深港現代服務業合作區管理局 [《前海建設「粵港澳人才合作特別示範區」行動計劃》；中共深圳市委、深圳市人民政府《前海深港人才特區建設行動計劃（2012—2015 年)》]

三　技術資訊支持：技術配套、科技服務

橫琴澳門青年創業谷科技成果鑒定等服務：……提供包括協助申請各類貼息貸款、政策性扶持資金和科技經費；協助申報高校技術企業認定和科技成果鑒定等服務。

　　—— 珠海市橫琴新區管理委員會（《橫琴澳門青年創業谷管理暫行辦法》）

四　社會資本支持：市場推廣、宣傳推介

　　橫琴澳門青年創業谷市場推廣服務：提供包括展覽會議、產品對接、信息諮詢、活動信息發佈等市場推廣服務。

　　—— 珠海市橫琴新區管理委員會（《橫琴澳門青年創業谷管理暫行辦法》）

五　公共服務支持：專業服務、資格互認

（一）經濟性公共服務：投融資服務、創業服務、服務業合作

　　橫琴創業谷投融資服務：提供包括銀企對接、天使投資、風險投資、投融資諮詢服務及財務顧問服務等。

　　—— 珠海市橫琴新區管理委員會（《橫琴澳門青年創業谷管理暫行辦法》）

　　南沙專業服務支持：鼓勵港澳地區金融、醫療、保險、律師、會計、物流、諮詢管理等服務組織和個人到南沙新區開展相關業務；南沙新區應當提升與港澳口岸合作水平，探索與港澳間口岸查驗結果互認，簡化通關手續，為人員往來和貨物通關提供便利條件。

　　—— 廣州市第十四屆人民代表大會常務委員會（《南沙新區條例》）

　　橫琴創業谷專業服務支持：共享包括辦公場地、通信網絡、商務會務、電子閱覽室、科技成果展示廳、咖啡廳、餐廳等設施。提供包括創業諮詢、政策輔導、手續代理、工商註冊、稅務登記、銀行開戶「一站式服務」等創

業服務。包括財會稅務代理、商標專利代理、法律服務、科技諮詢、資產評估等管理諮詢服務。

    ——珠海市橫琴新區管理委員會（《橫琴澳門青年創業谷管理暫行辦法》）

前海夢工場專業服務支持：夢工場事業部提供協助入園企業辦理工商註冊、稅務登記、銀行開戶等服務；為入園企業申報科技項目提供資料初審、聯繫上報等全程服務；為入園企業的成果發佈、信息溝通、產品檢測、軟件測評、成果鑒定、合資合作提供代辦服務；協助入園企業代理、辦理人才引進的有關手續；為入園企業的員工及外聘人員的生活起居、文體活動等提供協助；為入園企業舉行的培訓、項目洽談等活動提供服務；有關財務、法律、人力資源、經營管理等方面的諮詢服務；辦公、科學研究、技術開發等公共場所的設施配套、環境衞生、安全等服務；為入園企業在孵化期間提供融資渠道和信息的服務。

    ——深圳市前海管理局 [《前海青年創新創業夢工場入園企業管理辦法（暫行）》]

前海支持港澳專業服務進入：將前海蛇口片區納入經國家批准的廣東省專業資格互認先行試點範圍。探索允許取得香港執業資格的專業人士經相關主管部門備案後，直接為前海蛇口片區企業和居民提供專業服務。積極推進深港科技人才資質互認，推動建立深港調解員聯合培訓和資格互認機制。研究制定支持香港專業人才便利執業的專項支持措施，為香港法律、建築、會計審計、廣告、信用評級、旅行社、人才中介等專業服務機構參與片區開發建設提供便利。

    ——國務院 [《中國（廣東）自由貿易試驗區深圳前海蛇口片區建設實施方案》]

前海完善知識產權服務：探索在前海蛇口片區建立知識產權運營中心，促進知識產權與科技金融的結合，加強與港澳地區合作，完善自貿區知識產權科技創新和投融資體系。在 CEPA 框架下進一步完善知識產權保護法律

體系，加大知識產權保護執法力度。完善集專利、商標、版權「三合一」的知識產權管理和保護機制。推動成立知識產權快速維權援助中心，打造融知識產權申請、維權援助、糾紛調解、行政執法、司法訴訟為一體的知識產權糾紛快速解決平台。建立深港保護知識產權協調機制，加強深港兩地知識產權保護的溝通與交流，開展知識產權保護宣傳推介和信息分享，強化前海蛇口片區企業和居民知識產權保護意識。

　　—— 國務院 [《中國（廣東）自由貿易試驗區深圳前海蛇口片區建設實施方案》]

　　前海完善法律服務：進一步完善深港法律查明機制，為前海法院商事審判活動提供境外法律查明服務。加強深港兩地法律服務業合作，推動前海粵港澳律師事務所聯營，研究制定支持前海法律服務業集聚發展的專項政策，吸引境內外知名法律服務機構進駐前海蛇口片區。積極配合行業組織、專業社會團隊搭建法律培訓平台，培養高端法律服務人才。

　　—— 國務院 [《中國（廣東）自由貿易試驗區深圳前海蛇口片區建設實施方案》]

　　組建前海法庭，吸收香港居民中的中國公民擔任前海法庭人民陪審員。研究制定管理辦法，在前海探索完善深港兩地律師事務所聯營方式。支持香港仲裁機構在前海設立分支機構，適度提高深圳國際仲裁院香港籍仲裁員的選聘比例。

　　—— 深圳市前海深港現代服務業合作區管理局（《前海建設「粵港澳人才合作特別示範區」行動計劃》）

（二）社會性公共服務：轉診服務、出入境便利、教育住房

　　南沙區醫療服務：南沙新區應當推進與港澳地區的健康醫療服務合作，建立與港澳醫療機構的溝通機制，推進互認檢驗檢查結果，使港澳居民享受更加便利的轉診等醫療服務。

　　—— 廣州市第十四屆人民代表大會常務委員會（《南沙新區條例》）

南沙區教育服務：對非南沙戶籍，滿足積分入學條件的，可在子女入學手續辦理方面享受便利。

——廣州市南沙區政府 [《廣州南沙新區、中國（廣東）自由貿易試驗區廣州南沙新區片區集聚高端領軍人才和重點發展領域急需人才暫行辦法》]

南沙區人才管理服務：在南沙新區（自貿區）範圍內創新創業發展的港澳及外籍人才可享受出入境證件辦理、集體戶管理、人事檔案代理、職稱執業資格評定等方面的便利。

——廣州市南沙區政府 [《廣州南沙新區、中國（廣東）自由貿易試驗區廣州南沙新區片區集聚高端領軍人才和重點發展領域急需人才暫行辦法》]

橫琴新區醫療服務：建立與港澳銜接的醫療保障體系。探索社會保障對接，引進港澳高水平的醫療保健機構和從業人員，在醫保政策、醫療保險機構費用結算等方面與港澳銜接。探索健全高層次人才及緊缺人才補充養老、醫療保障制度。

——珠海市橫琴新區管理委員會 [《橫琴人才管理改革試驗區中長期人才發展規劃（2013—2020 年)》]

橫琴新區教育服務：建立與港澳互動的教育體系。健全各類涉外教育活動制度、外籍教師引進和本地教師輸出機制，打造教育國際化窗口基地。推動幼兒園和中小學教育資源與港澳地區相互開放，共同研究跨境學生通關、交通便利等措施。積極推動橫琴新區高層次人才及緊缺人才的外籍子女在橫琴新區就學的，享受國民待遇。爭取國家支持橫琴新區國際學校的招生對象擴大到在橫琴新區工作的高層次人才及緊缺人才的子女。爭取國家相關部委同意將中外合作辦學機構審批權下放給橫琴新區，允許舉辦義務教育的中外合作辦學機構，經審核允許使用境外教材。

——珠海市橫琴新區管理委員會 [《橫琴人才管理改革試驗區中長期人才發展規劃（2013—2020 年)》]

前海探索完善社會性公共服務：深圳市政府應當在教育、醫療、社會保障等方面與香港開展合作，為境外人員在前海合作區工作和生活提供便利。

前海合作區引進的高層次專業人才，在住房、配偶就業和子女入學等方面享受深圳市有關優惠政策。深圳市政府應當探索在前海合作區工作的境外高層次專業人才出入境管理的便利途徑。

——深圳市第五屆人民代表大會常務委員會（《深圳經濟特區前海深港現代服務業合作區條例》）

推進全國人才管理改革試驗區、粵港澳人才合作示範區建設，在人才引進、創新創業、安居保障等方面對創新人才給予政策扶持，創建國際高標準的醫療、教育環境，提高城市管理水平，構築生態宜居高地。推動出台前海創新保護條例，加快科技成果使用處置和收益管理改革，擴大股權和分紅激勵政策實施範圍，完善科技成果轉化、職務發明法律制度，使創新人才分享成果收益。建立深港人才合作年會制度，開展深港澳青年人才交流活動。落實前海外籍高層次人才居留管理暫行辦法，為高層次人才出入境、在華居留提供便利。

——國務院［《中國（廣東）自由貿易試驗區深圳前海蛇口片區建設實施方案》］

前海港澳人才出入境服務：在前海 e 站通設立商務簽證服務窗口，為區內人員辦理赴港商務簽注提供便利；降低自貿區企業人員赴港商務簽注門檻。為符合條件的人員申辦 APEC 商務旅行卡，享受出入境通關便利服務。爭取放寬香港小汽車入出前海蛇口片區審批條件，開通省公安廳前海蛇口片區「直通港澳車輛審批登記」「港澳臺地區臨時入境機動車登記」綠色通道。

——國務院［《中國（廣東）自由貿易試驗區深圳前海蛇口片區建設實施方案》］

為外國籍人才、港澳臺人才、海外華僑和留學歸國人才在前海的出境通關、居住就業等提供盡可能的便利。

——深圳市前海深港現代服務業合作區管理局（《前海建設「粵港澳人才合作特別示範區」行動計劃》）

前海港澳人才住房服務：推進實施人才安居工程，加大人才保障性住房

建設力度，將前海地鐵上蓋物業整體改造升級為前海人才公寓，在前海都市綜合體配備一定比例的高端公寓和商務公寓。建立前海人才服務中心，積極打造一站式人才服務體系，為人才提供優質高效的服務。

　　—— 深圳市前海深港現代服務業合作區管理局（《前海建設「粵港澳人才合作特別示範區」行動計劃》）

　　前海港澳人才子女教育服務：支持和引進香港服務提供者在前海設立獨資國際學校，其招生範圍可擴大至在前海工作的取得國外長期居留權的海外華僑和歸國留學人才的子女。

　　—— 深圳市前海深港現代服務業合作區管理局（《前海建設「粵港澳人才合作特別示範區」行動計劃》）

　　前海港澳人才醫療服務：支持和引進香港服務提供者在前海設立獨資醫院。

　　—— 深圳市前海深港現代服務業合作區管理局（《前海建設「粵港澳人才合作特別示範區」行動計劃》）

　　允許港澳服務提供者發展高端醫療服務，率先開展粵港澳醫療機構轉診合作試點。

　　—— 國務院 [《中國（廣東）自由貿易試驗區深圳前海蛇口片區建設實施方案》]

六　特色創業平台：青年夢工場、創新工場、創業谷

　　在政府政策的支持下，三大自貿區建立了 5 個針對港澳青年創業的創業平台（見表 19）。

表 19　三大自貿區創業平台

時間	名稱	所在地
2014. 12	前海深港青年夢工場	深圳前海
2015. 4	粵港澳（國際）青年創新工場	廣州南沙
2015. 6	前海「夢想 +」深港創投聯盟	深圳前海
2015. 6	橫琴澳門青年創業谷	珠海橫琴
2015. 10	「創匯谷」粵港澳青年文創社區	廣州南沙

資料來源：根據相關政策文件整理。

（一）前海深港青年夢工場 [4]

　　前海深港青年夢工場於 2014 年 12 月 7 日由前海管理局、深圳青聯和香港青協三方發起成立，是服務深港及世界青年創新創業，幫助廣大青年實現創業夢想的國際化服務平台。夢工場以現代物流業、信息服務業、科技服務業、文化創意產業及專業服務為重點，培養具創新創業意念的 18—45 周歲青年，以及具高潛質的初創企業共 200 家，於「夢工場」實踐創業計劃，同時探索創新創業孵化器產業化發展的新模式。未來夢工場將凝聚國際一流的創業資源，為創業者們提供優質的資源和服務，打造具有國際影響力的創新創業中心。

　　夢工場位於前海合作區前灣片區，未來將成為前海合作區的綜合發展片區，緊鄰前海管理局辦公樓和萬科企業公館，既有高效的政府資源支持，又有一流名企的商圈聚集。前海 17000 多家優質企業將作為優秀的榜樣給夢工場的創業者帶來強大的動力。夢工場專線光纜將為每棟樓提供百兆光纖的高速網絡，滿足各團隊在互聯網時代的信息交互與需求。整個園區將會高速免費 WiFi 全覆蓋，香港通信信號全面覆蓋，在前海工作生活的香港人士可以享受香港市內電話資費計算。成功申請入駐夢工場的團隊與企業都能夠得到租金減免，讓團隊省去創業初期的租金煩惱。在夢工場的入駐團隊可享受

4　〈前海深港青年夢工場介紹〉（http://ehub.szqh.gov.cn/mgcjs/201412/t20141222_40972.shtml）。

現代化的服務，配備舒適的辦公設施，人才驛站以酒店式管理模式運營，為創業者們提供優質的住宿保障，園區內還設有港式餐飲及便利商店，為入駐的企業與團隊帶來舒適的創業環境。從公司的註冊到上市，夢工場的服務平台機構將會提供一站式的諮詢服務，包括投融資、會計、法律等諮詢服務，協助企業與團隊解決在創業過程中遇到的各種困難與問題。入駐前海的所有企業都將按 15% 的稅率徵收企業所得稅。境外高端和緊缺人才可享 15% 個人工資薪金所得稅優惠，由深圳市政府以財政補貼形式，歸還個人於前海繳納超過薪金總額 15% 的個人所得稅。此外，入駐夢工場的所有企業均可享受前海深港合作區內的所有優惠政策。

（二）前海「夢想 +」深港創投聯盟

前海「夢想 +」聯盟以助力打造「深港創新創業圈」為使命，於 2015 年 6 月由前海深港青年夢工場牽頭，聯合 180 多家創投機構共同發起，松禾資本、同創偉業、英諾基金等知名創投機構均在其中，共同支持深港青年創新創業。聯盟計劃以非政府組織的形式運作，以夢工場合作平台機構為基礎，整合新型孵化器、創投、產學研等創業要素資源，扶持深港青年創新創業。

該聯盟重點打造創業孵化、創業培訓、投融資、專業活動、專業服務、線上路演、創業傳媒、國際交流等 8 個專業委員會，根據聯盟成員特點建立雙輪值主席機制和專業委員會機制。同時，聯盟具有導師顧問團，聘請相關專家為前海夢工場發展戰略、規劃、政策制定和重大工作提供諮詢意見，為入園創業團隊定期提供創業諮詢、指導和相關信息服務。

此外，聯盟首隻由深港兩地發起的創業發展基金 —— 深港青年夢工場創業發展基金也於 2015 年 6 月宣佈成立，基金首期規模初步擬定為 1 億元人民幣。[5]

5　〈打造首個深港青年創新創業生態圈〉，《深圳特區報》2015 年 6 月 24 日第 C01 版。

（三）粵港澳（國際）青年創新工場

粵港澳（國際）青年創新工場於 2015 年 4 月在香港科技大學霍英東研究院成立，是廣州市南沙區建設港澳青年創新創業服務平台的標誌性項目。以「高校─粵港澳（國際）青年創新工場─產業園─產業界」為創新創業產業鏈，以超級計算為基礎的「互聯網＋」和新材料研發為引領科研方向，是南沙自貿區建設具有國際特色的創新創業平台及國際化產學研創新實踐基地。[6]

園區內總建築面積 3.15 萬平方米，可容納 100 家創業團隊，目前已建成 DIY 原型加工場、創意角等功能區，為創業團隊提供完善的硬件基礎設施。創新工場為入駐孵化的創業團隊在南沙發展提供商事登記、財稅、人事、法律、知識產權等代辦服務。此外，該項目融合 30 餘名香港科大教授、國家「千人計劃」專家、知名企業家等在內的科研及商業顧問導師團，為港澳青年開展特色的 7×24 小時國際化創業輔導服務模式[7]。

粵港澳（國際）青年創新工場的主要模塊之一 ── 紅鳥創業苗圃每期只孵化 8—10 支隊伍，項目門檻高，主要是高端製造業、電子信息技術領域，例如新能源材料、製冷技術、物聯網等。苗圃提供科研學術資源，創業導師面對面指導、交流。在技術的市場轉化上，研究院協助引薦投資人；利用校友資源為創業者尋找平台進行嫁接[8]。

（四）橫琴•澳門青年創業谷

橫琴•澳門青年創業谷是響應國家「大眾創業，萬眾創新」號召，為港澳、內地以及海外留學青年幹事創業、交流合作、實現夢想打造的孵化平

---

6 〈粵港澳臺青年的「雙創」工場〉，2017 年 1 月 10 日，煙台經濟技術開發區人力資源和社會保障局（http://rsj.yeda.gov.cn/rsjweb/view.aspx?id=9203）。

7 〈創業來南沙 聽我院創新工場裏兩位公司負責人談體會！〉，2017 年 5 月 11 日，香港科技大學霍英東研究院（http://fyt.hkust.edu.cn/index.php/Home/Article/show/id/9404?l=zh）。

8 〈開耕國際範「創業苗圃」〉，2015 年 7 月 1 日，《南方日報》（http://news.163.com/15/0701/07/ATDVP3S600014AED.html）。

台，已經成為橫琴自貿片區深化對澳合作的重要載體[9]。

橫琴·澳門青年創業谷是由橫琴新區管委會發起，政府、企業、高校、社團聯合打造的青年服務平台。主要面向年齡在 18—45 周歲之間，在澳門學習、工作、生活的青年（涵蓋澳門戶籍、持有澳門單程證的內地、外國青年），採取政府推動、市場運作的方式，計劃經過 1 年基礎期、2—3 年發展期、4 年走向成熟期，希望到 2020 年培育十家上市公司、造就百個創業新星、打磨千家創意企業、掀起萬人創業熱潮，最終打造珠三角最具「互聯網 +」思維的創業新高地。[10]

創業谷於 2015 年 6 月 29 日投入運營，按照「創業載體 + 創投資本 + 創新資源 +」立體孵化模式，全力打造「眾創空間 + 孵化器 + 加速器」的可持續發展良好創新創業環境。截至 2017 年 3 月，累計入駐團隊 175 家，澳門團隊佔近八成；目前已畢業 61 家，在孵 114 家，行業主要分佈在電子信息、生物醫藥、現代農業以及環境保護等領域；已有 3 家企業成功申報高新技術企業，另有 5 家被納入高新技術企業培育對象；15 家企業獲得風險投資資金，融資額突破 1 億元；引進 5 名「千人計劃專家」，43 名歐美、澳洲、亞洲、港臺等地留學人員；舉辦公益講座、項目路演、專題論壇等創新創業活動 72 場，累計參與達 7500 餘人次；重點打造的專業性投融資對接平台「橫琴金谷匯」於 2017 年 2 月 21 日舉辦第三期，現已得到各路資本和項目的認可，有效匯聚了 79 家融資企業，650 家投資機構[11]；谷內一站式服務平台，引進了 18 家公共服務機構，全面提供政策支持、融資服務、共享設施、人才引進、管理諮詢、交流培訓、市場推廣、科技中介八類服務；創業導師、企業輔導員、企業聯絡員等孵化體系不斷完善，取得較好孵化成效。

9　〈橫琴·澳門青年創業谷認定為珠海市市級創業孵化基地〉，2017 年 3 月 13 日，南方 Plus 客戶端（http://mini.eastday.com/a/170313184006501.html）。

10　〈青年創業谷：打造創業新高地〉，2015 年 6 月 15 日，橫琴資訊（http://www.hengqin.gov.cn/hengqin/hengqinweekends/201506/d5e4ae7126084fa79adbf7a7bab00ebb.shtml）。

11　〈珠澳生物醫藥產業投融資對接會在橫琴舉行 IDG 資本等 7 家投資機構參與〉，2017 年 6 月 30 日，橫琴資訊（http://www.hengqin.gov.cn/hengqin/xxgk/201706/d4fcb7b9297f4283b9352ee2d45fba47.shtml）。

（五）「創匯谷」粵港澳青年文創社區

「創匯谷」粵港澳青年文創社區是南沙區除粵港澳（國際）青年創新工場外的另一大港澳青年創業基地，於 2015 年 10 月正式落戶南沙，重點面向粵港澳本土文化創意類青年人才，可為 100 支創業團隊提供場地和基礎設施配套。[12] 社區設有青年創業學院、青年創意工坊等功能區，以「文化創意＋全媒體運營＋創意設計」，打造精細化創意創業聚集孵化平台。是一條融工作空間、社交空間、資源共享空間為一體的完整「服務鏈」。[13]

七　特色創業活動：創業交流、創業大賽、項目幫扶

（一）創業交流活動：「百企千人」、創客營、世界論壇

1. 港澳青年學生實習「百企千人」活動

在 2016 年成功試點的基礎上，2017 年南沙團區委等單位繼續推出「百企千人」活動，由南沙區內各企業、單位結合工作實際提供實習崗位給港澳大學生實習。根據《關於推進實施港澳青年學生實習「百企千人」工作項目的通知》（團穗南聯發〔2017〕5 號），實習時間是 6—8 月，實習項目以不增加企業成本負擔為原則，由企業提出用人需求（實習崗位及數量可報團區委匯總），實習補貼費用由團區委通過財政補貼的方式對各實習單位予以全額補貼。[14] 該活動有助於吸引和服務港澳青年到南沙實習，拓展港澳青年的發展空間。

---

12 〈南沙兩大創新平台撐起國際青年創業舞台〉，2017 年 5 月 10 日，廣州市人民政府網站（http://www.gz.gov.cn/gzgov/s5816/201705/54fd2faf5f804b9d8e21208f5058f2dc.shtml）。

13 〈南沙開四基地迎港青創業〉，2016 年 1 月 18 日，大公網（http://news.takungpao.com/paper/q/2016/0118/3269368.html）。

14 《團穗南聯發〔2017〕5 號——關於推進實施港澳青年學生實習「百企千人」工作項目的通知》，2017 年 4 月 24 日，南沙區政府（http://www.gzns.gov.cn/tzns/tzdt/tzgg/201704/t20170424_344420.html）。

2. 世界青年創業論壇前海站

世界青年創業論壇前海站由深圳市青年聯合會及香港青年協會主辦，前海深港青年夢工場等聯合主辦，自 2016 年起已舉辦兩場。2017 年，來自 20 多個國家和地區千餘名青年創業家、天使投資人、行業專家及商界精英出席活動。論壇共設定 4 個會場，舉行 10 多場次主題演講、圓桌論壇、精品項目路演活動，近百位行業菁英圍繞「洞見未來的創新發展」「區塊鏈重塑經濟與世界」「如何打造科技創新產業生態園區」「黃金時代的創業之道」「影視文化金融」等主題分享經驗、探討見解 15，為包括港澳青年在內的創業青年提供交流和學習平台。

3. 深港青年創客營活動

2015 年 6 月，深圳市人民政府於《深圳市促進創客發展三年行動計劃（2015—2017 年）》中提出每年舉辦「深圳國際創客週」，其中，深港（國際）青年創客營作為創客活動之一，由團市委、前海管理局共同打造。深港（國際）青年創客營依託深港青年夢工場設立青年眾創空間，通過舉辦深港（國際）創客項目路演暨融資對接會、深港飛手訓練營等系列活動，強化深港兩地青年創客的交流合作。16

4. 全國大眾創業萬眾創新活動週前海站

由深圳市人民政府主辦，前海管理局、深圳市青年聯合會及香港青年協會聯合承辦的 2016 全國大眾創業萬眾創新活動週前海站暨第二屆前海深港青年創客營活動在前海深港青年夢工場舉行。活動集中展示深港兩地「互聯網 +」、智慧硬件、文化創意及專業服務等領域的新技術、新產品、新業態與新模式，展現深圳、香港兩地青年創客的創新成果。17

---

15 〈2017 世界青年創業論壇在深圳前海舉辦〉，2017 年 6 月 15 日，《中國基金報》（http://news.ifeng.com/a/20170615/51248676_0.shtml）。

16 《深圳市人民政府關於印發促進創客發展三年行動計劃（2015—2017 年）的通知》，2015 年 7 月 1 日，深圳市人民政府（http://www.sz.gov.cn/zfgb/2015/gb927/201507/t20150701_2940489.htm）。

17 〈2016 全國大眾創業萬眾創新活動周前海站開啟〉，2016 年 10 月 13 日，人民網（http://leaders.people.com.cn/n1/2016/1013/c404026-28775162.html）。

（二）創業大賽：面向港澳、配套政策、項目扶持

1. 前海深港澳青年創新創業大賽[18]

　　5 月 4 日，2017 前海深港澳青年創新創業大賽啟動會在青年夢工場舉行。前海深港澳青年創新創業大賽由前海深港合作區管理局、深圳市科技創新委員會、深圳市港澳辦、澳門經濟局、香港中聯辦青年部、澳門中聯辦青年部、深港科技合作促進會、深港產學研基地等主要合作單位共同舉辦，由全球領先空間、社區及服務提供商 WeWork 特別支持。活動旨在激發深港澳地區青年人才創業熱情，為打造「優勢疊加、協同發展、合作共贏」的深港澳創新圈蓄力。大賽分設 3 個區域賽區（前海賽區、香港賽區、澳門賽區）以及多個合作賽事，參賽項目團隊可在官方網站報名系統自由選擇參賽賽區。該大賽也是中國深圳創新創業大賽重要分賽區之一，晉級決賽且符合條件的項目將被推送參加第九屆中國深圳創新創業大賽和第六屆中國創新創業大賽。

　　主辦方還專門為此次大賽配套一系列優惠政策：（1）大賽招募 30 家投資機構為參賽項目提供融資服務，參賽項目可通過大賽投資對接服務平台獲得社會資本的投資機會，獲獎項目將優先獲得大賽合作創投機構的天使投資；（2）獲獎項目或優秀參賽項目優先入駐前海深港青年夢工場，享受免租期一年，如獲獎團隊已入駐前海夢工場，可免租續期一年，並享受水電、物業管理費等費用優惠政策；（3）金、銀、銅獎獲獎團隊在全國範圍內優先入駐中國青年創業社區（其中深圳社區 2 家），享受免租期半年等優惠；（4）香港青年協會賽馬會社會創新中心將為優勝隊伍提供免租共享空間一年；（5）大賽簽約一批專業化孵化基地，吸納、依託社會資源、輸出前海品牌和服務為創業者提供全方位的創業服務；（6）獲獎項目或優秀參賽項目落地前海的，享受前海相關稅收優惠政策。

---

18 〈2017 前海深港澳青年創新創業大賽今天深圳啟動〉，2017 年 5 月 4 日，央廣網（http://news.eastday.com/eastday/13news/auto/news/china/20170504/u7ai6745758.html）。

大賽對推動港澳青年共同參與前海開發建設、共建深港澳大灣區具有重要意義。一是打通香港、澳門青年來內地創新創業的渠道，積極為三地青年搭建共同成長進步階梯。二是對接深港澳的創新資源，進一步引導三地創新創業生態聚集前海。三是以點帶面，利用前海創賽平台，推動深港澳三地在各領域合作的不斷深化。

2. 南沙新區青年創新創業大賽

2017 年 1 月「創匯谷杯」南沙新區第二屆青年創新創業大賽暨第四屆廣州青年創新創業大賽自貿區（港澳特邀）分賽場依託「創匯谷」粵港澳青年文創社區啟動。該大賽旨在營造創新創業氛圍，打造粵港澳青年創新創業人才高地，同時逐步培養港澳青年人才在南沙創新創業的正向意願。[19]

大賽重點面向港澳地區青年人才，文化創意、行業設計、跨境電商、互聯網科技等項目類別優先入選。區總決賽前三名直接晉級第四屆廣州青年創業大賽總決賽，獲獎的個人或團體則獲得啟動資金、政策扶持、場地免租以及風投對接等優惠措施，獲獎項目入駐「創匯谷」粵港澳青年文創社區，享受一年免租期和孵化基地系列扶持服務。

3. 廣州南沙香港科大百萬獎金（國際）創業大賽 [20]

由香港科技大學、廣州市科技創新委員會、廣州南沙開發區管委會主辦的廣州南沙香港科大百萬獎金（國際）創業大賽於 2017 年 2 月 28 日在南沙區的香港科大霍英東研究院正式啟動。

迄今已連辦六屆的百萬獎金創業大賽，前五屆在香港舉辦 [21]，2016 年第六屆首次引入內地，其總決賽也首次在南沙舉行，成為南沙新區首個國際性創業大賽。2017 年，該賽事分設廣州、澳門、香港、深圳、北京五大賽區，

19　〈廣州南沙新區第二屆青年創新創業大賽啟動〉，2017 年 1 月 21 日，金羊網（http://news.ycwb.com/2017-01/21/content_24074285.htm）。

20　〈香港科大百萬獎金創業大賽南沙啟動〉，2017 年 2 月 28 日，《新快報》（http://www.myzaker.com/article/58b577081bc8e03b5c001642/）。

21　〈智造大咖今日南沙對話 IAB〉，2017 年 7 月 6 日，《南方都市報》（http://epaper.oeeee.com/epaper/G/html/2017-07/06/content_45233.htm）。

吸引包括港澳臺在內的全球創業團隊同台競爭。而霍英東研究院將繼續舉辦廣州地區賽及總決賽，為南沙引進更多優秀的創業團隊及項目。2017 年澳門賽區有 50 支團隊參賽，涉及金融科技、新材料、生物醫療等領域。

大賽參賽團隊可以是成立三年內的公司，或有創業想法、產品，計劃半年內成立公司的初創團隊。參賽主題可涉及但不限於納米科技、信息科技、可再生能源、環境、醫療保健、金融服務、物流及社會企業等。2017年 6 月 16 日舉行了地區總結賽，公佈地區 3 強，其中，廣州賽區設置總獎金 132 萬元。8 月 11—12 日全國總決賽在南沙進行，評選出一、二、三等獎及優勝獎等獎項，總決賽獎金合計 264 萬元。

八　廣東三大自貿區創業支持政策概覽

三大自貿區相關政府部門從 2012 年開始共出台 15 份專門促進港澳青年創業的政策文件（見表 20）。

表 20　三大自貿區政策匯總

出台時間	出台部門	文件名稱
2010. 8	國務院	《前海深港現代服務業合作區總體發展規劃》
2012. 12	深圳市人民政府	《深圳前海深港現代服務業合作區境外高端人才和緊缺人才個人所得稅財政補貼暫行辦法》
2012. 12	中共深圳市委 深圳市人民政府	《前海深港人才特區建設行動計劃（2012—2015 年)》
2012. 12	深圳市前海管理局 深圳市人力資源保障局	《前海深港現代服務業合作區境外高端人才和緊缺人才認定暫行辦法》
2013. 8	深圳市前海深港現代服務業合作區管理局	《前海深港現代服務業合作區境外高端人才和緊缺人才認定暫行辦法實施細則（試行)》
2013. 9	珠海市橫琴新區管理委員會	《橫琴人才管理改革試驗區中長期人才發展規劃（2013—2020 年)》
2013. 12	廣州市南沙區人事局	《廣州市南沙區中高級人才引進暫行辦法》

續表

出台時間	出台部門	文件名稱
2014.2	深圳市第五屆人民代表大會常務委員會	《深圳經濟特區前海深港現代服務業合作區條例》
2014.2	珠海市橫琴新區管理委員會	《橫琴新區實施《廣東省財政廳關於在珠海市橫琴新區工作的香港澳門居民個人所得稅稅負差額補貼的暫行管理辦法》的暫行規定》
2014.6	深圳市前海深港現代服務業合作區管理局	《深圳前海建設「粵港澳人才合作特別示範區」的行動計劃》
2014.6	珠海市橫琴新區管理委員會	《珠海橫琴新區建設「粵港澳人才合作特別示範區」的行動計劃》
2014.7	廣州市第十四屆人民代表大會常務委員會	《廣州市南沙新區條例》
2014.12	深圳市前海管理局	《前海青年創新創業夢工場入園企業管理辦法（暫行）》
2014.12	國務院	《中國（廣東）自由貿易試驗區深圳前海蛇口片區建設實施方案》
2015	珠海市橫琴新區管理委員會	《橫琴澳門青年創業谷管理暫行辦法》
2015.2	廣東省自貿區工作辦公室	《珠海經濟特區橫琴新區條例》
2015.10	廣州市南沙區政府	《廣州南沙新區、中國（廣東）自由貿易試驗區廣州南沙新區片區集聚高端領軍人才和重點發展領域急需人才暫行辦法》
2016.6	廣州市南沙青年聯合會澳門經濟局	《關於共同推進廣州南沙、澳門青年創業孵化合作協議》
2016.6	深圳前海蛇口自貿區	《前海蛇口自貿區建設國際人才自由港工作方案》
2016.7	深圳市前海深港現代服務業合作區管理局	《深圳前海深港現代服務業合作區產業投資引導基金管理暫行辦法》
2016.9	深圳市前海深港現代服務業合作區管理局深圳市財政委員會	《深圳前海深港現代服務業合作區現代服務業綜合試點專項資金管理辦法（修訂版）》
2016.11	深圳市前海深港現代服務業合作區管理局	《深圳市前海深港現代服務業合作區人才住房管理暫行辦法》

資料來源：根據相關政策文件整理。

政策文件中涉及重要定義：

橫琴澳門青年創業谷：澳門青年是指年齡在 18—45 周歲之間，在澳門學習、工作、生活的青年，包括澳門居民、澳門高校在讀的內地和外國學生

等。(《橫琴澳門青年創業谷管理暫行辦法》)

港籍人才，是指與在前海註冊的企業建立了勞動關係並符合本辦法第十五條要求的香港永久居民。港資企業，是指香港特別行政區投資者在前海獨資或者合資設立的企業。(《深圳前海深港現代服務業合作區境外高端人才和緊缺人才個人所得稅財政補貼暫行辦法》)

境外高端人才和緊缺人才須具備以下基本資格條件：(1) 具有外國國籍人士，或香港、澳門、臺灣地區居民，或取得國外長期居留權的海外華僑和歸國留學人才；(2) 創辦或服務的企業和相關機構 (簡稱所在單位) 屬於前海重點發展的金融、現代物流、信息服務、科技服務和其他專業服務產業領域；(3) 在前海創業或在前海登記註冊的企業和相關機構工作；(4) 在前海依法繳納個人所得稅。符合基本條件，在所在單位連續工作滿 1 年、申請年度在前海實際工作時間不少於 6 個月並具備下列條件之一：(1) 經國家、省級政府、深圳市認定的海外高層次人才；(2) 在前海註冊並按照《深圳市鼓勵總部企業發展暫行辦法》(深府〔2012〕104 號) 認定的總部企業、世界500 強企業及其分支機構的管理或技術類人才；(3) 在前海註冊的其他企業的中層及以上管理或同等層次技術類人才；(4) 擁有國際認叫執業資格或國內急需的發明專利的人才。[《前海深港現代服務業合作區境外高端人才和緊缺人才認定暫行辦法》《前海深港現代服務業合作區境外高端人才和緊缺人才認定暫行辦法實施細則 (試行)》]

附　錄

附錄一　港澳青年內地創業政府部門一覽表

序號	機構名稱	地址	網址	聯繫電話	郵箱
中央政府					
1	中華人民共和國財政部	北京市西城區三里河南三巷 3 號	http://www.mof.gov.cn/index.htm	010-68551114	
2	中華人民共和國科技部	北京市復興路乙 15 號	http://www.most.gov.cn/		
3	國家發展和改革委員會	北京市西城區月壇南街 38 號	http://www.ndrc.gov.cn/		
4	國務院	北京市	http://www.gov.cn/	010-88050801	content@mail.gov.cn
廣東省政府					
5	中共廣東省委省政府		http://www.gd.gov.cn/	020-83135078	service@gov.southcn.com
6	廣東省財政廳	廣州市北京路 376 號	http://www.gdczt.gov.cn/	020-83176502	
7	廣東省科學科技廳	廣州市連新路 171 號科技信息大樓	http://www.gdstc.gov.cn/	020-83163352	
8	中共廣東省委組織部		http://www.gdzz.cn/javaoa/home/index.jsp		
9	廣東省人力資源和社會保障廳	廣州市教育路 88 號	http://www.gdhrss.gov.cn/	020-12333	
10	廣東省自貿區工作辦公室	廣州天河路 351 號廣東外經貿大廈	http://www.china-gdftz.gov.cn/		
港澳特區政府					
11	香港特別行政區政府		https://www.gov.hk/sc/residents/		
12	澳門特別行政區政府		http://portal.gov.mo/web/guest/welcomepage		
13	香港特別行政區政府創新科技署	香港添馬添美道 2 號政府總部西翼 21 樓	http://www.itc.gov.hk/	852-36555856	enquiry@itc.gov.hk

續表

序號	機構名稱	地址	網址	聯繫電話	郵箱
14	香港特區政府民政事務局	香港添馬添美道 2 號政府總部西翼 12 樓	http://www.hab.gov.hk/chs/contact_us/suggestion.htm	852-35098095	hab@hab.gov.hk
15	澳門特區政府經濟局	澳門南灣羅保博士街 1—3 號國際銀行大廈 6 樓行政暨財政處	https://www.economia.gov.mo/zh/web/public/pg_icf?_refresh=true	853-28562622	info@economia.gov.mo
廣州市政府					
16	廣州市人力資源和社會保障局	小北路 266 號北秀大廈 12 樓	http://www.hrssgz.gov.cn/		
17	廣州市財政局	廣州市天河區華利路 61 號	http://www.gzfinance.gov.cn/	020-38923892	gzsczjyjxx@gz.gov.cn
18	廣州市南沙區政府	廣州市南沙開發區鳳凰大道 1 號	http://www.gzns.gov.cn/	020-84986646	
19	廣州市番禺區政府	廣州市番禺區清河東路 319 號行政辦公大樓西副樓五樓	http://www.panyu.gov.cn/	020-84636189	
20	廣州市天河區科技工業和信息化局	廣州市天河區中山大道荷光路 123 號 1—3 樓	http://www.thst.gov.cn/	020-85574463	
21	廣州市南沙區人事局		http://www.nsrs.gov.cn/		
22	廣州市番禺區科工商信局	廣東省廣州市番禺區口岸大街 11 號			
深圳市政府					
23	深圳市財政委員會	深圳市景田東路 9 號	http://www.szfb.gov.cn/	0755-83948199	czjc@sz.gov.cn
24	深圳市人力資源保障局	深圳市福田區深南大道 8005 號深圳人才園	http://www.szhrss.gov.cn/	0755-12333	
25	深圳市人民政府科技創新委員會	深圳市福田區福中三路市民中心 C 區五樓	http://www.szsti.gov.cn/	0755-88102191	complain@szsti.gov.cn
26	深圳市羅湖區人民政府	深圳市羅湖區湖貝路 1030 號舊區委辦公大樓 1 樓	http://www.szlh.gov.cn/main/index.shtml#home	0755-82201625	

續表

序號	機構名稱	地址	網址	聯繫電話	郵箱
27	深圳市前海管理局	深圳市南山區東濱路與月亮大道交會處南側前海深港合作區綜合辦公樓			
28	深圳市前海深港現代服務業合作區管理局	深圳市	http://www.szqh.gov.cn/		
29	中共深圳市龍崗區委	深圳市龍崗中心城政府大樓		0755-28909824	
30	深圳市龍崗區人民政府	廣東省深圳市龍崗區龍翔大道8033號	http://www.lg.gov.cn/	0755-518172	
31	深圳市龍崗區人才工作領導小組辦公室				
珠海市政府					
32	珠海市政府	珠海市人民東路市政府大院	http://www.zhuhai.gov.cn/		webmaster@zhuhai.gov.cn
33	珠海市財政局	珠海市香洲區興華路152號	http://www.zhcz.gov.cn/	0756-2121260	
34	珠海市人力資源和社會保障局	珠海市香洲區康寧路66號	http://www.zhrsj.gov.cn/	0756-12345	
35	珠海市港澳事務局	珠海市香洲區市府大院2號樓	http://www.zhfao.gov.cn/	0756-2125209	
36	珠海市橫琴新區管委會				
37	珠海高新技術產業開發區管委會	珠海高新區南方軟件園A3樓	https://www.zhuhai.hitech.gov.cn/	0756-3629800	

附錄二　特色創業平台一覽表

序號	機構名稱	地址	網址	聯繫電話	郵箱
1	中國青創板	廣州市	http://www.chinayouthgem.com/index	020-66885236	chinayouthgem@163.com
2	粵港澳（國際）青年創新工場	廣州市南沙自貿區	http://ftz.gzns.gov.cn/		
3	荔港澳青年創新創業孵化基地	廣州市荔灣區			
4	「創匯谷」粵港澳青年文創社區	廣州市南沙區			
5	廣州大學城港澳臺青年創新創業基地示範點	廣州市			
6	天河區港澳青年創業基地	廣州市天河區珠江新城 ATLAS 寰圖辦公空間			
7	深港產學研基地	深圳市高新技術產業園南區深港產學研基地大樓	http://www.ier.org.cn/	0755-26737441	admin@ier.org.cn
8	前海深港青年夢工場	深圳市前海自貿區	http://ehub.szqh.gov.cn/		
9	前海「夢想＋」深港創投聯盟	深圳市			
10	深港青年創新創業基地	深圳市			
11	橫琴・澳門青年創業谷	珠海市橫琴自貿區	http://www.hengqin.gov.cn/hengqin/cyg/information_list.shtml		
12	三山粵港澳青年創業社區	佛山市南海區桂城街道港口路 6 號國際創智園			

續表

序號	機構名稱	地址	網址	聯繫電話	郵箱
13	中山市易創空間孵化基地	中山市富灣南路中山美居產業園8—9棟	http://www.ieepark.cn/platform/detail/id/115.shtml		203444690@qq.com
14	東莞松山湖（生態園）	東莞市松山湖科技產業園區	http://www.ssl.gov.cn/		ssl@ssl.gov.cn
15	廣東江門僑夢苑港澳青年創業創新基地	江門市			
16	惠州仲愷高新區港澳青年創業基地	惠州市仲愷高新區			

附錄三　港澳青年內地創業服務機構一覽表

序號	機構名稱	地址	網址	聯繫電話	郵箱
香港					
1	國際青年商會香港總會	香港干諾道西 21 號海景商業大廈	http://www.jcihk.org/en/index.php?langcode=en	852-25438913	info@jcihk.org
2	香港青年協會	香港北角百福道 21 號香港青年協會大廈 21 樓	https://hkfyg.org.hk/zh/%E4%B8%BB%E9%A0%81/	852-25272448	hq@hkfyg.org.hk
3	香港菁英會	香港柴灣柴灣道 238 號青年廣場 8 樓 815 室	http://www.yelites.org/	852-28213388	info@yelites.org
4	香港理工大學與上海市大學生科技創業基金會成立的上海市大學生科技創業基金會——理大專項基金	上海市楊浦區國定東路 200 號 5 號樓 3 樓	http://www.stefg.org/	021-55231818	
澳門					
5	澳門中華總商會	澳門新口岸上海街 175 號中華總商會大廈 5 樓	http://www.acm.org.mo/	853-28576833	
廣東省					
6	廣東軟件行業協會	廣東省廣州市天河區員村一橫路 7 號大院廣東軟件大廈 5 樓	http://www.gdsia.org.cn/	020-38263100	rpb@gdsia.org.cn
廣州市					
7	廣州市南沙區青年聯合會	廣州市南沙區金嶺北路 95 號	http://www.nsyouth.net/		
8	廣州市青年聯合會	廣州市越秀區寺貝通津 1 號大院	http://www.gdqinglian.org/		llb@gdcyl.org
深圳市					
9	深圳市青年聯合會	深圳市紅荔路 1001 號銀盛大廈 12 樓	http://www.szyouth.cn/	0755-82104716	youth@szyouth.cn

附錄四　中央政府支持港澳青年內地創業 政策文件一覽表

序號	機構名稱	文件時間	文件全稱	網址
1	中華人民共和國財政部 中華人民共和國科技部	2007. 7	《科技型中小企業創業投資引導基金管理暫行辦法》	http://www.gov.cn/ztzl/kjfzgh/content_883848.htm
2	國家發展和改革委員會	2008. 12	《珠三角地區改革發展規劃綱要（2008-2020 年）》	http://www.scio.gov.cn/xwfbh/xwbfbh/wqfbh/2014/20140610/xgzc31037/Document/1372733/1372733_3.htm
3	國務院	2010. 8	《前海深港現代服務業合作區總體發展規劃》	http://www.szqh.gov.cn/ljqh/ghjs/ghgl/ghjs_zhgh/
4	國務院	2013. 1	《國務院關於印發「十二五」國家自主創新能力建設規劃的通知》	http://www.gov.cn/zwgk/2013-05/29/content_2414100.htm
5	國務院辦公廳	2015. 3	《國務院辦公廳關於發展眾創空間推進大眾創新創業的指導意見》	http://www.gov.cn/zhengce/content/2015-03/11/content_9519.htm
6	國務院	2015. 6	《國務院關於大力推進大眾創業萬眾創新若干政策措施的意見》	http://www.gov.cn/zhengce/content/2015-06/16/content_9855.htm
7	國務院辦公廳	2016. 2	《國務院辦公廳關於加快眾創空間發展服務實體經濟轉型升級的指導意見》	http://www.gov.cn/zhengce/content/2016-02/18/content_5043305.htm
8	國務院	2016. 7	《國務院關於印發「十三五」國家科技創新規劃的通知》	http://www.scio.gov.cn/32344/32345/33969/34872/xgzc34878/Document/1486317/1486317.htm
9	中國共產黨中央委員會 國務院	2017. 4	《中長期青年發展規劃（2016-2025 年）》	http://www.gov.cn/xinwen/2017-04/13/content_5185555.htm#allContent

續表

序號	機構名稱	文件時間	文件全稱	網址
10	中華人民共和國財政部 國家稅務總局	2017.4	《關於創業投資企業和天使投資個人有關稅收試點政策的通知》	http://szs.mof.gov.cn/zhengwuxinxi/zhengcefabu/201705/t20170502_2591730.html
11	國家發展和改革委員會 廣東省人民政府 香港特別行政區政府 澳門特別行政區政府	2017.7	《深化粵港澳合作　推進大灣區建設框架協議》	http://www.pprd.org.cn/fzgk/hzgh/201707/t20170704_460601.htm
12	國務院	2017.7	《國務院關於強化實施創新驅動發展戰略進一步推進大眾創業萬眾創新深入發展的意見》	http://www.gov.cn/zhengce/content/2017-07-27/content_5213735.htm
13	中國共產黨中央委員會 國務院	2017.9	《中共中央國務院關於營造企業家健康成長環境弘揚優秀企業家精神更好發揮企業家作用的意見》	http://cpc.people.com.cn/n1/2017/0926/c64387-29558638.html

附錄五　廣東省政府支持港澳青年內地創業政策文件一覽表

序號	機構名稱	文件時間	文件全稱	網址
1	廣東省人民政府	2003	《廣東省引進人才實行《廣東省居住證》暫行辦法》	http://www.hrssgz.gov.cn/rcyj/tzgg/200506/t20050624_17209.htm
2	廣東省人民政府 科學技術部 教育部	2008. 9	《廣東自主創新規劃綱要》	http://www.szsti.gov.cn/info/policy/gd/28
3	中共廣東省委 廣東省人民政府	2008. 9	《中共廣東省委廣東省人民政府關於加快吸引培養高層次人才的意見》	http://cxtd.gdstc.gov.cn/HTML/rcpt/zcfg/14083526293954925929853468960608.html
4	廣東省財政廳 廣東省科學科技廳	2009. 4	《廣東省科技型中小企業技術創新專項資金管理暫行辦法》	http://www.gdstc.gov.cn/HTML/zwgk/zcfg/zxzcfg/1243741448434-7008314206545433134.html
5	廣東省人民代表大會常務委員會	2011. 11	《廣東省自主創新促進條例》	http://www.szsti.gov.cn/f/info/policy/gd/1.pdf
6	廣東省財政廳	2014. 2	《廣東省財政廳關於在珠海市橫琴新區工作的香港澳門居民個人所得稅稅負差額補貼的暫行管理辦法》	http://www.hengqin.gov.cn/Wap/zcfg/201501/9635d5d1c11246f9a7e74772dd115b92.shtml
7	廣東省人力資源和社會保障廳	2014. 6	《省人力資源和社會保障廳推進「粵港澳人才合作示範區」建設總體安排的意見及實施方案》	http://www.gdhrss.gov.cn/publicfiles/business/htmlfiles/ygarc/s2066/201406/47645.html
8	中共廣東省委 廣東省人民政府	2014. 6	《關於全面深化科技體制改革加快創新驅動發展的決定》	http://www.gdstc.gov.cn/msg/image/zwxw/2014/07/0717_FGC_FJ.pdf
9	廣東省財政廳 中共廣東省委組織部	2014. 6	《廣東省實施揚帆計劃專項資金管理辦法》	http://zwgk.gd.gov.cn/006939991/201410/t20141014_550617.html
10	廣東省科技廳	2014. 6	《廣東省科技金融支持科技型中小微企業專項行動計劃（2013—2015）》	http://www.gdstc.gov.cn/HTML/zwgk/fzgh/141628312779549806148 42705190008.html

續表

序號	機構名稱	文件時間	文件全稱	網址
11	廣東省人力資源和社會保障廳	2014. 9	《廣東省大學生創業引領計劃（2014—2017 年）實施方案》	http://www.gdhrss.gov.cn/publicfiles/business/htmlfiles/gdhrss/s60/201409/48593.html
12	廣東省財政廳 中共廣東省委組織部	2014. 10	《珠江人才計劃專項資金管理辦法》	http://zwgk.gd.gov.cn/006939991/201503/t20150324_573549.html
13	廣東省人民政府	2015. 2	《廣東省人民政府關於加快科技創新的若干政策意見》	http://cxtd.gdstc.gov.cn/HTML/rcpt/zcfg/148842618335461939050264 89625616.html
14	廣東省科學技術廳 廣東省財政廳	2015. 2	《廣東省科學技術廳廣東省財政廳關於科技企業孵化器創業投資及信貸風險補償資金試行細則》	http://www.szsti.gov.cn/info/policy/gd/50
15	廣東省人民政府	2015. 7	《廣東省人民政府關於創新完善中小微企業投融資機制的若干意見》	http://www.szsti.gov.cn/info/policy/gd/58
16	廣東省人民政府	2015. 7	《廣東省人民政府關於印發中國（廣東）自由貿易試驗區建設實施方案的通知》	http://zwgk.gd.gov.cn/006939748/201507/t20150721_593534.html
17	廣東省人民政府	2016. 3	《廣東省人民政府關於大力推進大眾創業萬眾創新的實施意見》	http://zwgk.gd.gov.cn/006939748/201603/t20160329_649604.html#
18	廣東省公安廳	2016. 8	《支持廣東自貿試驗區建設和創新驅動發展出入境政策措施》	http://www.gzszfw.gov.cn/Item/5337.aspx
19	廣東省人民政府辦公廳	2016. 10	《廣東省人民政府辦公廳關於印發廣東省建設大眾創業萬眾創新示範基地實施方案的通知》	http://zwgk.gd.gov.cn/006939748/201610/t20161012_675201.html
20	廣東省人力資源和社會保障廳	2016. 10	《廣東省人力資源和社會保障廳關於省級優秀創業項目資助的管理辦法》	http://www.gdhrss.gov.cn/publicfiles/business/htmlfiles/gdhrss/s60/201610/59080.html
21	廣東省人民政府辦公廳	2016. 11	《廣東省人民政府辦公廳關於進一步促進科技成果轉移轉化的實施意見》	http://zwgk.gd.gov.cn/006939748/201611/t20161117_680838.html
22	中共廣東省委辦公廳	2017. 1	《關於我省深化人才發展體制機制改革的實施意見》	http://www.rencai.gov.cn/Index/detail/10148

附錄六　港澳特區政府支持港澳青年內地創業政策文件一覽表

序號	機構名稱	文件時間	文件全稱	網址
1	澳門特區政府	2013.8	《青年創業援助計劃》	https://www.economia.gov.mo/zh_CN/web/public/pg_ead_lsye_intro?_refresh=true
2	香港特區政府（民政事務局和青年事務委員會）	2015	《青年內地實習資助計劃》	http://www.coy.gov.hk/tc/mainland_exchange/funding_scheme_17_18.html
3	深圳市人民政府科技創新委員會 / 香港特別行政區政府創新科技署	2013.1	《共同推進深港青年創新創業基地建設合作協議》	http://www.doc88.com/p-7485941979929.html
4	廣州市南沙區青年聯合會 / 澳門特區政府（經濟局）	2016.6	《關於共同推進廣州南沙、澳門青年創業孵化的合作協議》	
5	深圳市政府 / 澳門特區政府	2016.11	《關於共同推進深圳、澳門青年創業孵化的戰略合作框架協議》	
6	深圳市政府 / 香港特區政府	2017.1	《關於港深推進落馬洲河套地區共同發展的合作備忘錄》	
7	香港數碼港管理有限公司（數碼港） / 廣東軟件行業協會	2011	《深港 ICT 青年創業計劃及粵港 ICT 青年創業計劃》	
8	香港數碼港	2011	《數碼港粵港青年創業計劃》	
9	香港理工大學 / 上海市大學生科技創業基金會	2013	《上海市大學生科技創業基金會——理大專項基金》	
10	前海管理局 / 深圳市青年聯合會 / 香港青年協會	2014	《前海青年創新創業夢工場》	

續表

序號	機構名稱	文件時間	文件全稱	網址
11	廣州市青聯	2009. 3	《穗港澳促進青年就業創業合作框架協議》	
	香港青年聯會			
	香港菁英會			
	國際青年商會香港總會			
	澳門中華總商會			

附錄七　廣州市政府支持港澳青年內地創業政策文件一覽表

序號	機構名稱	文件時間	文件全稱	網址
1	廣州市第十四屆人民代表大會常務委員會	2014. 7	《廣州市南沙新區條例》	http://www.gzns.gov.cn/rd/flfg/gzsdfxfg/201601/t20160131_306596.html
2	廣州市南沙區政府	2015. 10	《廣州南沙新區、中國（廣東）自由貿易試驗區廣州南沙新區片區集聚高端領軍人才和重點發展領域急需人才暫行辦法》	http://www.gzns.gov.cn/xxgk/ns01/201510/t20151010_294183.html
3	廣州市人力資源和社會保障局　　廣州市財政局	2015. 11	《廣州市創業帶動就業補貼辦法》	http://www.hrssgz.gov.cn/ydmh/zhpdtzgg/201511/t20151117_238285.html
4	廣州市南沙青年聯合會與澳門經濟局	2016. 6	《關於共同推進廣州南沙、澳門青年創業孵化合作協議》	
5	廣州市南沙區人事局	2013. 12	《廣州市南沙區中高級人才引進暫行辦法》	http://www.gzns.gov.cn/tzns/tzzc/bdzc/201609/t20160922_327213.html
6	廣州市番禺區政府	2016. 12	《番禺區關於加強廣州大學城創新人才資源合作與開發的制度》	
7	廣州市番禺區政府	2017. 1	《番禺區扶持港澳臺青年創新創業政策》	
8	廣州市番禺區政府	2017. 2	《建設廣州大學城港澳臺青年創新創業基地實施方案》	http://www.gz.gov.cn/GZ63/2.2/201702/82f65b6d505b4b1bb91a760e9b1128f1.shtml
9	廣州市天河區科技工業和信息化局	2017. 3	《廣州市天河區推動港澳青年創新創業發展實施辦法》	http://www.tyhsai.com/nd.jsp?id=74
10	廣州市番禺區科工商信局	2017. 4	《2017 年廣州市番禺區產業領軍人才集聚工程各項目申報及「高層次人才服務卡」申領公告 ——「青藍計劃」創業項目申報指南》	http://www.panyu.gov.cn/gzpy/tgl/2017-04-28/content_6dd86952250c4e40abc0bbe41077a6c4.shtml

附錄八　深圳市政府支持港澳青年內地創業政策文件一覽表

序號	機構名稱	文件時間	文件全稱	網址
1	香港特別行政區政府 深圳市人民政府	2007	《「深港創新圈」合作協議	http://www.itc.gov.hk/ch/doc/CA_Shenzhen&HK_InnovationCircle_(Chi).pdf
2	中共深圳市委 深圳市人民政府	2011. 4	《中共深圳市委　深圳市人民政府關於實施引進海外高層次人才「孔雀計劃」的意見	http://www.szhrss.gov.cn/ztfw/gccrc/zcfg/kqjh/201104/t20110413_1650116.htm
3	中共深圳市委 深圳市人民政府	2012. 12	《前海深港人才特區建設行動計劃（2012-2015 年）	http://www.sz.gov.cn/zfgb/2012_1/gb816/201212/t20121217_2087252.htm
4	深圳市前海管理局 深圳市人力資源保障局	2012. 12	《前海深港現代服務業合作區境外高端人才和緊缺人才認定暫行辦法	http://www.szqh.gov.cn/fzgj/wzall/wza_zcfg/201301/t20130117_29054.shtml
5	深圳市人民政府	2012. 12	《深圳前海深港現代服務業合作區境外高端人才和緊缺人才個人所得稅財政補貼暫行辦法	http://www.sz.gov.cn/zfgb/2013/gb819/201301/t20130122_2102811.htm
6	深圳市人民政府科技創新委員會 香港特別行政區政府創新科技署	2013. 6	《共同推進深港青年創新創業基地建設合作協議	http://gia.info.gov.hk/general/201301/11/P201301110461_0461_105427.pdf
7	深圳市前海深港現代服務業合作區管理局	2013. 8	《前海深港現代服務業合作區境外高端人才和緊缺人才認定暫行辦法實施細則（試行）	http://www.sz.gov.cn/zfgb/2013/gb847/201308/t20130821_2185669.htm
8	深圳市第五屆人民代表大會常務委員會	2014. 2	《深圳經濟特區前海深港現代服務業合作區條例	http://www.szqh.gov.cn/ljqh/fzqh/flfg/qhfg/201402/t20140223_32859.shtml
9	深圳市前海深港現代服務業合作區管理局	2014. 6	《深圳前海建設「粵港澳人才合作特別示範區」的行動計劃	http://www.gdhrss.gov.cn/publicfiles/business/htmlfiles/ygarc/s2066/201406/47647.html

續表

序號	機構名稱	文件時間	文件全稱	網址
10	深圳市人民政府	2015. 7	《中國（廣東）自由貿易試驗區深圳前海蛇口片區建設實施方案》	http://www.szqh.gov.cn/sygnan/xxgkml/zcfg/szsfg/201507/t20150724_18141566.shtml
11	深圳前海管委會	2014. 12	《前海青年創新創業夢工場入園企業管理辦法（暫行）》	http://ehub.szqh.gov.cn/cyzc/201412/t20141222_40973.shtml
12	深圳市人民政府	2015. 6	《深圳市關於促進創客發展的若干措施（試行）》	http://www.szsti.gov.cn/info/policy/sz/106
13	深圳市人民政府	2015. 6	《深圳市促進創客發展三年行動計劃（2015-2017 年）》	http://www.szsti.gov.cn/info/policy/sz/105
14	深圳市羅湖區人民政府	2015. 7	《深圳市羅湖區人民政府印發關於實施高層次產業人才「菁英計劃」的意見及三個配套文件的通知》	http://www.szlh.gov.cn/main/a/2015/h10/a306128_1250974.shtml
15	深圳市人民政府	2015. 8	《中國（廣東）自由貿易試驗區深圳前海蛇口片區建設實施方案》	http://www.sz.gov.cn/zfgb/2015/gb933/201508/t20150819_3170357.htm
16	深圳特區政府	2016	《深圳經濟特區國家自主創新示範區條例》	
17	中共深圳市委　深圳市人民政府	2016. 3	《關於促進人才優先發展的若干措施》	http://www.szsti.gov.cn/info/policy/sz/119
18	中共深圳市委　深圳市人民政府	2016. 3	《關於促進科技創新的若干措施》	http://www.szsti.gov.cn/info/policy/sz/118
19	深圳前海蛇口自貿區	2016. 6	《前海蛇口自貿區建設國際人才自由港工作方案》	
20	中共深圳市委　深圳市人民政府	2016. 7	《關於完善人才住房制度的若干措施》	http://www.szsti.gov.cn/info/policy/sz/131
21	深圳市前海深港現代服務業合作區管理局	2016. 7	《深圳前海深港現代服務業合作區產業投資引導基金管理暫行辦法》	http://www.szqh.gov.cn/sygnan/xxgkml/zcfg/gfxwj/201608/t20160804_36081114.shtml
22	深圳市人民政府	2016. 8	《深圳市人民政府關於大力推進大眾創業萬眾創新的實施意見》	http://www.sz.gov.cn/zfgb/2016/gb970/201609/t20160906_4457354.htm
23	深圳市前海深港現代服務業合作區管理局　深圳市財政委員會	2016. 9	《深圳前海深港現代服務業合作區現代服務業綜合試點專項資金管理辦法（修訂版）》	http://www.szqh.gov.cn/tzqh/tzzn/xdfwyzhsd/xdfwy_zcfg/201609/t20160923_39554095.shtml

續表

序號	機構名稱	文件時間	文件全稱	網址
24	中共深圳市龍崗區委 深圳市龍崗區人民政府	2016. 11	《關於促進人才優先發展實施「深龍英才計劃」的意見》	http://www.lg.gov.cn/lgzx/qzcwj/201611/ccbd4c6bf2064c7784cf270acef47b46.shtml
25	深圳市龍崗區人才工作領導小組辦公室	2016. 11	《深圳市龍崗區深龍創新創業英才計劃實施辦法》	http://www.lg.gov.cn/lgzx/qzcwj/201611/aa38bac12b8244439efb0ebe7e1706ab.shtml
26	深圳市前海深港現代服務業合作區管理局	2016. 11	《深圳市前海深港現代服務業合作區人才住房管理暫行辦法》	http://www.sz.gov.cn/zfgb/2016/gb981/201611/t20161129_5462722.htm
27	深圳市前海深港現代服務業合作區管理局	2017. 6	《深港（國際）創新創業示範基地建設行動計劃》	
28	深圳市人民代表大會常務委員會	2017. 8	《深圳經濟特區人才工作條例》	http://www.szfao.gov.cn/xxgkml/zcfa/qy/201708/t20170824_8232899.htm

附錄九　珠海市政府支持港澳青年內地創業政策文件一覽表

序號	機構名稱	文件時間	文件全稱	網址
1	珠海高新技術產業開發區管委會 珠海市港澳事務局 珠海市財政局	2012.7	《珠海市港澳青年創業基地管理規定》	http://www.zhuhai.gov.cn/xw/xwzx_44483/gqdt/201607/t20160707_13676997.html
2	珠海市委 珠海市政府	2013	《藍色珠海高層次人才計劃》	http://www.zhrsj.gov.cn/xinxi/zhdt/201309/t20130912_6754104.html
3	珠海市橫琴新區管理委員會	2013.9	《橫琴人才管理改革試驗區中長期人才發展規劃（2013-2020 年）》	http://www.hengqin.gov.cn/hengqin/xxgk/201501/99fde2fa6dfc48b68c6c14be7400cb12.shtml# ; http://www.doc88.com/p-9019460374753.html
4	珠海市橫琴新區管理委員會	2014.2	《橫琴新區實施《廣東省財政廳關於在珠海市橫琴新區工作的香港澳門居民個人所得稅稅負差額補貼的暫行管理辦法》的暫行規定》	http://www.hengqin.gov.cn/Wap/zcfg/201501/9635d5d1c11246f9a7e74772dd115b92.shtml
5	珠海市橫琴新區管理委員會	2014.6	《珠海橫琴新區建設「粵港澳人才合作特別示範區」的行動計劃》	http://www.gdhrss.gov.cn/publicfiles/business/htmlfiles/ygarc/s2066/201406/47648.html
6	珠海市橫琴新區管理委員會	2015	《橫琴澳門青年創業谷管理暫行辦法》	
7	珠海市人民代表大會	2011.11	《珠海經濟特區橫琴新區條例》	http://www.china-gdftz.gov.cn/zcfg/zhl/201604/t20160421_2272.html#zhuyao
8	珠海市人力資源和社會保障局 珠海市財政局	2016.1	《關於印發珠海市創業補貼實施辦法的通知》	http://www.zhrsj.gov.cn/xinxi/zcfg/zxwj/201601/t20160105_9102680.html

鳴　謝

（按文章刊登先後排序）

香港依威能源集團

廣州志桂設備租賃有限公司

廣東晶科電子股份有限公司

深圳冰室餐飲管理有限公司

廣州慧玥文化傳播有限公司

臻昇傳媒集團有限公司

「一帶一路」發展聯會

廣州匯諾信息諮詢有限公司

立刻出行廣州分公司

北京錢方銀通科技有限公司

深圳市很有蜂格網絡科技有限公司

WE＋酷窩聯合辦公

無極科技有限公司

明匯經貿有限公司

中富建博有限公司

深圳市前海雲端容災信息技術有限公司

深圳市瓏大科技有限公司

豐善綠色科技（深圳）有限公司

珠海橫琴跨境說網絡科技有限公司

中華月子集團（澳門）

澳門寶奇科技發展有限公司

安信通科技（澳門）有限公司